普通高等学校应用型特色教材

岩土工程勘察

蒋 辉 编著

黄河水利出版社

·郑 州·

因编者水平有限,时间仓促,书中缺点、错误和不妥之处在所难免,敬请读者批评指正,尤其是在使用过程中,请多提意见,以便今后进一步修订,使之日臻完善。

对本书内容的意见建议,请发至以下电子邮箱:jianghui1956@126.com或1802991586@qq.com。

编著者

2021年9月

目　录

绪　论

0.1　岩土工程勘察的概念、目的任务和内容

岩土工程主要研究岩土体的工程问题(如地基与基础、边坡和地下工程等),是一门地质与工程紧密结合、为工程建设服务的应用技术学科。

岩土工程工作包括岩土工程勘察、设计、施工、监测四个方面。岩土工程勘察是整个岩土工程工作的重要组成部分,也是一项基础性的工作。

岩土工程勘察是指根据建设工程的要求,查明、分析、评价建设场地的地质、环境特征和岩土工程条件,提出解决具体岩土工程问题的建议,进而编制勘察报告并服务于工程建设的一门学科。根据中华人民共和国国务院2000年颁布的《建设工程勘察设计管理条例》的规定,从事建设工程勘察设计活动,应当坚持“先勘察、后设计、再施工”的原则。

岩土工程勘察是土木工程、城市地下空间工程、道路桥梁工程、岩土工程、地质工程等专业的重要专业课程。

岩土工程勘察主要教学目标是通过本课程的学习,初步掌握岩土工程勘察的基本知识、基本原理与方法,学以致用,将来能从事土木工程、城市地下空间工程、道路桥梁工程、岩土工程、地质工程等专业所需的工程勘察评价方法技术,并能与后续专业课程紧密配合,为相关工程设计和工程建设提供技术依据。通过本课程的教学使学生树立科学严谨、实事求是、绿色生态的思想和理念。

本课程的主要内容包括绪论、岩土工程勘察概论、岩土与地下水、工程地质测绘与调查、工程地质勘探与取样、岩土工程原位测试、室内试验、房屋建筑与构筑物的勘察评价、不良地质作用和地质灾害勘察、现场检验和监测、岩土工程分析评价与勘察报告,以及岩土勘察软件简介和勘察图例两个附录。

岩土工程勘察具有明确的针对性。岩土工程勘察的目的是满足工程建设的要求,为建设工程服务。岩土工程勘察工作的任务主要是查明建设场地的地质情况,提供各种相关的技术数据,分析评价建设场地的岩土工程地质条件并提出解决岩土工程问题的建议,以保证工程的安全建设、高效运行。

岩土工程勘察的内容主要是查明、分析、评价建设场地的地质、环境特征和岩土工程条件。具体而言,主要是建设场地岩土的岩性、空间发布和工程特征,地下水的补给、赋存、排泄特征和水位、水质的变化规律,以及建设场地及其周围地区存在的不良地质作用和地质灾害情况等。

0.2 我国岩土工程勘察的形成与发展

我国岩土工程勘察起始于中华人民共和国成立初期。1949 年中华人民共和国成立后，由于国民经济建设的需要，在地质、城建、水利、冶金、电力、机械、铁路、国防等部门，按苏联的模式，相继设立勘察、设计机构，开展了大规模的工程地质勘察研究工作，为工程规划、设计和施工提供了大量的地质资料，使得一大批重要工程得以顺利施工和正常进行。

20 世纪 80 年代以前，主要进行的是工程地质勘察。

工程地质勘察是 20 世纪 50 年代提出的，勘察任务是查明工程地质条件和存在的地质问题，为工程规划、设计、施工提供地质资料，而不涉及解决问题的具体方法，对于所提供的资料，设计单位如何应用也很少了解和过问，使得勘察工作与设计、施工严重脱节，并且评价以定性分析为主，定量评价不够，宏观研究较多，结合具体工程较差。针对上述问题 20 世纪 80 年代开始实施岩土工程勘察体制，岩土工程勘察任务不仅要反映建设场地的工程地质条件，还应结合工程设计、施工条件进行技术论证和分析评价，提出解决具体岩土工程问题的建议，并服务于工程建设的全过程，因此具有很强的针对性。

“岩土工程勘察”与“工程地质勘察”是两个既相似又不完全相同的概念。

通常所说的“岩土工程勘察”，主要是指工业与民用建筑工程的勘察，勘察对象主体主要包括房屋楼宇、工业厂房，学校、医院建筑，市政工程，管线工程，边坡工程，基坑工程，地基处理等；“工程地质勘察”主要指水利水电工程(水电站、水工构筑物等)、铁路工程、公路工程、港口码头、大型桥梁工程等的勘察，这些工程一般比较重大、有特别要求，国家分别对这些工程类别的勘察编制了相应的勘察规范、规程和技术标准。

1994 年以前，我国各行业均制定有行业勘察标准和规范，如城建、冶金、水利、铁路、地质部门等行业规范或标准，但是比较混乱，不统一。

针对以上行业勘察中各自为政的弊病和缺陷，1994 年，国家建设部会同有关部门，共同制定了国家标准《岩土工程勘察规范》(GB 50021—94)，作为强制性国家标准于 1995 年 3 月 1 日正式颁布施行。在多年实践和总结经验的基础上，2009 年，又对该规范进行了修订，目前最新版本是《岩土工程勘察规范》(GB 50021—2001)(2009 年版)。该规范对岩土工程勘察的主要内容、工作布置、基本要求、成果编制等进行了规定，这是进行岩土工程勘察的依据和标准。

以 2009 年版《岩土工程勘察规范》(GB 50021—2001)为时间标尺，我国岩土工程地质勘察进入了科学勘察、规范勘察的新阶段。

岩土工程问题较多，必须根据工程勘察结果进行实际科学设计和施工，才能保证建筑工程安全、稳定和长期高效使用。就房屋建筑和构筑物而言，例如目前世界上最高建筑物为阿拉伯联合酋长国的迪拜塔(现已更名为哈利法塔)，设计高度 828 m，160 层；我国最高建筑物为上海环球金融中心，设计高度 492 m，101 层。显然，一般天然土体是难以满足其荷载要求的，为此需要采用桩基础或对地基土进行处理，这就要研究桩身的尺寸、材料强度及桩基持力层的选择和承载力等问题。此外，施工时，深基坑开挖支护和降水问题也很重要。岩土工程在此类工程的总造价和总工期中占 1/3 左右。

每项建设工程,在建设前均应进行岩土工程勘察,即“一楼一探”。国内外因缺少岩土工程勘察或勘察结论不正确,从而使基础设计错误,造成工程事故的比比皆是。例如,加拿大特朗斯康谷仓的地基事故(见图 0-1),谷仓长 59.4 m、高 31.0 m、宽 23.5 m,由 65 个圆筒仓组成,自重 2 万 t,钢混筏板基础。事先未进行工程勘察,不了解基底下有厚达 16 m 的软黏土层。1913 年建成存放谷物时,地基压力(320 kPa)超出地基极限承载力(276 kPa),谷仓西侧突然陷入土中 8.8 m,东侧抬高 1.5 m,谷仓整体倾斜 26°53′,地基发生整体滑动,丧失稳定性,上部钢混筒仓完好无损。原因分析:基础下有厚 16 m 的软黏土层,谷仓地基因超载发生强度破坏而滑动。

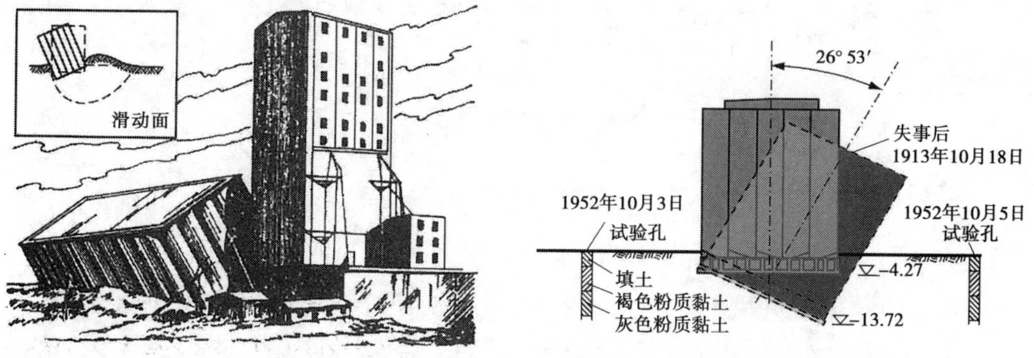

图 0-1　加拿大特朗斯康谷仓因缺少岩土工程勘察造成地基破坏情况

岩土工程勘察的技术手段有多种,主要有工程地质测绘和调查、勘探和取样、各种原位测试技术、室内岩土试验、现场监测、分析计算、数据处理、计算机技术应用等。目前,岩土工程勘察方法技术已经逐步走向轻便化、智能化、网络化、信息化,而且各种方法技术还在与时俱进,不断发展。

展望未来,随着我国工程建设向“高、大、深”方向发展,对岩土工程勘察提出了新的和更高的要求,同时也面临许多新的挑战,因此岩土工程勘察必将在社会主义现代化建设中发挥更大的作用,做出更大的贡献。

0.3　本课程的目的、内容和基本要求

本课程是土木工程类专业、城市地下空间工程专业、道路桥梁专业、岩土工程专业、地质工程等专业的重要专业课。其综合性、应用性和实践性都比较强。学习本课程的目的主要是让学生掌握岩土工程勘察的基本理论和技术方法,为今后从事生产实际工作或科学研究打好基础。

本课程内容分为三部分:第一部分,岩土类型及其工程性质;第二部分,岩土工程勘察方法;第三部分,具体岩土工程的勘察、分析评价和成果报告。

通过本课程的学习,要求学生熟练掌握岩土工程性质及其分类,掌握岩土工程勘察的基本原理,熟悉岩土工程勘察的基本方法,学会岩土室内试验及原位测试数据的整理运用,能够完成勘探报告的编写工作。

思考题与习题

1. 试述“岩土工程”的概念。
2. 岩土工程包含哪些工作?
3. 试述“岩土工程勘察”的概念。
4. 简述岩土工程勘察的内容。
5. 简述“岩土工程勘察”与“工程地质勘察”两个概念的异同。

第 1 章　岩土工程勘察概论

岩土工程勘察的目的和任务是查明建设场地及相关地区的工程地质条件,并结合工程设计、施工条件进行技术论证和分析评价,提出解决有关岩土工程问题的建议。

岩土工程勘察总的原则是为工程建设服务,应有明确的针对性和目的性,要结合工程建设的类型、要求和特点及当地的自然条件和环境进行。

1.1　岩土工程勘察等级的划分

岩土工程勘察等级的划分是根据工程重要性、场地复杂程度及地基复杂程度三个方面确定的。

1.1.1　岩土工程重要性等级的划分

根据工程的规模和特征,以及工程破坏或影响正常使用所产生的后果,将工程分为三个重要性等级,如表 1-1 所示。

表 1-1　岩土工程重要性等级划分

岩土工程重要性等级	工程性质	破坏后引起的后果
一级工程	重要工程	很严重
二级工程	一般工程	严重
三级工程	次要工程	不严重

例如,对住宅和一般公用建筑,30 层以上可定为一级,7～30 层可定为二级,6 层及以下可定为三级。

1.1.2　场地等级划分

根据场地的复杂程度,可按规定将场地分为一级场地(复杂场地)、二级场地(中等复杂场地)、三级场地(简单场地)三个等级,如表 1-2 所示。

1.1.3　地基复杂程度划分

根据地基复杂程度,可按规定将地基分为一级地基(复杂地基)、二级地基(中等复杂地基)、三级地基(简单地基)三个等级,如表 1-3 所示。

1.1.4　岩土工程勘察等级划分

在按照上述标准确定了工程的重要性等级、场地复杂程度等级以及地基复杂程度等级之后,进行岩土工程勘察等级划分。具体划分标准见表 1-4。

表 1-2　场地等级(复杂程度)划分

场地等级	特征条件	条件满足方式
一级场地 (复杂场地)	对建筑抗震危险的地段	满足其中一条及以上者
	不良地质作用强烈发育	
	地质环境已经或可能受到强烈破坏	
	地形地貌复杂	
	有影响工程的多层地下水、岩溶裂隙水或其他复杂的水文地质条件,需专门研究的场地	
二级场地 (中等复杂场地)	对建筑抗震不利的地段	满足其中一条及以上者
	不良地质作用一般发育	
	地质环境已经或可能受到一般破坏	
	地形地貌较复杂	
	基础位于地下水位以下的场地	
三级场地 (简单场地)	抗震设防烈度等于或小于Ⅵ度,或对建筑抗震有利的地段	满足全部条件
	不良地质作用不发育	
	地质环境基本未受破坏	
	地形地貌简单	
	地下水对工程无影响	

表 1-3　地基等级(复杂程度)划分

地基等级	特征条件	条件满足方式
一级地基 (复杂地基)	岩土种类多,很不均匀,性质变化大,需特殊处理	满足其中一条及以上者
	严重湿陷、膨胀、盐渍、污染的特殊性岩土,以及其他情况复杂,需做专门处理的岩土	
二级地基 (中等复杂地基)	岩土种类较多,不均匀,性质变化大	满足其中一条及以上者
	除一级地基中规定的其他特殊性岩土	
三级地基 (简单地基)	岩土种类单一,均匀,性质变化不大	满足全部条件
	无特殊性岩土	

表 1-4　岩土工程勘察等级划分

岩土工程勘察等级	划分标准
甲级	在工程重要性、场地复杂程度和地基复杂程度等级中,有一项或多项为一级
乙级	勘察等级为甲级和丙级以外的勘察项目
丙级	在工程重要性、场地复杂程度和地基复杂程度等级均为三级的

注:建筑在岩质地基上的一级工程,当场地复杂程度及地基复杂程度均为三级时,岩土工程勘察等级可定为乙级。

1.2　岩土工程勘察阶段的划分及各阶段的基本要求

1.2.1　一般规定和工业与民用建筑勘察总体要求

我国《岩土工程勘察规范》(GB 50021—2001)(2009 年版)中明确规定:各项工程建设和施工之前,必须按基本建设程序进行岩土工程勘察,岩土工程勘察应按工程建设各阶段的要求,正确反映工程地质资料,查明工程地质条件,提出资料完整、评价正确的勘察报告。

岩土工程勘察的阶段划分是与工程设计及施工的阶段密切相关的。岩土工程勘察一般分为三个阶段或四个阶段:

(1)可行性研究阶段:满足工程选址或确定场地的要求。

(2)初步勘察阶段:符合初步设计或扩大初步设计的要求。

(3)详细勘察阶段:符合施工图设计的要求。

(4)施工勘察阶段:不是必须进行的固定勘察阶段,仅在地质条件复杂或有特殊施工要求的重要工程地基,才进行施工勘察,对地质条件简单、面积不大或有较多经验积累的地区,则可简化勘察阶段。

工业与民用建筑勘察,主要是房屋建筑勘察,勘察工作应满足以下要求:

(1)查明场地及地基的稳定性、地层结构、持力层和下卧层的工程特性、土的应力历史、地下水条件及不良地质作用等。

(2)提出满足设计、施工所需的岩土参数、确定地基承载力,预测地基变形性状。

(3)提出地基基础、基坑支护、工程降水和地基处理设计与施工方案的建议。

(4)提出对建筑物有影响的不良地质作用的防治方案建议。

(5)对于抗震设防烈度大于或等于Ⅵ度的场地,进行场地与地基的地震效应评价。

1.2.2　各勘察阶段的勘察规定和要求

岩土工程勘察的基本方法主要有工程地质调查与测绘、岩土工程勘探与取样、原位测试与试验、室内试验、岩土工程现场检验与监测。岩土工程勘察新技术有“3S”技术、地质雷达、地球物理层析成像技术(CT)、数值化勘探技术、数字化资料整编等。

岩土工程勘察的不同阶段,其目的、任务和要求也不相同,见表 1-5。

初步勘察阶段勘探线、勘探点的间距及勘探孔的深度见表 1-6、表 1-7。

详细勘察阶段勘探点的间距,主要根据地基复杂程度等级确定,通常地基复杂程度为一级(复杂),勘探点间距 10~15 m;地基复杂程度为二级(中等复杂),勘探点间距 15~30 m;地基复杂程度为三级(简单),勘探点间距 30~50 m。

表 1-5　岩土工程勘察阶段划分

阶段	可行性研究勘察（选址勘察）	初步勘察	详细勘察	施工勘察
目的	根据建设条件进行论证,提出设计比较方案	密切结合工程初步设计的要求,提出岩土工程方案设计和论证	对岩土工程设计、施工提出有利加固不良地质现象的防治工程进行计算与评价,以满足施工图设计的要求	施工勘察视工程的实际需要而定,对条件复杂或有特殊施工要求的重大工程地基,需进行施工勘察,对一些规模不大且工程地质条件简单的场地,或者有建筑经验的地区,可简化
任务	对场地稳定性和适宜性做出岩土工程评价;进行技术、经济论证和方案比较,满足确定场地方案的要求	在可行性勘察的基础上,对场地做出岩土工程评价,为建筑物地基基础方案、对不良地质现象的防治工程方案进行论证	提出详细的岩土工程资料和设计、施工所需的岩土参数,并做出岩土工程评价,对地基类型、地基处理、基坑支护、工程降水和不良地质作用的防治等提出建议	
要求	(1)收集区域地质、岩土工程和建筑经验等资料; (2)在充分收集和分析已有资料的基础上,通过踏勘了解场地的工程地质条件; (3)拟建场地条件复杂,已有资料不能满足要求时,应进行测绘和勘察; (4)当有两个或两个以上拟选场地时,应进行比选分析	(1)收集拟建工程的有关资料及地形图; (2)初步查明工程地质条件; (3)查明场地的不良地质作用,做出稳定性评价; (4)对抗震设防裂度Ⅵ度以上的场地,进行初步评价; (5)季节性冻土地区,调查场地标准冻结深度; (6)初步判定水和土对建筑材料的腐蚀性; (7)高层建筑初步勘察时,对可能采取的地基基础类型、基坑开挖与支护等进行初步评价	(1)收集建筑平面图,建筑物的结构、基础形式等资料; (2)查明不良地质作用,提出整治方案的建议; (3)查明岩土层的特性、评价地基的稳定性; (4)需进行沉降计算的建筑,提供地基变形计算参数; (5)查明埋藏的河道、孤石等对工程不利的埋藏物; (6)查明地下水的埋藏条件及其变化幅度; (7)在季节性冻土地区,提供场地土的标准冻结深度; (8)判定水和土对建筑材料的腐蚀性	

表 1-6　初步勘察勘探线、勘探点的间距

地基复杂程度等级	勘探线间距(m)	勘探点间距(m)
一级(复杂)	50~100	30~50
二级(中等复杂)	75~150	40~100
三级(简单)	150~300	75~200

注:1. 表中间距不适合于地球物理勘探。
2. 控制性勘探点宜占勘探点总数的 1/5~1/3,且每个地貌单元均应有控制性勘探点。

表 1-7　初步勘察勘探孔深度

工程重要性等级	一般勘探孔深度(m)	控制性勘探孔深度(m)
一级(重要工程)	≥15	≥30
二级(一般工程)	10~15	15~30
三级(次要工程)	6~10	10~20

注:1. 勘探孔包括钻孔、探井和原位测试孔等。
2. 特殊用途的除外。

1.3　岩土工程勘察方法的概述

岩土工程勘察的方法多种多样,常见的基本方法简述如下。

1.3.1　工程地质调查与测绘

工程地质测绘和调查是运用地质、工程地质理论对与工程建设有关的各种地质现象进行实地的详细观察和描述,查明区内的工程地质条件,并按照精度要求,将其填绘和反映在一定比例尺的地形底图上。

工程地质测绘和调查的目的任务是查明建筑场地及邻近地段的工程地质条件,重点对开发建设的适宜性和建筑场地的稳定性做出评价,为拟建工程建筑选择最佳地段,为后续勘探工作的布置提供依据。

在岩土工程勘察中,工程地质测绘是一种简单、经济、有效的工作方法,是一种最基本的岩土工程勘察方法,也是其他岩土工程勘察方法的基础。

1.3.2　岩土工程勘探与取样

工程地质勘探是在工程地质测绘的基础上,为进一步查明地表以下工程地质情况和对岩土参数开展原位测试时而进行的勘察工作。勘探包括钻探、井探、槽探、洞探、触探及地球物理勘探等多种方法。勘探方法的选择首先应符合勘探目的需要,还要考虑是否适合于勘探区岩土的特性。

工程地质钻探的任务之一是采取岩土的试样,用来对其进行观察、鉴别或进行各种物

理力学的试验。要尽量采取原状土样。

1.3.3　原位测试与试验

岩土工程原位测试是在天然条件下原位测定岩土体的各种工程地质性质。由于是在原位测试,因此它不需要采取土样,被测土体测试前不会受到扰动而基本保持其天然结构、含水量和应力状态,因此所测数据比较准确可靠,代表性强。尤其是对灵敏度较高的软土和难以取得原状土样的饱和砂土、粉土、流塑状态的淤泥或淤泥质土等,现场原位测试具有不可替代的作用。

原位测试的方法主要有静力载荷试验、静力触探试验、圆锥动力触探试验、标准贯入试验等。

1.3.4　室内试验

室内试验是测定岩土参数的重要方法,有些参数的测定只能靠室内完成,如土的颗粒成分、重度等。因此,室内试验与原位测试是相互补充、相辅相成的。

常用的室内试验方法可分为以下几类:

(1)土的物理性质试验,如颗粒级配试验、土的重度或密度试验、土粒相对密度试验、含水量试验、塑液限试验等。

(2)土的压缩、固结试验。

(3)土的抗剪强度试验,如直剪试验、三轴试验。

1.3.5　岩土工程现场检验与监测

岩土工程的现场检验和监测,可有效地控制现场施工质量,同时对于施工引起的位移、应力及周边环境进行相应的跟踪监测,通过信息反馈,及时进行施工方法调整或设计变更,以确保施工安全和保护周边环境。

岩土工程测试包括室内土工试验、岩体力学试验、原位测试、原型试验和现场监测等。

现场监测就是以实际工程作为对象,在施工期及工程后期对整个岩土体和地下结构及周围环境,在事先设定的点位上,按设定的时间间隔进行应力和形变现象观测。

1.3.6　岩土工程勘察新技术

岩土工程勘察新技术,如"3S"技术、地质雷达、地球物理层析成像技术(CT)、数值化勘探技术、数字化资料整编等。

1.4　岩土工程勘察工作的程序(工作步骤)

岩土工作勘察的程序即岩土工程勘察的工作步骤,是工程勘察质量的基本保障,应按规范规定的有关要求进行。岩土工程勘察项目实施的基本过程见图 1-1,主要有以下几个方面。

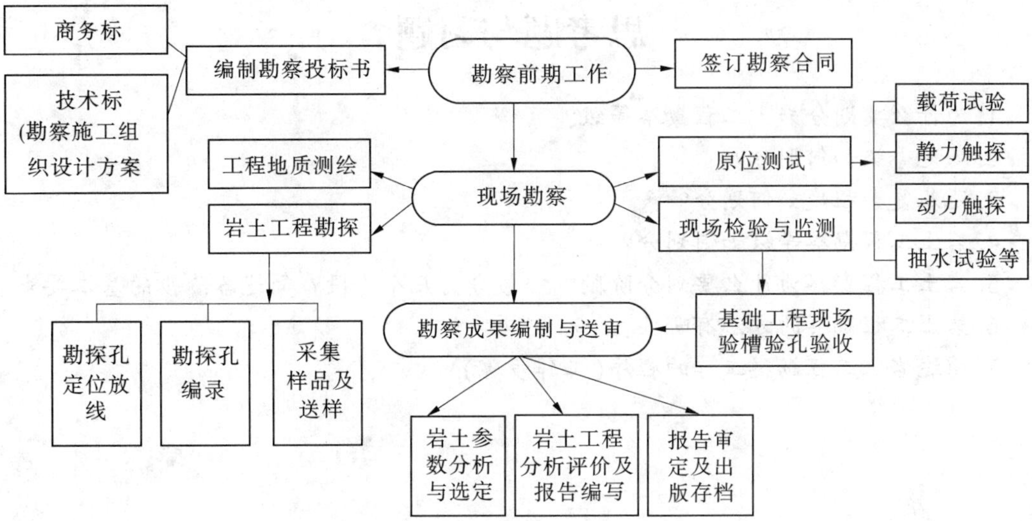

图1-1　岩土工程勘察项目实施的基本过程

1.4.1　收集资料

收集附有坐标和地形的建筑总平面图,建筑物的性质、规模、荷载、结构特点、基础形式、埋置深度、地基允许变形资料等。

1.4.2　编制岩土工程勘察投标书

编制岩土工程勘察投标书主要是技术标书。技术标书的主要内容是勘察施工组织设计方案。其主要内容包括工程概况、勘察方案、勘察成果分析及报告书、本工程投入技术力量及设备、进度计划、工期保证措施、工程质量保证措施、安全保证措施、承诺及报价等。

1.4.3　签订勘察合同

项目中标后,与甲方签订岩土工程勘察合同,双方按合同履约。

1.4.4　现场勘察

依据勘察任务进行施工勘察。其主要工作为工程地质测绘,岩土工程勘探、原位测试、现场检验与监测等。

1.4.5　勘察成果编制与送审

现场勘察后,应及时对工程编录资料进行综合整理、审核及计算机录入,并进行岩土工程分析评价,编制报告图文表初稿;之后对报告进行初步审查及修改,最后对报告进行审定、存档,条件具备时可出版。

最后需要说明,建筑施工现场的验槽、验孔、基础验收是岩土工程勘察基本工程质量控制的重要环节,勘察时,必须高度重视。

思考题与习题

1. 为什么要划分岩土工程勘察等级？
2. 场地等级如何划分？
3. 地基复杂程度如何划分？
4. 岩土工程勘察等级如何划分？
5. 岩土工程勘察为什么要划分阶段？一般分为几个阶段？简述各阶段的基本要求。
6. 岩土工程勘察的方法有哪些？
7. 简述岩土工程勘察工作的程序(工作步骤)。

第 2 章　岩土与地下水

2.1　岩石的分类及其工程地质性质

岩石是天然产出的具有一定结构构造的矿物的天然集合体。地球上的岩石绝大多数是由一种或几种造岩矿物组成的,极少数是由天然玻璃、胶体或生物遗骸组成的。岩石是地质作用的产物,岩石构成地壳及上地幔的固态部分。

2.1.1　按成因分类

岩石按成因可分为岩浆岩、沉积岩和变质岩三大类。

2.1.1.1　岩浆岩

地幔岩浆侵入地壳或岩浆喷出地壳形成的岩石,称为岩浆岩。

按岩浆岩组成物质中 SiO_2 的含量多少,可将其分为酸性岩类(SiO_2 含量>65%),中性岩类(SiO_2 含量为 52%~65%),基性岩类(SiO_2 含量为 45%~52%),超基性岩类(SiO_2 含量<45%);按岩浆侵入地壳的深度可分为深成岩(据地表 3 km 以下)、浅成岩(据地表 3 km 以上)和喷出岩(火山岩),见表 2-1。

表 2-1　岩浆岩的分类

化学成分		含 Si、Al 为主			含 Fe、Mg 为主		产状
颜色		浅色的(浅灰、浅红、黄色)			深色的(深灰、绿色、黑色)		
酸基性		酸性	中性		基性	超基性	
矿物成分 / 成因及结构		含正长石		含斜长石		不含长石	
		石英 云母 角闪石	黑云母 角闪石 辉石	角闪石 辉石 黑云母	辉石 角闪石 橄榄石	橄榄石 辉石	
深成岩	等粒状,有时为斑状,所有矿物皆能用肉眼鉴别	花岗岩	正长岩	闪长岩	辉长岩	橄榄岩、辉石	岩基、岩株
浅成岩	斑状(斑晶较大且可分辨出矿物名称)	花岗斑岩	正长斑岩	玢岩	辉绿岩	未遇到	岩脉、岩床、岩盘
喷出岩	玻璃状,有时为细粒斑状,矿物难用肉眼鉴别	流纹岩	粗面岩	安山岩	玄武岩	未遇到	熔岩流
喷出岩	玻璃状或碎屑状	黑曜岩、浮石、火山凝灰岩、火山碎屑岩、火山玻璃					火山喷出的堆积物

岩浆岩的结构分为以下三种:

(1)全晶质结构。岩石全部由结晶的矿物颗粒组成(见图 2-1)。可进一步分为等粒结构(又可分为粗粒结构、中粒结构、细粒结构)、似斑状结构、斑状结构。

(2)半晶质结构。岩石一部分为结晶的矿物颗粒,一部分为未结晶的玻璃质(见图2-1)。

(3)非晶质结构。岩石全部由玻璃质组成(见图2-1)。

岩浆岩最常见的构造有块状构造、流纹构造、气孔构造、杏仁构造。

1—全晶质结构;2—半晶质结构;3—非晶质结构

图 2-1　岩浆岩的三种结构

2.1.1.2　沉积岩

沉积岩是由地表的物质(先成岩石的风化碎屑物、溶解的物质、有机物质、某些火山碎屑等)经过搬运作用、沉积作用、成岩作用而形成的。沉积岩最显著的特征是成层堆积,并有水、大气、生物作用的痕迹。沉积岩是地壳表层分布最广泛的岩石,地球陆地表面大约3/4为沉积岩所覆盖。

组成沉积岩的物质来源主要是各种原岩碎屑、造岩矿物及溶解物质。

根据物质组成可将沉积岩分为碎屑岩类、黏土岩类和化学及生物化学岩类(见表2-2)。

表 2-2　沉积岩分类

岩类			结构	岩石分类名称	主要亚类及其组成物质
碎屑岩类	火山碎屑岩	碎屑结构	粒径>100 mm	火山集块岩	主要由大于100 mm的熔岩碎块、火山灰尘等经压密胶结而成
			粒径 2~100 mm	火山角砾岩	主要由2~100 mm的熔岩碎屑、晶屑、玻屑及其他碎屑混入物组成
			粒径<2 mm	凝灰岩	由50%以上粒径小于2 mm的火山灰组成,其中有岩屑、晶屑、玻屑等细粒碎屑物质
	沉积碎屑岩		砾状结构(粒径>2.00 mm)	砾岩	角砾岩:由带棱角角砾经胶结而成; 砾岩:由浑圆的砾石经胶结而成
			砂质结构(粒径0.05~2.00 mm)	砂岩	石英砂岩:石英(含量>90%)、长石和岩屑(含量<10%); 长石砂岩:石英(含量<75%)、长石(含量>25%)、岩屑(含量<10%); 岩屑砂岩:石英(含量<75%)、长石(含量>10%)、岩屑(含量<25%)
			粉砂结构(粒径0.005~0.05 mm)	粉砂岩	主要由石英、长石的粉、黏粒及黏土矿物组成
黏土岩类			泥质结构(粒径<0.005 mm)	泥岩	主要由高岭石、微晶高岭石及水云母等黏土矿物组成
				页岩	黏土质页岩由黏土矿物组成; 碳质页岩由黏土矿物及有机质组成
化学及生物化学岩类			结晶结构及生物结构	石灰岩	石灰岩:方解石(含量>90%)、黏土矿物(含量<10%); 泥灰岩:方解石(含量50%~75%)、黏土矿物(含量25%~50%)
				白云岩	白云岩:白云岩(含量90%~100%)、方解石(含量10%); 灰质白云岩:白云石(含量50%~75%)、方解石(含量25%~50%)

沉积岩最主要的构造是层理构造,包括水平层理、斜层理和交错层理(见图 2-2)。

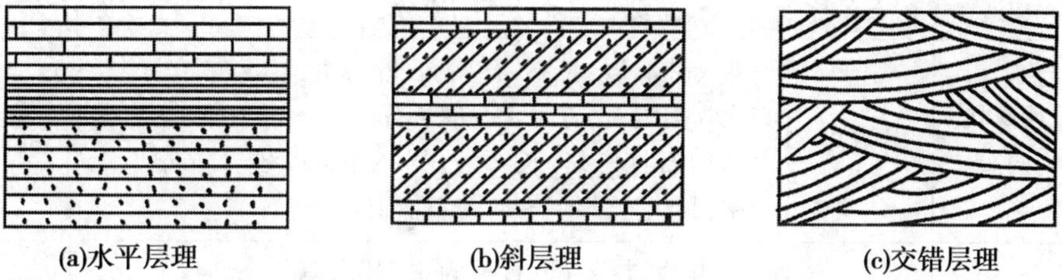

图 2-2　层理类型

层与层之间的界面叫作层面。上下两个层面间成分基本一致的岩石称为岩层。一个岩层上下层面之间的垂直距离称为岩层的厚度。岩层厚度变薄以致消失称为尖灭,两端尖灭就称为透镜体,厚岩层中所夹的薄层称为夹层(见图 2-3)。

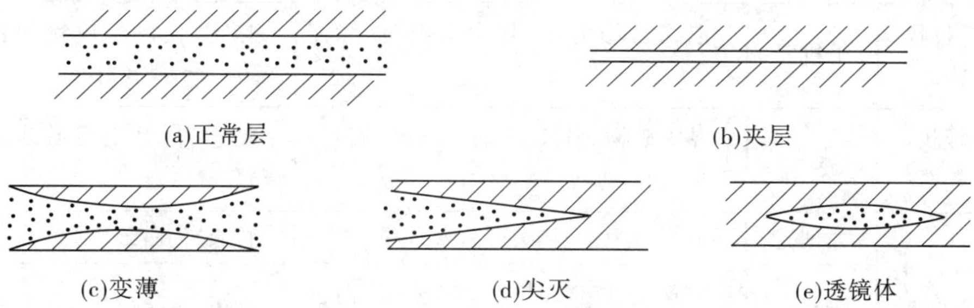

图 2-3　岩层的几种形态

2.1.1.3　变质岩

变质岩是地壳中原有的岩浆岩、沉积岩,经高温、高压及热流和化学成分的加入等变质作用使岩石在固体状态下发生化学成分、结构、构造等变化而形成的新的岩石。

变质岩的组成矿物中,一部分是原岩保留下来的矿物,如长石、石英、云母、方解石、黏土矿物等;另一部分则是在变质过程中产生的变质矿物,如绢云母、石榴石、绿泥石,滑石、蛇纹石等。

变质岩分类及常见的变质岩见表 2-3。

变质岩的结构主要有以下几种:

(1)变余结构。亦称残留结构,是变质作用不彻底仍残留的原岩结构。

(2)变晶结构。新的结晶质结构,加上“变晶”二字以示与岩浆岩的区别。

(3)碎裂结构。岩石的矿物颗粒在应力作用下被破碎成不规则的碎屑甚至粉末,又被胶结而形成的新结构。

变质岩的构造主要有片麻状构造、片状构造、千枚状构造、板状构造、块状构造。

2.1.2　按坚硬程度和风化程度分类

岩石按坚硬程度分类如表 2-4 所示。

表 2-3　变质岩分类

岩类	构造	岩石名称	主要亚类及其矿物成分	原岩
片理状岩类	片麻状构造	片麻岩	花岗片麻岩：长石、石英、云母为主，其次为角闪石，有时含石榴子石； 角闪石片麻岩：长石、石英、角闪石为主，其次为云母，有时含石榴子石	中酸性岩浆岩、黏土岩、粉砂岩、砂岩
	片状构造	片岩	云母片岩：云母、石英为主，其次有角闪石等； 滑石片岩：滑石、绢云母为主，其次有绿泥石、方解石等； 绿泥石片岩：绿泥石、石英为主，其次有滑石、方解石等	黏土岩、砂岩、中酸性火山岩； 超基性岩、白云质泥灰岩； 中基性火山岩，白云质泥灰岩
	千枚状构造	千枚岩	以绢云母为主，其次有石英、绿泥石等	黏土岩、黏土质粉砂岩、凝灰岩
	板状构造	板岩	黏土矿物、绢云母、石英、绿泥石、黑云母、白云母等	黏土岩、黏土质粉砂岩、凝灰岩
块状岩类	块状构造	大理岩	方解石为主，其次有白云石等	石灰岩、白云岩
		石英岩	石英为主，有时含有绢云母、白云母等	砂岩、硅质岩
		蛇纹岩	蛇纹石、滑石为主，其次有绿泥石、方解石等	超基性岩

表 2-4　岩石坚硬程度分类

坚硬程度	坚硬岩	较硬岩	较软岩	软岩	极软岩
饱和单轴抗压强度（MPa）	$f_r>60$	$60\geqslant f_r>30$	$30\geqslant f_r>15$	$15\geqslant f_r>5$	$f_r\leqslant 5$

岩石按风化程度分类如表 2-5 所示。

2.1.3　岩石的某些物理力学性质

2.1.3.1　吸水性

岩石的吸水性是指岩石在通常大气压下的吸水能力，一般用吸水率表示。

吸水率是指岩石在大气压力和室温条件下吸入水的重量与岩石固体颗粒重量之比，以百分数表示，计算式为

$$\omega_a = \frac{W_w}{W_s} = \frac{W_0 - W_s}{W_s} \tag{2-1}$$

表 2-5　岩石按风化程度分类

风化程度	野外特征	风化程度参考指标	
		波速比 K_v	风化系数 K_f
未风化	岩质新鲜,偶见风化痕迹	0.9~1.0	0.9~1.0
微风化	结构基本未变,仅节理面有铁质渲染或略有变色,有少量风化裂隙	0.8~0.9	0.8~0.9
中等风化	结构部分破坏,沿节理面有次生矿物,风化裂隙发育,岩体被切割成岩块。用镐难挖,岩芯钻方可钻进	0.6~0.8	0.4~0.8
强风化	结构大部分破坏,矿物成分显著变化,风化裂隙很发育,岩体破碎,用镐可挖,干钻不易钻进	0.4~0.6	<0.4
全风化	结构基本破坏,但尚可辨认,并且有微弱的残余结构强度,可用镐挖,干钻可钻进	0.2~0.4	—
残积土	组织结构全部破坏,已风化成土状,锹镐易挖掘,干钻易钻进,具可塑性	<0.2	—

注:1. 波速比 K_v 为风化岩石与新鲜岩石压缩波波速之比。

2. 风化系数 K_f 为风化岩石与新鲜岩石饱和单轴抗压强度之比。

3. 花岗岩类岩石,用标贯击数 N 划分风化程度。$N \geqslant 50$ 为强风化,$30 \leqslant N < 50$ 为全风化,$N < 30$ 为残积土。

式中　ω_a——吸水率(%);

W_w——岩石吸入水重量;

W_s——岩石固体颗粒重量;

W_0——岩样浸水 48 h 后的重量。

岩石的吸水率大小反映岩石中的孔隙数量和连通情况。一般,岩石的吸水率愈大,说明孔隙与连通情况愈好,岩石的力学性能愈差。

2.1.3.2　软化性

岩石吸水后,强度和稳定性将会变软的性质,称为岩石的软化性。岩石软化性的指标是软化系数。

岩石的软化系数是岩样饱和状态下的抗压强度与烘干状态下抗压强度的比值。即

$$\eta_c = \frac{R_{cw}}{R_c} \tag{2-2}$$

式中　η_c——岩石的软化系数;

R_{cw}——岩石在饱和状态下的抗压强度,MPa;

R_c——岩石在烘干状态下的抗压强度,MPa。

岩石的软化系数总是小于 1 的。$\eta_c \leqslant 0.75$ 时,为软化岩石;$\eta_c > 0.75$ 时,为不软化岩石。

2.1.3.3　抗冻性

当岩石孔隙中含有的水结冰时,其体积将膨胀,对周围岩石产生压力,这种压力将对岩石的强度和稳定性产生不利影响。岩石抵抗冻融破坏的性能,称为岩石的抗冻性。在

高寒冰冻地区,抗冻性是评价岩石工程性质的一个重要指标。岩石的抗冻性一般用冻融系数表示:

$$K_{\mathrm{fm}} = \frac{\overline{R_{\mathrm{fm}}}}{\overline{R_{\mathrm{w}}}} \tag{2-3}$$

式中 K_{fm}——岩石冻融系数;

$\overline{R_{\mathrm{fm}}}$——岩石在-20~+20 ℃的温度区间,反复进行降温、冻结试验,冻融后岩石的单轴抗压强度平均值,MPa;

$\overline{R_{\mathrm{w}}}$——岩石饱和单轴抗压强度平均值,MPa。

冻融系数大于20%~25%的岩石是抗冻的,小于25%的岩石是非抗冻的。

2.1.3.4 岩石的变形特性

岩石受力变形后产生的弹性变形性能,一般用弹性模量和泊松比两个指标表示。

(1)弹性模量。岩石的弹性模量是指应力与弹性应变的比值,即

$$E = \frac{\sigma}{\varepsilon_{\mathrm{r}}} \tag{2-4}$$

式中 E——弹性模量,Pa;

σ——应力,Pa;

ε_{r}——弹性应变。

岩石的弹性模量越大,变形越小,说明岩石抵抗变形的能力越高。

(2)泊松比。岩石在轴向压力作用下,除产生纵向压缩外,还会产生横向膨胀,这种横向应变与纵向应变的比值,称为泊松比,即

$$\mu = \frac{\varepsilon_x}{\varepsilon_z} \tag{2-5}$$

式中 μ——泊松比,一般用小数表示;

ε_x——横向应变;

ε_z——纵向应变。

泊松比越大,表示岩石受力作用后的横向变形越大。岩石的泊松比一般为0.2~0.4。

2.1.3.5 岩石的强度特性

岩石抵抗外力破坏的能力,称为岩石的强度。岩石的受力破坏有压碎、拉断和剪断等形式,故其强度也分为抗压强度、抗拉强度和抗剪强度等。

1.抗压强度

抗压强度是指岩石在轴向压力作用下抵抗压碎破坏的能力,即

$$f = \frac{P}{A} \tag{2-6}$$

式中 f——抗压强度,Pa;

P——岩石破坏时的压力,N;

A——岩石受压面面积,m^2。

岩石的抗压强度和岩石的结构构造、矿物成分及岩石的形成条件等因素有关。

2. 抗剪强度

抗剪强度是指岩石抵抗剪切破坏的能力,以岩石被剪切破坏时极限应力表示。

岩石的抗剪强度决定了建筑物的抗滑稳定性,是评价建筑物稳定性的重要指标。根据工程实际的剪切破坏情况,可分为三种抗剪强度。

(1)抗剪断强度。是指轴向压力作用下的岩石剪断强度。即在一定轴向压力作用下,岩石被剪断时的最大剪应力,可用库仑定律计算:

$$\tau = \sigma\tan\varphi + c \tag{2-7}$$

式中　τ——岩石抗剪断强度,Pa;

σ——破坏面上的法向应力,Pa;

φ——岩石的内摩擦角,(°);

c——岩石的黏聚力,Pa。

(2)抗滑移强度。是沿已有的破裂面发生剪切滑动时的强度,即

$$\tau = \sigma\tan\varphi \tag{2-8}$$

显然,抗滑移强度远远低于抗剪断强度。

(3)抗切强度。是指法向应力等于零时的抗剪断强度,即在没有轴向压力时,岩石被剪断时的最大剪应力。其表达式为

$$\tau = c \tag{2-9}$$

3. 抗拉强度

抗拉强度是指岩石在单向拉伸时,抵抗拉断破坏的能力,以拉断破坏时的最大拉应力(张应力)表示,即

$$\sigma_t = \frac{P}{A} \tag{2-10}$$

式中　σ_t——岩石的抗拉强度,Pa;

P——岩石破坏时的拉力,N;

A——试件的横断面面积,m^2。

2.1.4　岩体的结构特征及性质

自然界中的岩层,绝大多数并不是连续的、完整的单一均质岩石,而是经受了内、外地质作用改造后,包含显著软弱面的复杂地质体。

工程上,一般把由各种界面切割形成的岩块称为岩石或岩块;把由界面和岩块组成的复合体称为岩体。换言之,岩体是指包含各种结构面[如层面、层理、节理、断层、软弱夹层等)的岩石组合体(综合体)]。岩体与单块岩石不同,如某岩层中完整的单块岩石的强度较高,但当岩层被结构面切割成碎状块体时,岩体的强度就大大降低。所以,岩体中结构面的类型、发育程度、充填及连通情况等,对岩体的工程地质特性有很大的影响。岩体的结构特征是影响岩体稳定性的一个重要因素。

结构面的密集程度:反映了岩体完整的情况,通常以线密度(条/m)或结构面的间距表示和分级,见表 2-6。

结构面的连通性:是指在某一空间范围内的岩体中,结构面在走向、倾向方向的连通

表 2-6　节理发育程度分级

分级	Ⅰ	Ⅱ	Ⅲ	Ⅳ
节理间距(m)	>2	0.5~2	0.1~0.5	<0.1
节理发育程度	不发育	较发育	发育	极发育
岩体完整性	完整	块状	碎裂	破碎

程度。一般分为非连通的、半连通的和连通的三级(见图 2-4)。结构面的抗剪强度与连通程度有关,连通的结构面其抗剪强度低,而非连通的短小结构面抗剪强度大,岩体强度仍受岩石强度控制。

结构面的张开度:是指结构面两壁离开的距离。可分为 4 级(见图 2-4):

(1)闭合的:张开度<0.2 mm。

(2)微张的:张开度=0.2~1.0 mm。

(3)张开的:张开度=1.0~5.0 mm。

(4)宽张的:张开度>5.0 mm。

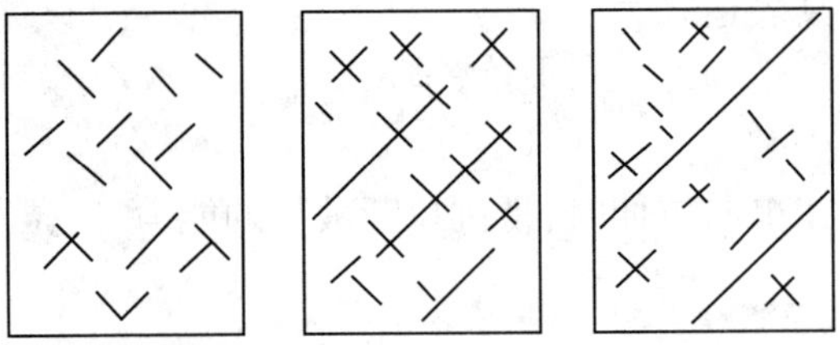

(a)非连通的　　(b)半连通的　　(c)连通的

图 2-4　岩体内结构面连通性示意图

通常,闭合的结构面力学性质好于张开的结构面。

岩体结构的基本类型可分为整体块状结构、层状结构、碎裂结构和散体结构四种类型,它们的地质背景、结构面特征和结构体特征等列于表 2-7 中。

表 2-7　岩体结构的基本类型

结构类型		地质背景	结构面特征	结构体特征	
类	亚类			形态	强度(MPa)
整体块状结构	整体结构	岩性单一,构造变形轻微的巨厚层岩层及火成岩体,节理稀少	结构面少,1~3 组,延展性差,多呈闭合状,一般无充填物,$\tan\varphi \geqslant 0.6$	巨型块体	>60
	块状结构	岩性单一,构造变形轻微至中等的厚层岩体及火成岩体,节理一般发育,较稀疏	结构面 2~3 组,延展性差,多闭合状,一般无充填物,层面有一定结合力,$\tan\varphi = 0.4 \sim 0.6$	大型的方块体、菱块体、柱体	一般>60

续表 2-7

结构类型		地质背景	结构面特征	结构体特征	
类	亚类			形态	强度(MPa)
层状结构	层状结构	构造变形轻微至中等的中厚层状岩体(单层厚>30 cm),节理中等发育,不密集	结构面 2~3 组,延展性较好,以层面、层理、节理为主,有时有层间错动面和软弱夹层,层面结合力不强,$\tan\varphi=0.3\sim0.5$	中-大型层块体、柱体、菱柱体	>30
	薄层(板)状结构	构造变形中等至强烈的薄层状岩体(单层厚<30 cm),节理中等发育,不密集	结构面 2~3 组,延展性较好,以层面、节理、层理为主,不时有层间错动面和软弱夹层,结构面一般含泥膜,结合力差,$\tan\varphi\approx0.3$	中-大型的板状体、板楔体	一般 10~30
碎裂结构	镶嵌结构	脆硬岩体形成的压碎岩,节理发育,较密集	结构面多于 2~3 组,以节理为主,组数多,较密集,延展性较差,闭合状,无-少量充填物,结构面结合力不强,$\tan\varphi=0.4\sim0.6$	形态大小不一,棱角显著,以小-中型块体为主	>60
	层状破裂结构	软硬相间的岩层组合,节理、劈理发育,较密集	节理、层间错动面、劈理带软弱夹层均发育,结构面组数多较密集-密集,多含泥膜、充填物,$\tan\varphi=0.2\sim0.4$,骨架硬岩层,$\tan\varphi=0.4$	形态大小不一,以小-中型的板柱体、板楔体、碎块体为主	骨架硬结构体 ≥30
	碎裂结构	岩性复杂,构造变动强裂,破碎遭受弱风化作用,节理裂隙发育、密集	各类结构面均发育,组数多,彼此交切,多含泥质充填物,结构面形态光滑度不一,$\tan\varphi=0.2\sim0.4$	形状大小不一,以小型块体、碎块体为主	含微裂隙 <30
散体结构	松散结构	岩体破碎,遭受强烈风化,裂隙极发育,紊乱密集	以风化裂隙、夹泥节理为主,密集无序状交错,结构面强裂风化、夹泥、强度低	以块度不均的小碎块体、岩屑及夹泥为主	碎块体,手捏即碎
	松软结构	岩体强烈破碎,全风化状态	结构面已完全模糊不清	以泥、泥团、岩粉、岩屑为主,岩粉、岩屑呈泥包块状态	“岩体”已呈土状,如土松软

2.2　土的物质组成、工程地质性质及分类

土是岩石经风化、剥蚀、搬运、沉积的第四系松散堆积物。

2.2.1　土的物质组成

土是由固体矿物颗粒(固相)、孔隙中的水及其溶解物质(液相)和气体(气相)组成的三相体系。土的三相组成物质中,固体矿物颗粒(简称土粒)构成土的骨架主体,是土最主要的物质成分。

2.2.1.1　土的粒度成分

自然界存在的土是由各种大小不同的土粒组成的。土粒大小以直径(单位为:mm)表示,称为粒径(或粒度)。界于一定粒径范围的土粒称为粒组。土粒的大小及其组成情况通常以土中各个粒组的相对含量来表示,称为土的粒度成分(或称颗粒级配)。根据界限粒径把土粒分为六大粒组:漂石(块石)、卵石(碎石)、圆砾(角砾)、砂粒、粉粒、黏粒(见表 2-8)。

表 2-8　粒组划分及各粒组土粒的性质特征

粒组名称		粒径范围(mm)	一般特征
漂石或块石颗粒		>200	透水性很大,无黏性,无毛细作用
卵石或碎石颗粒		200~20	
圆砾或角砾颗粒	粗	20~10	透水性大,无黏性,毛细水上升高度不超过粒径大小
	中	10~5	
	细	5~2	
砂粒	粗	2~0.5	易透水,无黏性,无塑性,遇水不膨胀,干燥时松散,毛细水上升高度一般不超过 1 m
	中	0.5~0.25	
	细	0.25~0.1	
	粉	0.1~0.075	
粉粒	粗	0.075~0.01	透水性小,湿时稍有黏性,遇水膨胀性小,干燥时松散,饱和时易流动,毛细水上升高度较大较快,易冻胀,易液化
	细	0.01~0.005	
黏粒		<0.005	几乎不透水,湿时有黏性、可塑性,遇水膨胀大,干时收缩大,毛细水上升高度大,但速度较慢

注:漂石、卵石和圆砾颗粒呈一定的磨圆形状(圆形或亚圆形),块石、碎石和角砾颗粒带有棱角。

2.2.1.2　土的矿物成分

土粒的矿物成分可分为以下四大类。

(1)原生矿物。是岩浆岩冷凝过程中形成的矿物,组成土颗粒的原生矿物主要有石英、长石、角闪石、云母等。它们是组成卵石、砾石、砂砾的主要成分。原生矿物颗粒大,比表面积小,与水作用能力弱,抗水性和抗风化能力强,工程地质性质较为稳定。

(2)不溶于水的次生矿物。是原生矿物经化学作用后形成的新矿物,主要是黏土矿

物。黏土矿物是一种复合的铝-硅酸盐晶体,颗粒细小分散,呈片状,具有很高的表面能和亲水性,对土的工程地质性质影响非常显著。

研究表明,黏土矿物的晶格结构主要是由两种基本结构:硅氧四面体和铝氢氧八面体组成。硅氧四面体是由 1 个居中的硅和 4 个在角点的氧所构成,6 个硅氧四面体组成一个硅片[见图 2-5(a)];铝氢氧八面体是由 1 个铝和 6 个氢氧离子所组成,4 个八面体组成一个铝片[见图 2-5(b)]。黏土矿物依硅片和铝片的组叠形式的不同,形成蒙脱石、伊利石和高龄石三种主要矿物类型(见图 2-6)。蒙脱石的结构使水很容易进入晶胞之间,因而与水的作用最强烈,当土中蒙脱石含量较多时,土的膨胀性和压缩性都将很大,强度剧烈变小;高龄石的结构水较难进入晶胞内,水与这种矿物之间的作用比较弱,主要由这类矿物组成黏性土的膨胀性和压缩性等均较小;伊利石的亲水性及对土的工程性质影响界于蒙脱石与高龄石之间。

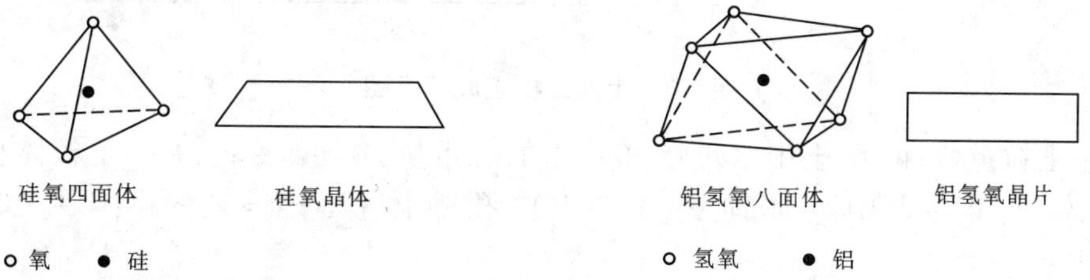

(a)硅氧四面体及硅氧晶片(简称硅片)　(b)铝氢氧八面体及铝氢氧晶片(简称铝片)

图 2-5　岩土矿物结晶格子的两种基本单元及其晶片

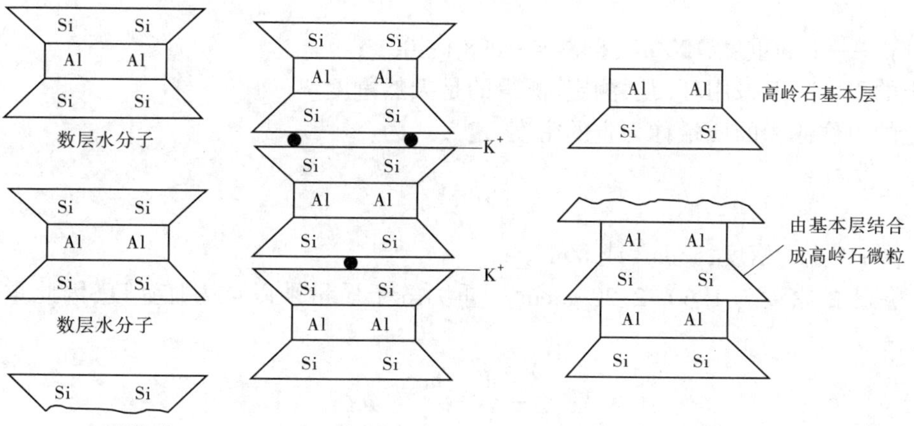

(a)蒙脱石　(b)伊利石　(c)高岭石

图 2-6　岩土矿物的晶格构造

(3)可溶盐类及易分解的次生矿物。在干旱气候区和地下水排泄不良地区易形成盐碱土(盐渍土),这类土在浸水后盐类被溶解,使土的粒间连接削弱,土体的强度和稳定性降低,压缩性增大。通常,可溶盐类常以夹层、透镜体、分散的颗粒物存在于土层中。

土中易分解矿物常见的主要有黄铁矿(FeS_2)及其他硫化物和硫酸盐类,不再赘述。

(4)有机质。比黏土矿物具有更高的亲水性,对土性质的影响更剧烈。

2.2.2　土的物理力学性质及其指标

2.2.2.1　土的三相比例指标

为了便于说明和计算，把实际土体[见图 2-7(a)]概化为如图 2-7(b)所示的土的三相组成示意图来表示各部分之间的数量关系，图中各符号的意义如下：

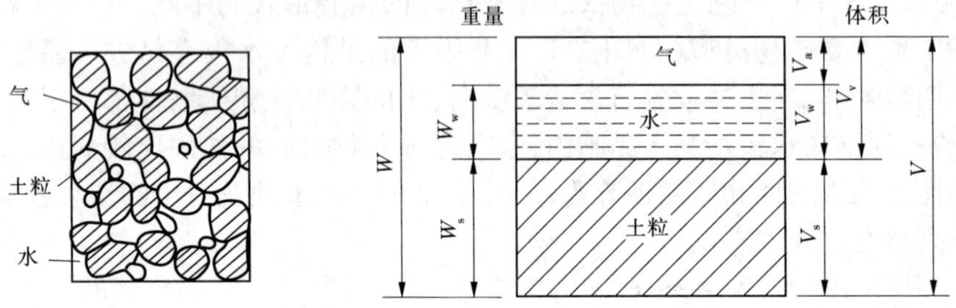

(a)　　(b)

图 2-7　土的三相组成示意图

W_s—土粒重量；W_w—土中水重量；W—土的总重量，$W = W_s + W_w$；V_s—土粒体积；V_w—土中水体积；V_a—土中气体体积；V_v—土中孔隙体积，$V_v = V_w + V_a$；V—土的总体积，$V = V_s+V_w+V_a$。

1. 土的重度 γ 与密度 ρ

单位体积土的重量称为土的重度，定义式为：

$$\gamma = \frac{W}{V} \tag{2-11}$$

式中　γ——土的重度，kN/m^3，1 kN = 0.098 t ≈ 0.1 t。

土的重度一般采用环刀法测定，测得的是天然重度。

土的单位体积的质量称为土的密度，定义式为：

$$\rho = \frac{m}{V} \tag{2-12}$$

式中　ρ——土的密度，g/cm^3 或 t/m^3。

一般土的密度为 1.60~2.20 g/cm^3。重力等于质量乘以重力加速度，因此重度与密度的关系为：

$$\gamma = \frac{W}{V} = \frac{mg}{v} = \rho g \tag{2-13}$$

式中　g——重力加速度，$g = 9.81\ m/s^2 \approx 10\ m/s^2$。

因此，$\gamma = 9.81\rho \approx 10\rho$。例如，水的密度 $\rho_w = 1\ t/m^3$，水的重度 $\gamma_w = 10\ kN/m^3$。

2. 相对密度 G

土的固体颗粒单位体积的重量与同体积 4 ℃时纯水的单位体积重量的比值，称为相对密度。计算式为：

$$G = \frac{W_s}{V_s}\frac{1}{\gamma_w} \tag{2-14}$$

式中　G——土粒相对密度；

γ_w——一个大气压下 4 ℃时纯水单位体积的重量，即水的重度，通常，$\gamma_w = 1\ g/cm^3 = 1\ t/m^3 = 10\ kN/m^3$。

颗粒相对密度可在实验室内用相对密度瓶测定。土粒相对密度主要取决于土的矿物成分，一般土的颗粒相对密度值见表 2-9。

表 2-9　土的颗粒相对密度参考值

土的名称	砂土	粉土	黏性土	
			粉质黏土	黏土
颗粒相对密度	2.65~2.69	2.70~2.71	2.72~2.73	2.74~2.75

3. 土的干重度 γ_d、饱和重度 γ_{sat} 和浮重度 γ'

(1) 单位体积土中固体颗粒部分的重量，称为土的干重度 γ_d：

$$\gamma_d = \frac{W_s}{V} \tag{2-15}$$

(2) 土孔隙中充满水时的单位体积重量，称为土的饱和重度 γ_{sat}：

$$\gamma_{sat} = \frac{W_s + V_v\gamma_w}{V} \tag{2-16}$$

(3) 当土浸没在水中或在水位以下时，土的固相受到水的浮力作用。土体扣除浮力以后单位体积固体颗粒的重量，称为土的浮重度（或有效重度）γ'：

$$\gamma' = \frac{W_s - V_s\gamma_w}{V} = \frac{W_s - (V\gamma_w - V_v\gamma_w)}{V} = \gamma_{sat} - \gamma_w \tag{2-17}$$

4. 土的含水量（含水率）ω

土中水的重量与固体颗粒重量之比，称为土的含水量或含水率 ω，以百分数计：

$$\omega = \frac{W_w}{W_s} \times 100\% \tag{2-18}$$

一般来说，对于同类土，含水量越大，强度就越低。土的含水量用“烘干法”测定。常用含水量评价粉土的湿度，见表 2-10。

表 2-10　按含水量 ω(%) 确定粉土湿度

湿度	稍湿	湿	很湿
ω(%)	$\omega<20$	$20\leq\omega\leq30$	$\omega>30$

5. 土的饱和度 S_r

土中水的体积与孔隙体积之比，称为土的饱和度 S_r，以百分数表示：

$$S_r = \frac{V_w}{V_v} \times 100\% \tag{2-19}$$

饱和度 S_r 愈大，表明土孔隙中充水愈多。根据饱和度可将土体划分为三种状态：$S_r<$

50%，稍湿的；$S_r=50\%\sim80\%$，很湿的；$S_r>80\%$，饱水的。

6. 土的孔隙比 e 与孔隙率 n

（1）土的孔隙比 e 是土中孔隙体积与土颗粒体积之比：

$$e=\frac{V_v}{V_s} \tag{2-20}$$

（2）土的孔隙率 n 也称孔隙度，是指土中孔隙体积与土的总体积之比，一般用百分数表示：

$$n=\frac{V_v}{V}\times100\% \tag{2-21}$$

（3）土的孔隙比 e 与孔隙率 n 的换算关系为：

$$n=\frac{e}{1+e}\quad 或\ e=\frac{n}{1-n} \tag{2-22}$$

土的孔隙比 e 与孔隙率 n 可用来评价土的密实程度，一般来说，$e<0.6$ 的土是密实的低压缩性土，$e>1.0$ 是疏松的高压缩性土。

2.2.2.2　无黏性土的密实度

无黏性土一般指碎石土、砂性土和粉土。无黏性土的密实度与其工程性质有着密切的关系。一般来说，呈密实状态者强度高，结构稳定，压缩性小。

1. 天然孔隙比

一般认为，砂土的承载力随着天然孔隙比的减小而显著增大。可根据天然孔隙比划分土的密实度，见表 2-11。

表 2-11　按天然孔隙比 e 划分砂土的密实度

砂土名称	实密	中密	稍密	疏松
砾砂、粗砂、中砂	<0.60	0.60~0.75	0.75~0.85	>0.85
细砂、粉砂	<0.70	0.70~0.85	0.85~0.95	>0.95

2. 相对密实度 D_r

无黏性土的相对密实度 D_r 按下式计算：

$$D_r=\frac{e_{max}-e}{e_{max}-e_{min}} \tag{2-23}$$

式中　e_{max}——最大孔隙比，即砂土在最疏松状态时的孔隙比；

e_{min}——最小孔隙比，即砂土在最密实状态时的孔隙比；

e——砂土的天然孔隙比。

根据 D_r 值可把砂土的密实度状态分为四级：

（1）密实的：$0.67<D_r\leqslant1$。

（2）中密的：$0.33<D_r\leqslant0.67$。

（3）稍密的：$0.2<D_r\leqslant0.33$。

（4）疏松的：$0<D_r\leqslant0.2$。

3. 规范中确定的划分标准

《岩土工程勘察规范》(GB 50021—2001)(2009年版)确定的划分标准见第5章岩土工程原位测试有关表格。

2.2.2.3　黏性土的物理特征

1. 黏性土的界限含水量

同一种黏性土随着含水量的不同,可处于不同的状态。含水量很小时,黏性土处于固态,比较坚硬,有较大的力学强度;随着含水量的增大,土逐渐变软,依次处于半固态、可塑状态及流动状态,其工程性质也相应发生很大变化,强度降低。

随着含水量的变化,黏性土由一种稠度状态转变为另一种稠度状态,相应的转变点的含水量称为界限含水量。界限含水量一般用百分数表示。如图2-8所示,黏性土由可塑状态转变到流动状态的界限含水量称为液限 ω_L;土由半固态转变到可塑状态的界限含水量称为塑限 ω_P;土由半固态不断蒸发水分,体积逐渐缩小,直到体积不再缩小时的界限含水量称为缩限 ω_S。

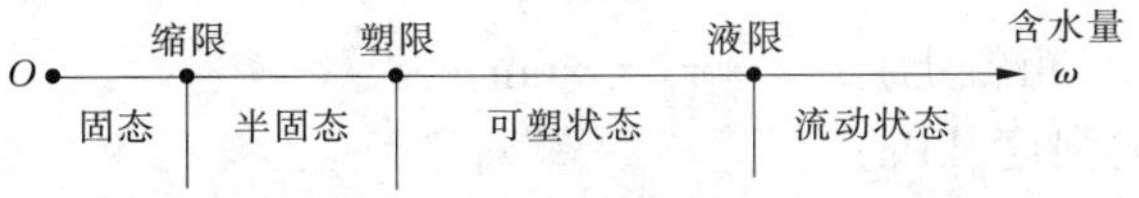

图2-8　黏性土的物理状态与含水量的关系

2. 黏性土塑性指数和液性指数

(1)塑性指数 I_P:是液限 ω_L 和塑限 ω_P 的差值,即

$$I_P = \omega_L - \omega_P \tag{2-24}$$

显然,塑性指数愈大,可塑性愈强,土中黏粒含量越高。

(2)液性指数 I_L:是指黏性土的天然含水量和塑限的差值与塑性指数之比:

$$I_L = \frac{\omega - \omega_P}{\omega_L - \omega_P} = \frac{\omega - \omega_P}{I_P} \tag{2-25}$$

I_L 愈大,土质愈软。黏性土可根据液性指数 I_L 值划分为坚硬、硬塑、可塑、软塑及流塑五种状态,见表2-12。

表2-12　黏性土的状态

状态	坚硬	硬塑	可塑	软塑	流塑
液性指数 I_L	$I_L \leqslant 0$	$0 < I_L \leqslant 0.25$	$0.25 < I_L \leqslant 0.75$	$0.75 < I_L \leqslant 1.0$	$I_L > 1.0$

2.2.2.4　内摩擦角 φ、黏聚力 c 与库仑定律

内摩擦角 φ 和黏聚力 c 统称为土的抗剪强度指标,是土体抗剪强度的特征参数,也是土体力学强度的主要指标。

土的内摩擦角 φ 是土颗粒抗剪强度的内在能力,反映了土的摩擦特性,一般认为包含两部分:①土颗粒表面的摩擦力;②颗粒间的嵌入与联锁作用产生的咬合力。其值等于砂土在松散状态时的天然休止角 α,如图2-9所示。内摩擦角增大,稳定坡角 α 也随之增大。如果 $\alpha<\varphi$,则安全系数 $K>1$,土坡就是稳定的。

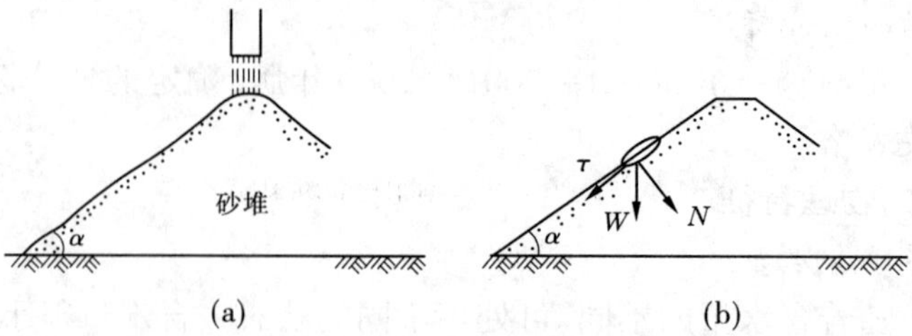

图 2-9　无黏性土(砂类土)坡的天然休止角

黏聚力 c 又称内聚力,是土体内部结构黏结力的反映。内聚力(黏聚力)c 的构成包括:①原始内聚力;②固化内聚力;③毛细内聚力。不同的土体黏聚力不同,无黏性土颗粒(砂类土)只有摩擦力,没有黏聚力,即洁净的干砂,内聚力 $c=0$。

土的抗剪强度 τ_f、内摩擦角 φ 和黏聚力 c 三者之间的关系可用库仑定律(亦称剪切定律)表示(见图 2-10):

黏性土(细粒土)　$$\tau_f = \sigma\tan\varphi + c \tag{2-26}$$

无黏性土(砂类土,粗粒土)　$$\tau_f = \sigma\tan\varphi \tag{2-27}$$

式中　τ_f——土的抗剪强度,kPa;

σ——剪切面上的法向应力,kPa;

c——土的内聚力,kPa;

φ——土的内摩擦角;

$\sigma\tan\varphi$——土的内摩擦力。

土的抗剪强度 τ_f 随垂直压力的变化而变化,但对一定的土而言,内摩擦角 φ 和内聚力 c 是常数,故将内摩擦角(φ)和黏聚力(c)统称为土的抗剪强度指标。

在实验室,在一定压力 σ(一般为 4 个不同压力)和试验条件下,可测得土的抗剪强度 τ_f,根据试验数据,以抗剪强度 τ_f 为纵坐标,以垂直压力 σ 为横坐标绘制 τ_f-σ 关系曲线(见图 2-11),直线的倾角就是土的内摩擦力 φ ,直线在纵坐标轴上的截距就是黏聚力 c。

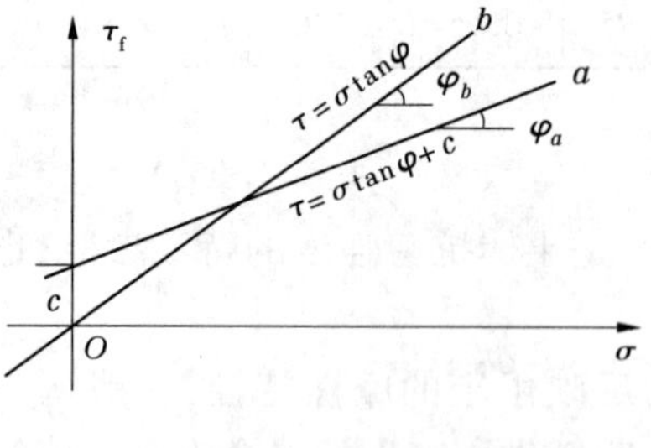

图 2-10　剪切试验曲线

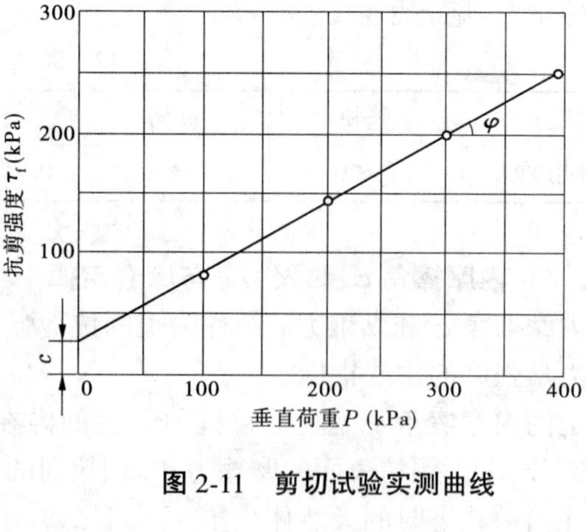

图 2-11　剪切试验实测曲线

2.2.3　土的工程分类

2.2.3.1　按堆积年代划分

(1)老堆积土。第四纪晚更新世(Q_3)及其以前堆积的土层,一般呈固结状态,具有较高的结构强度。

(2)一般堆积土。第四纪全新世早期(Q_4^1)堆积的土层,一般为松散堆积。

(3)新近堆积土。第四纪全新世晚期(Q_4^2)堆积的土层 ,新近松散堆积,结构强度较低。

2.2.3.2　根据地质成因划分

根据地质成因划分为残积土、坡积土、洪积土、冲积土、湖积土、海积土、冰渍土、冰水沉积土和风积土。

2.2.3.3　有机质含量划分

根据有机质含量划分为无机土、有机质土、泥炭质土、泥炭。

2.2.3.4　根据颗粒级配和塑性指数划分

(1)碎石土。按表 2-13 方法分类。

表 2-13　碎石土分类

土的名称	颗粒形状	颗粒级配
漂石	圆形及亚圆形为主	粒径大于 200 mm 的颗粒重量超过全重的 50%
块石	棱角形为主	
卵石	圆形及亚圆形为主	粒径大于 20 mm 的颗粒重量超过全重的 50%
碎石	棱角形为主	
圆砾	圆形及亚圆形为主	粒径大于 2 mm 的颗粒重量超过全重的 50%
角砾	棱角形为主	

注:定名时,应根据颗粒级配由大到小以最先符合者确定。

(2)砂土。按表 2-14 方法分类。

(3)粉土。粒径≥0.075 mm 的颗粒不超过全重的 50%,且塑性指数(I_P)≤10 的土。根据颗粒级配(黏粒含量),又可分为砂质粉土和黏质粉土(见表 2-15)。

(4)黏土。塑性指数(I_P)>10 的土。根据塑性指数又可分为粉质黏土和黏土(见表 2-16)。

(5)特殊性土。具有一定分布区域或工程意义上具有特殊成分、状态和结构特征的土。通常分为软土、湿陷性黄土、红黏土、膨胀土、盐渍土、冻土、填土、污染土。

2.2.4　特殊土的主要工程性质

2.2.4.1　软土

1. 软土及其分类

软土主要是指淤泥和淤泥质土,是第四纪后期在类似静水环境中沉积,并经过生物化

表 2-14　砂土分类

土的名称	颗粒级配	土的名称	颗粒级配
砾砂	粒径大于 2 mm 的颗粒重量占全重的 25%～50%	细砂	粒径大于 0.075 mm 的颗粒重量占全重的 85%
粗砂	粒径大于 0.5 mm 的颗粒重量占全重的 50%	粉砂	粒径大于 0.075 mm 的颗粒重量占全重的 50%
中砂	粒径大于 0.25 mm 的颗粒重量超过全重的 50%		

注:1. 定名时应根据颗粒级配由大到小最先符合者确定。
2. 当砂土中小于 0.075 mm 的土的塑性指数大于 10 时,应冠以"含黏性土"定名,如含黏性土粗砂等。

表 2-15　粉土分类

土的名称	砂质粉土	黏质粉土
颗粒级配	粒径小于 0.005 mm 的颗粒含量不超过全重的 10%	粒径小于 0.005 mm 的颗粒含量超过全重的 10%

表 2-16　黏性土分类

土的名称	粉质黏土	黏土
塑性指数 I_P	$10<I_P\leqslant17$	$I_P>17$

注:确定塑性指数 I_P 时,一般用光电式液塑限联合测定仪测液限和塑限,76 g 瓦氏圆锥入土 10 mm 对应的含水量为液限,入土 2 mm 对应的含水量为塑限。

学作用而形成的饱和软黏性土。软土通常富含有机质,天然含水量≥液限 ω_L,天然孔隙比 $e\geqslant1.0$。根据孔隙比 e 和有机质的含量又可分为:

(1)淤泥: $e\geqslant1.5$。

(2)淤泥质土:$1.5>e\geqslant1.0$,它是淤泥与一般黏性土的过渡类型。

(3)有机质土:5%<土中有机质含量≤10%。

(4)泥炭质土:10%<土中有机质含量≤60%。

(5)泥炭:土中有机质含量>60%。

2. 软土的物理力学特性

(1)具有高含水量和高孔隙性。

(2)渗透性低。

(3)压缩性高。

(4)抗剪强度低。

(5)有较显著的触变性和蠕变性。

2.2.4.2　湿陷性黄土

1. 湿陷性黄土的特征和分布

黄土:颜色多呈黄色、淡灰黄色或褐黄色,颗粒组成以粉粒为主,占 60%～70%。孔隙比大，一般 $e=1.0$，具有大孔隙，垂直节理发育。

黄土按其成因可分为原生黄土和次生黄土（亦称黄土状土）。

黄土在遇水后，强度迅速降低，有的即使在自重作用下也会发生剧烈而大量的沉陷，称为湿陷性。并非所有的黄土都会发生湿陷。凡具有湿陷性特征的黄土称为湿陷性黄土。否则，称为非湿陷性黄土。

2. 黄土湿陷性类型判断

(1) 黄土湿陷性的判别。

用湿陷性系数(δ_s)判别黄土是否具有湿陷性。湿陷性系数(δ_s)是天然土样单位厚度的湿陷量，由在规定压力下的室内压缩试验测定。$\delta_s<0.015$，为非湿陷性黄土；$\delta_s\geqslant 0.015$，为湿陷性黄土。

根据湿陷性系数的大小，可以大致判断湿陷性的强弱：$\delta_s\leqslant 0.03$，为弱湿陷性；$0.03<\delta_s\leqslant 0.07$，为中等湿陷性；$\delta_s>0.07$，为强湿陷性。

(2) 建筑场地或地基的湿陷类型。

应按试坑浸水试验实测自重湿陷量 Δ_{zs} 或按室内压缩试验累计的计算自重湿陷量 Δ_{zs} 判定。

当 $\Delta_{zs}\leqslant 7$ cm 时，定为非自重湿陷性黄土场地；当 $\Delta_{zs}>7$ cm 时，定为自重湿陷性黄土场地。

计算自重湿陷量 Δ_{zs} 应根据不同深度土样的自重湿陷系数按下式计算：

$$\Delta_{zs}=\beta_0\sum\delta_{zsi}h_i \tag{2-28}$$

式中　δ_{zsi}——第 i 层土在上覆土的饱和($S_r>0.85$)自重压力下的自重湿陷系数；

h_i——第 i 层土的厚度，cm；

β_0——因地区土质而异的修正系数，一般取 0.5～1.5，陕西地区取 1.5，陇东—陕北—晋西地区取 1.2，关中地区取 0.9，其他地区取 0.5。

3. 黄土地基的湿陷等级

湿陷性黄土地基的湿陷等级，应根据基底下各土层累积的总湿陷量 Δ_s 和计算湿陷量的大小等因素按表 2-17 判定。总湿陷量可按式(2-29)计算。

表 2-17　湿陷性黄土地基的湿陷等级

湿陷类型 / 计算自重湿陷量(cm) / 总湿陷量 Δ_s(cm)	非自重湿陷性场地	自重湿陷性场地	
	$\Delta_{zs}\leqslant 7$	$7<\Delta_{zs}\leqslant 35$	$\Delta_{zs}\geqslant 35$
$\Delta_s\leqslant 30$	Ⅰ(轻微)	Ⅱ(中等)	—
$30<\Delta_s\leqslant 60$	Ⅱ(中等)	Ⅱ或Ⅲ	Ⅲ(严重)
$\Delta_s>60$	—	Ⅲ(严重)	Ⅳ(很严重)

注：1. 当总湿陷量 $30\text{ cm}<\Delta_s<50\text{ cm}$，计算自重湿陷量 $7\text{ cm}<\Delta_{zs}<30\text{ cm}$ 时，可判为Ⅱ级。

2. 当总湿陷量 $\Delta_s\geqslant 50$ cm，计算自重湿陷量 $\Delta_{zs}\geqslant 30$ cm 时，可判为Ⅲ级。

$$\Delta_s = \sum_{i=1}^{n} \beta \delta_{si} h_i \tag{2-29}$$

式中 δ_{si}——第 i 层土的湿陷系数；

h_i——第 i 层土的厚度，cm；

β——考虑基底下地基土的受水浸湿可能性和侧面挤出等因素的修正系数。缺乏实测资料时，基底下 0~5 m 内取 1.5，5~10 m 内取 1.0，10 m 以下至非湿陷性黄土层顶面，在自重湿陷性黄土场地，可取工程所在地区的 β_0 值。

Δ_s 是湿陷性黄土地基在规定压力下充分浸水后可能发生的湿陷变形值。设计时应根据黄土地基的湿陷等级考虑相应的设计措施。相同情况下湿陷等级愈高，设计措施要求也愈高。

【例 2-1】 陕北地区某建筑场地，工程地质勘察中探坑每隔 1 m 取土样，测得各土样 δ_{zsi} 和 δ_{si}，如表 2-18 所示。试确定场地的湿陷类型和地基的湿陷等级。

表 2-18　例题土样 δ_{zsi} 和 δ_{si} 之值

取土深度 (m)	1	2	3	4	5	6	7	8	9	10
δ_{zsi}	0.002	0.014	0.020	0.013	0.026	0.056	0.045	0.014	0.001	0.020
δ_{si}	0.070	0.060	0.073	0.025	0.088	0.084	0.071	0.037	0.002	0.039

注：δ_{zsi} 或 δ_{si}<0.015，属非湿陷性土层。

解：1. 场地湿陷类型判别

首先计算自重湿陷量 Δ_{zs}，自天然地面算起至其下全部湿陷性黄土层面为止，陕北地区可取 $\beta_0 = 1.2$，可得：

$$\Delta_{zs} = \beta_0 \sum_{i=1}^{n} \delta_{zsi} h_i = 1.2 \times (0.02 + 0.026 + 0.056 + 0.045 + 0.02) \times 100 \text{ cm}$$

$$= 20.04 \text{ cm} > 7 \text{ cm}$$

故该场地应判定为自重湿陷性黄土场地。

2. 黄土地基湿陷等级判别

由式(2-29)计算黄土地基的总湿陷量 Δ_s，且取 $\beta = \beta_0$，则

$$\Delta_s = \sum_{i=1}^{n} \beta \delta_{si} h_i = 1.2 \times (0.070 + 0.060 + 0.073 + 0.025 + 0.088 + 0.084 + 0.071 + 0.037 + 0.039) \times 100 \text{ cm}$$

$$= 65.64 \text{ cm} > 60 \text{ cm}$$

根据表 2-17，该湿陷性黄土地基的湿陷性等级可判定为Ⅲ级(严重)。

2.2.4.3　红黏土

1. 红黏土的特征与分布

红黏土是指在亚热带湿热气候条件下，碳酸盐类岩石经过物理化学作用而形成的高塑性棕红色或褐红色黏土。红黏土液限 ω_L 大于 50%。

红黏土广泛分布于我国的云贵高原、四川东部、广西、湘西等地。

2. 红黏土的组成成分

红黏土主要为碳酸盐类岩石的风化后期产物，其矿物成分除含一定数量的石英颗粒外，含有大量的黏土矿物，主要为多水高龄石、水云母类、胶体 SiO_2 及赤铁矿、三水铝土矿等成分，几乎不含有机质。

3. 红黏土的一般物理力学特征

(1)天然含水量高。

(2)密度小。

(3)高塑性。

(4)一般处于坚硬或硬可塑状态，饱水。

(5)一般有较高的强度，压缩性较低。

(6)不具湿陷性。

2.2.4.4　膨胀土

1. 膨胀土及分布

膨胀土是指具有显著的吸水膨胀和失水收缩且胀缩变形往复可逆的高塑性黏土。我国膨胀土主要分布地区有广西、云南、湖北、河南、四川、河北、山东、陕西等地。

膨胀土的胀缩特性与它含有大量的强亲水性黏土矿物成分有关。

2. 膨胀土的特征

(1)地形、地貌特征：多分布于河谷阶地或山前丘陵地区。

(2)土质特征：组分多为高分散的黏土颗粒，结构致密细腻。

3. 膨胀土的物理、力学及胀缩性指标

(1)黏粒含量高达 35%~85%，液限一般为 40%~50%，塑性指数多在 22~50。

(2)天然含水量接近塑限，一般呈坚硬或硬塑状态。

(3)天然孔隙比小，常随土体含水量的增减而变化，一般为 0.5~0.8。

(4)自由膨胀量大于 40%。

4. 膨胀土的强度和压缩性

天然状态下强度较高、压缩性较低。含水量剧烈增大时强度骤然降低，压缩性变大。

5. 已有建筑物的变形、裂缝特征

山墙和内墙多出现“倒八字”裂缝和垂直裂缝(见图 2-12)。

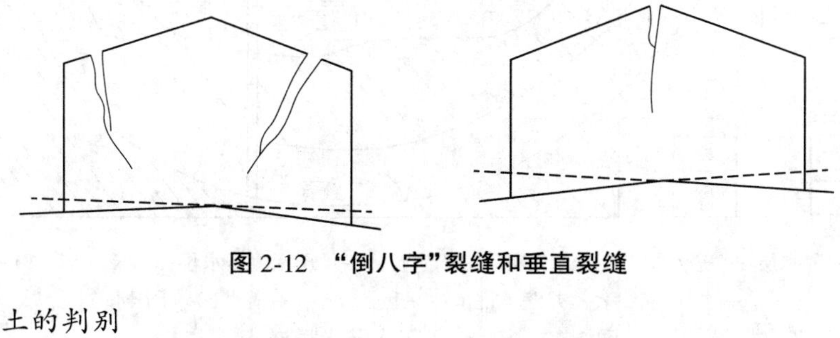

图 2-12　“倒八字”裂缝和垂直裂缝

6. 膨胀土的判别

判别膨胀土应采用现场调查与室内试验相结合的原则，综合判别。

2.2.4.5　填土

填土是由于人为堆填和倾倒及自然力的搬运而形成的处于地表面的土层。通常，填土物质组成具有复杂性和多样性。填土一般分为以下三类。

1. 素填土

素填土是指由自然土层的人工堆填或冲刷造成的，多为砂砾石、砂土、粉土或黏性土，不含杂质或杂质很少。按其组成成分的不同分为碎石素填土、砂性素填土、粉性素填土和黏性素填土。素填土经分层压实的，称为压实填土。

2. 杂填土

杂填土为含有大量人工堆积物的填土。根据其组成物质成分和特征，可分为以下三种类型：

(1) 建筑垃圾土。主要为碎砖、瓦砾。

(2) 工业废料土。工业废渣、废料。

(3) 生活垃圾土。生活废弃物。

3. 冲填土

冲填土是指利用专门设备(常用挖泥船和泥浆泵)将泥沙挟带大量水分，吹送至江河两岸或海岸边而形成的一种填土。

2.3　地下水

地下水是赋存于地面以下岩石空隙中的水。

2.3.1　按含水层埋藏条件划分地下水类型

根据地下水的埋藏条件，可将地下水分为包气带水、潜水及承压水(见图 2-13)。按含水介质(空隙)类型，可将地下水区分为孔隙水、裂隙水及岩溶水。

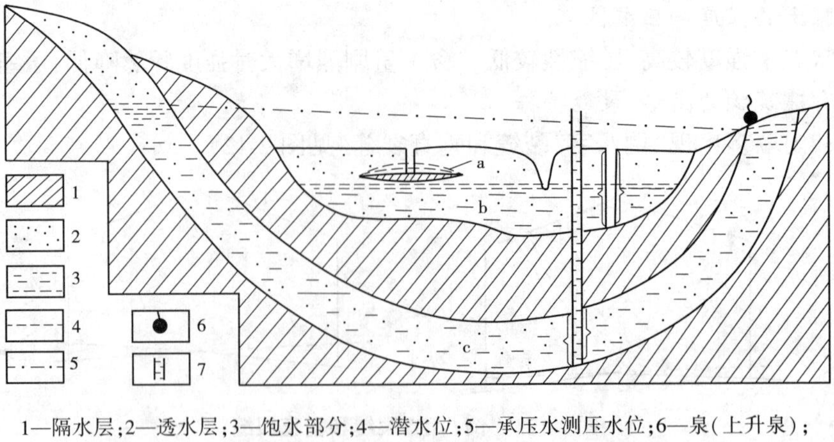

1—隔水层；2—透水层；3—饱水部分；4—潜水位；5—承压水测压水位；6—泉(上升泉)；7—水井，实线表示井壁不进水；a—上层滞水；b—潜水；c—承压水

图 2-13　潜水、承压水及上层滞水

2.3.1.1　潜水

饱水带中第一个具有自由表面的含水层中的水称作潜水。潜水没有隔水顶板,或只有局部的隔水顶板。潜水的表面为自由水面,称作潜水面;从潜水面到隔水底板的距离为潜水含水层的厚度。潜水面到地面的距离为潜水埋藏深度。潜水含水层厚度与潜水面埋藏深度随潜水面的升降而发生相应的变化。

由于潜水含水层上面不存在完整的隔水或弱透水顶板,与包气带直接连通,因而在潜水的全部分布范围内都可以通过包气带接收大气降水、地表水的补给。潜水在重力作用下由水位高的地方向水位低的地方径流。潜水的排泄,除流入其他含水层外,泄入大气圈与地表水圈的方式有两类:一类是径流到地形低洼处,以泉、泄流等形式向地表或地表水体排泄,这便是径流排泄;另一类是通过土面蒸发或植物蒸腾的形式进入大气,这便是蒸发排泄。潜水的动态有明显的季节变化特点。

潜水积极参与水循环,资源易于补充恢复,但受气候影响,含水层厚度一般比较有限,其资源通常缺乏多年调节性。

潜水的水质主要取决于气候、地形及岩性条件。湿润气候及地形切割强烈的地区,有利于潜水的径流排泄,往往形成含盐量不高的淡水。干旱气候下由细颗粒组成的盆地平原,潜水以蒸发排泄为主,常形成含盐高的咸水,潜水容易受到污染,对潜水水源应注意卫生防护。

任一点的高程称为该点的潜水位。将潜水位相等的各点连线,即得潜水等水位线图。

2.3.1.2　承压水

充满于两个隔水层(弱透水层)之间的含水层中的水,叫作承压水。承压含水层上部的隔水层(弱透水层)称作隔水顶板,下部的隔水层(弱透水层)称作隔水底板。隔水顶底板之间的距离为承压含水层厚度(见图2-14)。

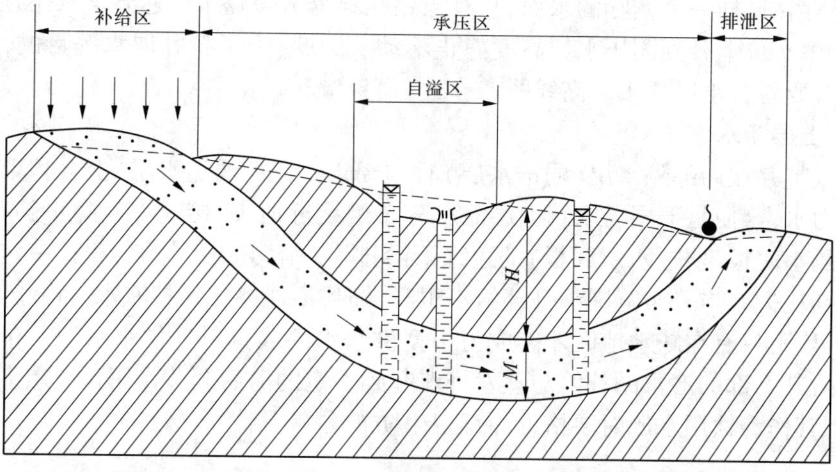

1—隔水层;2—含水层;3—潜水位及承压水测压水位;4—地下水流向;5—泉;6—钻孔,虚线为进水部分;7—自喷井;8—大气降水补给;H—承压高度;M—含水层厚度

图2-14　基岩自流盆地中的承压水

承压性是承压水的一个重要特征。图 2-14 表示一个基岩向斜盆地。含水层中心部分埋没于隔水层之下,是承压区;两端出露于地表,为非承压区。含水层从出露位置较高的补给区获得补给,向另一侧出露位置较低的排泄区排泄。由于来自出露区地下水的静水压力作用,承压区含水层不但充满水,而且含水层顶面的水承受大气压强以外的附加压强。当钻孔揭穿隔水顶板时,钻孔中的水位将上升到含水层顶部以上一定高度才静止下来。钻孔中静止水位到含水层顶面之间的距离称为承压高度,这就是作用于隔水顶板的以水柱高度表示的附加压强。井中静止水位的高程就是承压水在该点的测压水位。测压水位高于地表的范围是承压水的自溢区,在这里井孔能够自喷出水。

承压水在很大程度上和潜水一样,主要来源于现代大气降水与地表水的入渗。当顶底板隔水性能良好时,它主要通过含水层出露于地表的补给区(潜水分布区)获得补给,并通过范围有限的排泄区,以泉或其他径流方式向地表或地表水体泄出。当顶底板为弱透水层时,除了含水层出露的补给区,它还可以从上下部含水层获得越流补给,也可向上下部含水层进行越流排泄。无论哪一种情况下,承压水参与水循环都不如潜水积极。因此,气象、水文因素的变化对承压水的影响较小,承压水动态比较稳定。承压水的资源不容易补充、恢复,但由于其含水层厚度通常较大,故其资源往往具有多年调节性能。

承压水的水质取决于埋藏条件及其与外界联系的程度,可以是淡水,也可以是含盐量很高的卤水。与外界联系愈密切,参加水循环愈积极,承压水的水质就愈接近于入渗的大气降水。

由于上部受到隔水层或弱透水层的隔离,承压水与大气圈、地表水圈的联系较差,水循环也缓慢得多。承压水不像潜水那样容易污染,但是一旦污染后则很难使其净化。

将某一承压含水层测压水位相等的各点连线,即得等水压线图(等测压水位线图)。根据等测压水位线可以确定承压水的流向和水力梯度。承压水的测压水面只是一个虚构的面,并不存在这样一个实际的水面,只有当钻孔穿透上覆隔水层达到含水层顶面时孔中才见水;孔中水位上升到测压水位高度静止不动。因此,为了打井取水等目的,等测压水位线图通常要附含水层顶板等高线图。

2.3.1.3　上层滞水

当包气带存在局部隔水层(弱透水层)时,局部隔水层(弱透水层)上会积聚具有自由水面的重力水,这便是上层滞水。上层滞水分布最接近地表,接受大气降水的补给,通过蒸发或向隔水底板(弱透水层底板)的边缘下渗排泄。雨季获得补充,积存一定水量。旱季水量逐渐耗失。当分布范围小且补给不很经常时,不能终年保持有水。由于其水量小,动态变化显著,只有在缺水地区才能成为小型供水水源或暂时性供水水源。包气带中的上层滞水对其下部的潜水的补给与蒸发排泄起到一定的滞后调节作用。上层滞水极易受污染,利用其作为饮用水源时要格外注意卫生防护。

2.3.2　按含水层空隙类型划分地下水类型

按含水介质(空隙)类型,可将地下水分为孔隙水、裂隙水及岩溶水。

2.3.2.1　孔隙水

孔隙水是赋存于松散沉积物中的地下水。

平原和盆地中普遍发育第四纪松散沉积物，砂砾构成含水层，黏性土构成弱透水层，在其中赋存的孔隙水，是重要的供水水源。

孔隙水呈层状分布，空间上连续均匀，含水系统内部水力连续良好，因此在孔隙含水系统中打井取水，成功率很高。

流水沉积物，包括例如洪积物、冲积物、湖积物、滨海三角洲沉积物、冰水沉积物等沉积物中广泛分布着孔隙水。

黄土中也存在着孔隙水。

2.3.2.2　裂隙水

赋存于基岩裂隙中的地下水称为裂隙水。主要有成岩裂隙水、构造裂隙水、风化裂隙水等。

与孔隙水相比，裂隙水表现出明显的不均匀性、不连续性及各向异性。

2.3.2.3　岩溶水

赋存并流动于岩溶化岩层中的水称为岩溶水。

岩溶发育必须具备四个条件：可溶岩的存在，可溶岩必须是透水的，水具有侵蚀性，水是流动的。

岩溶水含水介质不均一，流态变化大，动态变化大，流量变化大，不同地区岩溶水差异也很大。岩溶水具有明显的分带性、分区性。

各地下水类型特征与赋存状态见表 2-19。

表 2-19　地下水类型特征与赋存状态

埋藏条件	含水介质类型		
	孔隙水	裂隙水	岩溶水
包气带水	土壤水：局部黏性土隔水层上季节性存在的重力水（上层滞水）、过路及悬留毛细水和重力水	裂隙岩层浅部季节性存在的重力水及毛细水	裸露岩溶化岩层上部岩溶通道中季节性存在的重力水
潜水	各类松散沉积物中浅部存在的水	裸露于地表的各类裂隙岩层中的水	裸露于地表的岩溶化岩层中的水
承压水	山间盆地及平原松散沉积物深部的水	组成构造盆地、向斜构造或单斜断块的被掩覆的各类裂隙岩层中的水	组成构造盆地、向斜构造或单斜断块的被掩覆的岩溶化岩层中的水

2.3.3　水和土的腐蚀性评价

地下水中的某些化学成分对混凝土、钢筋等建筑材料有腐蚀性，如果建筑物地基长期处在具有腐蚀性的地下水中，势必会受到破坏。因此，岩土工程勘察工作，一般均应取水样或对土样进行水质或土质分析，评价其对建筑物的腐蚀性。

水和土的腐蚀性分析测试项目主要包括 K^+、Na^+、Ca^{2+}、Mg^+、HCO_3^-、CO_3^{2-}、SO_4^{2-}、Cl^-、NO_2^-、NO_3^-、NH_4^+、pH、OH^-、TDS(溶解性总固体)、总硬度、侵蚀性 CO_2、游离 CO_2、DO(溶解氧)、COD(化学需氧量)、Eh(氧化还原电位)等。

2.3.3.1　地下水对混凝土的侵蚀作用

大量试验证明,地下水对混凝土的破坏是通过分解性侵蚀、结晶性侵蚀及分解结晶复合性侵蚀作用进行的。地下水的这种侵蚀性主要取决于水的化学成分,同时也与水泥类型有关。

1. 分解性侵蚀

分解性侵蚀是指酸性水溶滤氢氧化钙及侵蚀性二氧化碳溶滤碳酸钙而使水泥分解破坏的作用。此作用可分为一般酸性侵蚀和碳酸侵蚀两种:

(1)一般酸性侵蚀。是酸性水中的 H^+ 与 $Ca(OH)_2$ 起反应,使混凝土溶滤破坏。其反应式为

$$Ca(OH)_2+2H^+ = Ca^{2+}+2H_2O$$

酸性侵蚀性的强弱主要取决于水的 pH 值,pH 值越低,水对混凝土的侵蚀性越强。

(2)碳酸侵蚀。就是侵蚀性 CO_2 对 $CaCO_3$ 进行溶解,使混凝土遭受破坏。混凝土表面水泥中的 $Ca(OH)_2$ 在空气和水中 CO_2 的作用下首先生成一层碳酸钙,进一步作用,形成易溶于水的重碳酸钙,重碳酸钙溶解后,使混凝土破坏。其反应式为

$$Ca(OH)_2 + CO_2 = CaCO_3\downarrow + H_2O$$

$$Ca(OH)_2 + CO_2 + H_2O = Ca^{2+} + 2HCO_3^-$$

这是一个可逆反应,碳酸钙溶于水中后,要求水中必需含有一定数量的游离 CO_2 以保持平衡,此部分 CO_2 称为平衡二氧化碳,如水中游离 CO_2 减少,则方程向左进行,产生碳酸钙沉淀;若水中游离 CO_2 大于平衡 CO_2,则可使方程向右进行,碳酸钙被溶解,直至达到新的平衡。与 $CaCO_3$ 反应消耗掉的那部分游离 CO_2,称为侵蚀性 CO_2。地下水中侵蚀性 CO_2 愈多,对混凝土的侵蚀性愈强。地下水流量、流速都很大时,CO_2 易补充,平衡难建立,因而侵蚀加快。另外,HCO_3^- 离子含量愈高,对混凝土侵蚀性愈强。

分解性侵蚀的评价指标是 pH 值、游离 CO_2 和 HCO_3^-。根据我国颁发的《岩土工程勘察规范》(GB 50021—2001)(2009 年版)中关于地下水对混凝土侵蚀程度的评定方法,将其分为微侵蚀性、弱侵蚀性、中侵蚀性、强侵蚀性四个等级,具体鉴定标准见表 2-20。

表 2-20　分解性侵蚀评价标准

腐蚀等级	pH 值		侵蚀性 CO_2(mg/L)		HCO_3^-(mmol/L)
	A	B	A	B	A
微侵蚀性	>6.5	>5.0	<15	<30	>1.0
弱侵蚀性	6.5~5.0	5.0~4.0	15~30	30~60	1.0~0.5
中侵蚀性	5.0~4.0	4.0~3.5	30~60	60~100	<0.5
强侵蚀性	<4.0	<3.5	>60	—	—

注:1. 表中 A 表示直接临水或强透水层(碎石土和砂土)中的地下水,B 是指弱透水层(粉土和黏性土)中的地下水。
2. HCO_3^- 含量是指水的矿化度低于 0.1 g/L 的软水时,该类水质 HCO_3^- 的侵蚀性。
3. 土的腐蚀性评价只考虑 pH 值。

2. 结晶性侵蚀

结晶性侵蚀主要是水中硫酸盐与混凝土发生反应，在混凝土的空隙中形成石膏或硫酸铝盐晶体，这些化合物因结晶膨胀作用体积增大(石膏可增大 1~2 倍，硫酸铝盐可使体积增大 2.5 倍)，导致混凝土力学强度降低，以致破坏，因此这种侵蚀称为结晶性侵蚀，也可称为硫酸侵蚀。石膏是生成硫酸铝盐的中间产物。生成硫酸铝盐的反应式为

$$\underset{\text{(水化铝酸钙)}}{4CaO \cdot Al_2O_3 \cdot 12H_2O} + \underset{\text{(石膏)}}{3CaSO_4 \cdot nH_2O} \rightarrow \underset{\text{(硫酸铝盐)}}{3CaO \cdot Al_2O_3 \cdot 3CaSO_4 \cdot 30H_2O} + Ca(OH)_2$$

这种结晶性侵蚀并不是孤立进行的，它常与分解性侵蚀作用相伴生。有分解性侵蚀时，往往更能促进这种作用的进行。另外，结晶侵蚀性(硫酸侵蚀性)还与水中氯离子含量及混凝土建筑物在地下所处的位置有关。水中氯离子含量越多，硫酸侵蚀性越弱，建筑物处在水位变动带，则这种侵蚀性加强。近年来，为了防止水中 SO_4^{2-} 对水泥的侵蚀破坏作用，在修建水下建筑物时均采用抗硫酸盐水泥。对于抗硫酸盐水泥来说，一般的水都不会发生硫酸侵蚀，只有当水中硫酸盐特别多时(SO_4^{2-} 的含量>3 000 mg/L)，才有侵蚀性。

结晶性侵蚀的评价指标是水中 SO_4^{2-} 的含量(mg/L)。此外，还应考虑环境条件(气候、环境、地层的透水性)的影响。一般将其分为微侵蚀性、弱侵蚀性、中侵蚀性、强侵蚀性四个等级，具体鉴定标准参见表 2-21、表 2-22。

3. 分解结晶复合性侵蚀

分解结晶复合性侵蚀主要是水中 Mg^{2+}、NH_4^+、苛性碱(OH^-)、溶解性总固体(总矿化度)等对混凝土的侵蚀和破坏。如果水中这些成分含量很多，它们与水泥发生化学反应，使混凝土力学强度降低，甚至破坏。例如，水中的 $MgCl_2$ 与混凝土中结晶的 $Ca(OH)_2$ 发生交替反应，形成 $Mg(OH)_2$ 和易溶于水的 $CaCl_2$ 并随之流失，使混凝土遭破坏，反应式为

$$MgCl_2+Ca(OH)_2 == Mg(OH)_2+CaCl_2$$

分解结晶复合性侵蚀的评价指标是水中 Mg^{2+}、NH_4^+、苛性碱(OH^-)、溶解性总固体(总矿化度)的含量。此外，还应考虑环境条件(气候、环境、地层的透水性)的影响。根据环境条件类型和成分含量，将其分为微侵蚀性、弱侵蚀性、中侵蚀性、强侵蚀性四个等级，具体鉴定标准见表 2-21、表 2-22。

表 2-21　环境类型分类

环境类别	场地环境地质条件
Ⅰ	高寒区、干旱区直接临水；高寒区、干旱区强透水层中的地下水
Ⅱ	高寒区、干旱区弱透水层中的地下水；各气候区湿、很湿的弱透水层湿润区直接临水；湿润区强透水层中的地下水
Ⅲ	各气候区湿润的弱透水层；各气候区地下水位以上的强透水层

注：1. 高寒区是指海拔大于或等于 3 000 m 的地区；干旱区是指海拔小于 3 000 m，干燥度指数 K 值等于或大于 1.5 的地区；湿润区是指干燥度指数 K 值小于 1.5 的地区。

2. 强透水层是指碎石土和砂土；弱透水层是指粉土和黏性土。

3. 含水量 $\omega<3\%$ 的土层可视为干燥土层，不具有腐蚀环境条件；当混凝土结构一边接触地面水或地下水，一边暴露在大气中，水可以通过渗透或毛细作用在暴露的大气中一边蒸发时，应定为Ⅰ类。

4. 当有地区经验时，环境类型可根据地区经验划分；当同一场地出现两种环境类型时，应根据具体情况选定。

表 2-22 结晶性侵蚀和分解结晶复合性侵蚀的评价标准

腐蚀种类	腐蚀成分	腐蚀等级	环境类型		
			Ⅰ类环境	Ⅱ类环境	Ⅲ类环境
结晶性侵蚀	SO_4^{2-}（mg/L）	微侵蚀性	<200	<300	<500
		弱侵蚀性	200~500	300~1 500	1 500~3 000
		中侵蚀性	500~1 500	1 500~3 000	3 000~6 000
		强侵蚀性	>1 500	>3 000	>6 000
分解结晶复合性侵蚀	Mg^{2+}（mg/L）	微侵蚀性	<1 000	<2 000	<3 000
		弱侵蚀性	1 000~2 000	2 000~3 000	3 000~4 000
		中侵蚀性	2 000~3 000	3 000~4 000	4 000~5 000
		强侵蚀性	>3 000	>4 000	>5 000
	NH_4^+（mg/L）	微侵蚀性	<100	<500	<800
		弱侵蚀性	100~500	500~800	800~1 000
		中侵蚀性	500~800	800~1 000	1 000~1 500
		强侵蚀性	>800	>1 000	>1 500
	苛性碱（OH^-）（mg/L）	微侵蚀性	<35 000	<43 000	<57 000
		弱侵蚀性	35 000~43 000	43 000~57 000	57 000~70 000
		中侵蚀性	43 000~57 000	57 000~70 000	70 000~100 000
		强侵蚀性	>57 000	>70 000	>100 000
	溶解性总固体（总矿化度）（mg/L）	微侵蚀性	<10 000	<20 000	<50 000
		弱侵蚀性	10 000~20 000	20 000~50 000	50 000~60 000
		中侵蚀性	20 000~50 000	50 000~60 000	60 000~70 000
		强侵蚀性	>50 000	>60 000	>70 000

注：1. 表中数值适用于有干湿交替作用的情况，无干湿交替作用时，Ⅰ、Ⅱ类腐蚀环境无干湿交替作用时，表中硫酸盐（SO_4^{2-}）含量数值应乘以 1.3 的系数。

2. 表中数值适用于水的腐蚀性评价，对土的腐蚀性评价乘以 1.5 的系数，单位以 mg/kg 表示。

3. 表中苛性碱（OH^-）含量（mg/L）应为 NaOH 和 KOH 中的 OH^- 含量（mg/L）。

2.3.3.2 地下水对铁质材料和钢筋的侵蚀（腐蚀）作用

当设计长期浸没于地下水中的铁管或其他铁质构件时，应当考虑地下水对铁的侵蚀性，特别是在硫化物矿床和煤矿床中，地下水呈酸性，对探矿、采矿设备的破坏性很大。

水对铁的侵蚀性主要与水中的氢离子浓度、溶解氧、游离硫酸、H_2S、CO_2 及其他重金属硫酸盐有关。当水的 pH 值<6.8 时，有侵蚀性；pH 值<5 的水，对铁有强烈的侵蚀性。水中的溶解氧可与铁发生氧化作用，使铁管生锈，当 O_2 与 CO_2 同时存在于水中时，可使氧的侵蚀性加剧。水中含有游离 H_2SO_4 时，产生的侵蚀作用同样是由氢离子置换而引起的。

为了防止铁管受硫酸的侵蚀，水中 SO_4^{2-} 的含量一般不应超过 25 mg/L。当水中溶有 CO_2 或 H_2S 时，可以使水成为电导体而不断发生化学作用，并引起侵蚀过程加速，其反应式为

$$CO_2 + H_2O = H_2CO_3 = H^+ + HCO_3^-$$

$$H_2S = H^+ + HS^-$$

此时，铁放出电荷，氢接受电荷，即

$$Fe = Fe^{2+} + 2e^-$$

$$2H^+ + 2e^- = H_2\uparrow$$

这样，使铁成为离子状态溶于水中。

当水中含有重金属硫酸盐（如 $CuSO_4$ 时），会加速对铁的侵蚀。因为金属铜和金属铁构成微电池而使反应不断地进行，加速了腐蚀作用。地下水对钢筋混凝土结构中钢筋的侵蚀（腐蚀）性，主要根据水中 Cl^- 的含量进行评价。在长期浸水条件下，Cl^- 含量<1 000 mg/L 为微腐蚀，Cl^- 含量=1 000~2 000 mg/L 为弱腐蚀。干湿交替条件下，Cl^- 含量<100 mg/L 为微腐蚀，Cl^- 含量=100~500 mg/L 为弱腐蚀，Cl^- 含量=500~5 000 mg/L 为中等腐蚀，Cl^- 含量>5 000 mg/L 为强腐蚀。

最后指出，在工业用水评价中，纺织、造纸及食品等工业对水质的要求也较为严格。硬度过高的水，对肥皂、燃料及酸、碱生产的工业都不太适宜，硬水妨碍纺织品着色，并使纤维变脆，使皮革不坚固，糖类不结晶。如果水中有亚硝酸盐存在，糖制品会大量减产。当水中存在过量铁、锰盐类时，能使纸张、淀粉及糖等出现色斑，影响产品质量。食品工业用水首先必须考虑符合饮用水标准，还要考虑影响质量的其他成分。

思考题与习题

1. 岩石按成因如何分类？按抗压强度如何分类？按风化程度如何分类？
2. 试述岩体和岩石的区别。
3. 岩石的吸水性、软化学、抗冻性之间有何联系？
4. 简述岩石的结构分类。
5. 简述土的物资组成和矿物组成。
6. 简述土的物理力学性质指标和概念。
7. 试推导证明式(2-22)。
8. 特殊类型的土有哪些？
9. 地下水按埋藏条件如何分类？按含水介质如何分类？
10. 试述水和土的腐蚀性种类。
11. 如何对水和土的分解性侵蚀、结晶性侵蚀和分解结晶复合性侵蚀进行评价？
12. 在野外采集一份土样充满于容量为 75.0 cm^3 的容器中，在天然含水量条件下土样的质量为 150.79 g。土样饱水后的质量为 153.67 g，土样在重力排水后质量为 133.67 g，土样烘干后的质量为 126.34 g。所有测量均在 20 ℃ 下进行，此时水的密度为 0.998 g/cm^3。试计算土样的孔隙度、含水量、饱和度和干重度。

（参考答案：土样的孔隙度 $n=36.51\%$，含水量 $\omega=19.35\%$，饱和度 $S_r=0.895$，干重度

$\gamma_d=16.51\ kN/m^3$。)

13. 有一完全饱和的原状土样切满于容积为 21.7 cm^3 的环刀内,称得总质量为 72.49 g,经 105 ℃烘干至恒重为 61.28 g,已知环刀质量为 32.54 g,土粒的相对密度为 2.74 ,试求该土样的重度、含水量、干重度及孔隙比。

(参考答案:重度 $\gamma=18.06\ kN/m^3$,含水量 $\omega=39.0\%$,干重度 $\gamma_d=12.99\ kN/m^3$,孔隙比 $e=1.069$。)

14. 某一完全饱和黏性土样的含水量为 30%,液限为 33%,塑限为 17%,试按塑性指数和液性指数定出该黏土的分类名称和软硬状态。

(参考答案:$I_P=16$,$I_L=0.81$,$10<I_P<17$,所以该黏土为粉质黏土;$0.75<I_L<1.0$,因此该黏土的状态为软塑。)

15. 某建设场地取土样在室内进行剪切试验,同一岩性进行了四组不同压力的剪切试验,压力分别为 100 kPa、200 kPa、300 kPa、400 kPa,测得其对应的抗剪强度分别为 80 kPa、145 kPa、200 kPa、250 kPa。试根据此试验数据,求出内摩擦角 φ 和黏聚力 c。

(参考答案:$\varphi=26.5°$,$c=25$ kPa。)

16. 某黄土地区一电厂灰坝工地,施工前钻孔取土样,测得上覆土的饱和自重应力作用下的湿陷系数(δ_{szi})和各土样的湿陷系数(δ_{si}),如表 2-23 所示,试确定该场地的湿陷类型和地基的湿陷等级。

(参考答案:$\Delta_{zs}=26.4$ cm>7 cm,为自重湿陷性黄土;$\Delta_s=74.52$ cm,湿陷等级为Ⅲ级。)

表 2-23 土样 δ_{zsi} 和 δ_{si} 实测值

取土深度(m)	1	2	3	4	5	6	7	8	9	10
δ_{zsi}	0.017	0.022	0.022	0.022	0.026	0.039	0.043	0.029	0.041	0.012
δ_{si}	0.086	0.074	0.077	0.078	0.087	0.094	0.076	0.049	0.012	0.002

注:δ_{zsi} 或 $\delta_{si}<0.015$,属非湿陷性土层。

17. 河南郑州对某地潜水取水样进行水质分析,水样的水质分析资料见表 2-24,试对其腐蚀性做出评价。

表 2-24 某地地下水水质分析

项目	浓度(mg/L)	项目	浓度(mg/L)
K^+	2.0	SO_4^{2-}	118
Na^+	14.0	Cl^-	17
Ca^{2+}	70.0	游离 CO_2	25.3
Mg^{2+}	22.0	溶解性总固体(TDS)	336.66
NH_4^+	0.16	pH 值	7.5
HCO_3^-	187.0		
CO_3^{2-}	0		

第 3 章　工程地质测绘与调查

3.1　概　述

3.1.1　工程地质测绘的作用和特点

工程地质测绘和调查是运用地质、工程地质理论对与工程建设有关的各种地质现象进行实地的详细观察和描述，查明区内的工程地质条件，并按照精度要求，将其填绘和反映在一定比例尺的地形底图上。

工程地质测绘和调查的目的任务是查明建筑场地及邻近地段的工程地质条件，重点对开发建设的适宜性和建筑场地的稳定性做出评价，为拟建工程建筑选择最佳地段，为后续勘探工作的布置提供依据。

在岩土工程勘察中，工程地质测绘是一种简单、经济、有效的工作方法，是一种最基本的岩土工程勘察方法，也是其他岩土勘察方法的基础。

根据研究内容的不同，工程地质测绘可分为综合性工程地质测绘和专门性工程地质测绘。前者是对工作区内工程地质条件各要素的空间分布及各要素之间的内在联系进行全面的、综合的研究，为编制综合工程地质图提供资料；后者是为某一特定建筑物服务的，或者是对工程地质条件的某一要素进行专门研究以掌握其变化规律。

工程地质测绘和调查的适用条件主要是岩石出露或地貌、地质条件较复杂的地区或场地，并且宜在可行性研究阶段或初步勘察阶段进行。在规划设计阶段或可行性研究阶段，工程地质测绘和调查往往是工程地质勘察的主要手段。

3.1.2　工程地质测绘的比例尺和测绘范围

3.1.2.1　比例尺

(1)小比例尺：1∶50 000～1∶5 000，用于可行性研究阶段，目的是了解区域性的工程地质条件和更为详细的工程地质勘测工作制定工作方向。

(2)中比例尺：1∶10 000～1∶2 000，一般用于初步勘探阶段。

(3)大比例尺：1∶2 000～1∶500，一般用于详细勘察阶段。一般在建筑场地选择以后才进行大比例尺的工程地质测绘，以便能更详细地查明场地的工程地质条件。

3.1.2.2　测绘范围

工程地质测绘的范围应包括场地及附近地段，一般要求工程地质测绘和调查的范围应以能解决具体工程实际问题为前提，并充分考虑影响工程建设的不良地质作用及其分布范围。

3.1.3　工程地质测绘的精度要求

工程地质测绘精度是用对地质现象观察描述的详细程度以及工程地质条件各因素在工程地质图上反映的详细程度来表示的,必须与工程地质图的比例尺相适应。一般是以工作区内单位测绘面积上观测点的数量和观测线的长度来控制的。通常,不论比例尺多大,一般以图上距离 2~3 cm 有一个观测点来控制。当天然露头不足时,必须采用人工露头来补充。观测点的分布是不均匀的,综合性工程地质测绘每平方千米内观测点数量、观测线平均长度、取样数量要求见表 3-1、表 3-2。

表 3-1　综合性工程地质测绘每平方千米内观测点数量及观测路线平均长度

比例尺	地区工程地质条件复杂程度					
	简单		中等		复杂	
	观测点数量（个）	路线长度（km）	观测点数量（个）	路线长度（km）	观测点数量（个）	路线长度（km）
1:200 000	0.49	0.5	0.61	0.60	1.10	0.70
1:100 000	0.96	1.0	1.44	1.20	2.16	1.40
1:50 000	1.91	2.0	2.94	2.40	5.29	2.80
1:25 000	3.96	4.0	7.50	4.80	10.00	5.60
1:10 000	13.80	6.0	26.00	8.00	34.60	10.00

表 3-2　工程地质测绘取样要求

工程地质条件复杂程度	比例尺	原位测试(孔组)	岩土样(个)	水样(个)
简单	1:50 000	0.5~1	30~150	2~5
	1:25 000	1~2	75~250	4~8
中等	1:50 000	1~2	60~200	4~7
	1:25 000	2~3	150~380	6~10
复杂	1:50 000	1.5~2	90~250	6~8
	1:25 000	3~4	220~500	8~12

3.2　准备工作

在正式开始工程地质测绘前,还应当做好各项准备工作,主要是技术准备、物质准备和人员组织,以保障测绘工作的正常有序进行。下面仅对技术准备做以简要介绍。

3.2.1　资料收集和研究

应收集的资料主要包括区域地质资料(如区域地质图、地貌图、地质构造图、地质剖面图)、遥感资料、气象资料、水文资料、地震资料、水文及工程地质资料、建筑经验资料等。

3.2.2　现场踏勘

现场踏勘是在收集研究资料的基础上进行的实地调查研究工作。其目的是了解测区的地质地貌情况,以便合理地布置观测点和观测路线,正确选择实测地质剖面,拟定野外工作方法。

现场踏勘的内容主要包括:

(1)在测区范围内按固定路线进行踏勘。

(2)选择露头良好、岩层完整、有代表性的地段绘制野外地质剖面。

(3)寻找地形控制点的位置,并抄录坐标、标高资料。

(4)访问和收集洪水及其淹没范围等情况。

(5)了解工作区的供应、经济、气候、住宿及交通运输条件。

3.2.3　编制测绘纲要或设计书

测绘纲要一般包括在勘察设计书内,也可单独编制。主要内容包括工作任务情况,测区自然地理条件,测区地质概况,工作量(观测点、勘探点的布置、室内及野外测试工作)、工作方法及精度要求,人员组织及经费预算,物资、材料、机具等,工作计划及工作步骤,预计成果、图件。

3.3　野外工程地质测绘与调查的方法和内容

3.3.1　实测剖面

3.3.1.1　实测剖面的布置

正式测绘前,应首先实测代表性地质剖面,建立典型的地层岩性柱状剖面和标志,划分工程地质制图单元。已有地层柱状图可供利用时,也应进行现场校核,以加强感性认识,确定制图单位,统一工作方法。

实测工程地质剖面线的位置,应垂直地层单元,且地层出露齐全、露头好、路线短、交通便利。

岩性综合体或岩性类型是填图的基本单位,可能时划分到工程地质类型,其界线可与地层界线吻合,也可以根据岩性、岩相和工程地质特征进行细分或合并。

实测地层剖面,一般采用手持 GPS 和测绳、罗盘、地质锤等工具,实测资料通过投影法绘制成剖面图。

实测剖面一般需要 4~5 人,由于工作项目较多,参与人员要分工协作。实测剖面过程中最好应同时绘制随手剖面图(信手剖面图)。

用 GPS 采集数据、记录坐标(x,y,z)和测定剖面方位,用人工或电脑进行地质描述和分层。

3.3.1.2　实测剖面图的编制

实测地质——第四纪地质剖面图的成图方法，一般采用投影法。

投影法的作图步骤是：第一步作导线平面图，第二步作地形剖面图，第三步标绘地质内容完成剖面图，第四步绘制图名、图例、方位，最后成图。

1. 导线平面图的绘制

(1)用作图法求出剖面总方位。取方格坐标纸的上方为正北。在方格坐标纸的左侧任取一点 0，根据 0—1 导线方位角，从 0 点作一射线（角度为正值时向下作射线，角度为负值时向上作射线），按比例截取线段 0—1，等于导线 0—1 的平距；然后以 1 为原点，以 1—2 导线的方位角作一射线，按比例在射线上截取线段 1—2，等于导线 1—2 的平距，依此类推，作 2—3、3—4、… 直到剖面终点。0 点与终点的连线，其方位角就是剖面的总方位。

导线总方位也可以用 GPS 定出起点和终点，然后在地形图平面上作出连线，其方位角就是剖面的总方位。

(2)导线平面图。首先在图纸上设计好导线平面图的位置范围，根据各导线的展布情况，在适当位置作一水平线作为导线平面图的基线，该基线方向即为导线的总方位。在基线上端的适当位置，选取原点 0。以用作图法求出剖面总方位的相同方法，将野外导线斜距换算成平距后，作出各导线在导线平面图上的线段 0—1、1—2、2—3、… 直到剖面终点。在这些线段的相应位置上，作出有代表性的岩层分界线、产状和断层等简要地质内容，导线平面图就完成了（见图 3-1、图 3-2）。

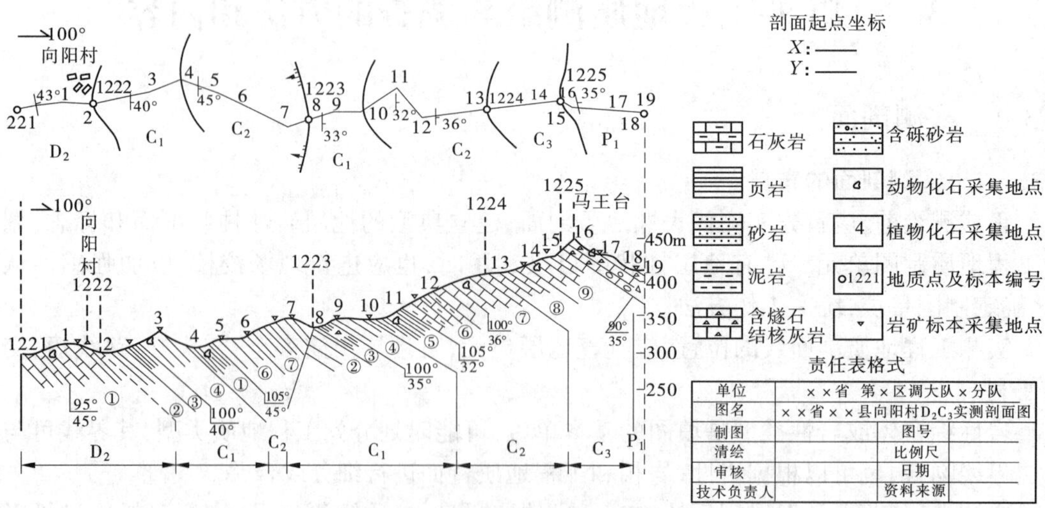

单位	××省　第×区调大队×分队		
图名	××省××县向阳村D_2C_3实测剖面图		
制图		图号	
清绘		比例尺	
审核		日期	
技术负责人		资料来源	

图 3-1　实测基岩地质剖面图样式示意图

（据卢选元等，略有修改，1987）

从理论上讲，导线平面图的起点 0 和终点应落在同一水平线上，但由于作图误差，使这两点不容易落在同一水平线上。假如在用作图法求出剖面总方位时，图是作在透明纸上，就可将此图与导线平面图选取的基线重合，然后把各导线的端点用针刺于导线平面图

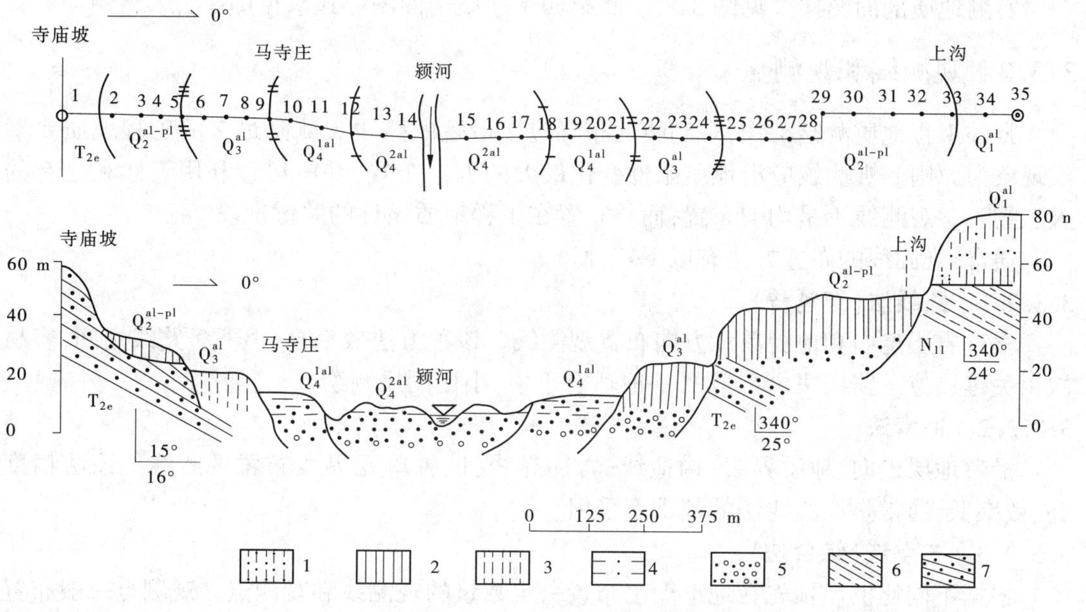

1—下更新统(Q_1)冰碛层;2—中更新统(Q_2)冲洪积红色粉质黏土;3—上更新统(Q_3)土黄色黏质砂土;

4—全新统下部(Q_4^1)冲积砂层;5—全新统上部(Q_4^2)冲积砂砾石层;6—新近系洛阳组(N_{11}),

上部为棕红色粉砂岩,下部为泥岩

图 3-2　河南登封寺庙坡—上沟颍河河床第四系地质剖面图

上,再把它们用线连起来,此时的起点与终点就一定在同一条水平线了,由此可消除作图误差。

2. 地形剖面图的绘制

在导线平面图的下面适当位置,画出一条水平基线,其方位与导线总方位相同。将导线平面图上各端点 0、1、2、3、4、…垂直投影下来,以基线为基准,以其相对高差和累积高差为距离,按比例确定其在地形剖面上的位置,然后把各点用直线连接起来,成为折线,再参考野外绘制的随手剖面图的地形特征,将折线修改成实际的曲线地形,地形剖面图就完成了。

3. 地质内容的标注

具体作图步骤是:首先根据实测剖面记录表的记录,将各分层点的位置投影在地形剖面上,然后依据各分层的产状绘出各分层的界线。在绘制分层界线时,要考虑地层走向与剖面线方向的夹角。当这个夹角大于 80°时,可直接用真倾角标绘;当这个夹角小于 80°时,则应将真倾角换算成视倾角,再以视倾角标注于图上。各层界线绘好以后,按各层的主要岩性填绘岩性花纹符号,标出分层号、标本号、化石号等,并标出代表性的产状,这样一张地质剖面图就基本完成。

4. 其他

图面装饰依照规范的要求,还须将图名、比例尺、剖面起止点坐标、剖面总方位、责任表等内容,一一绘好,实测地质剖面图就编制完成。

实测地质剖面图样式见图 3-1,实测第四系地质剖面图样式参见图 3-2。

3. 3. 2　观测线和观测点

野外工程地质测绘工作,观测线的布置应以最短的路线观测到最多的工程地质要素或现象为原则。观测线应沿地质条件变化最大的方向布置,并应尽量利用天然和已有的人工露头。观测线不是均匀布置,而是布置在工程地质条件的关键地段。

通常,观测线的布置方法有以下三种。

3. 3. 2. 1　路线法(穿越法)

垂直岩层走向和地貌单元方向布置观测线。该种方法效率高,但两条路线之间,容易缺少关键点位。路线法(穿越法)一般适合于中、小比例尺测绘。

3. 3. 2. 2　追索法

沿着地层走向、地质界线、构造线、岩性界线、地貌单元界线布置观测线。该法精度高、效率低,通常是在路线法的基础上采用。

3. 3. 2. 3　布点法(综合法)

根据不同比例尺预先在地形图上布置一定数量的观测线和观测点。观测点一般布置在观测线上,但观测点的布置必须有具体目的(见图 3-3)。

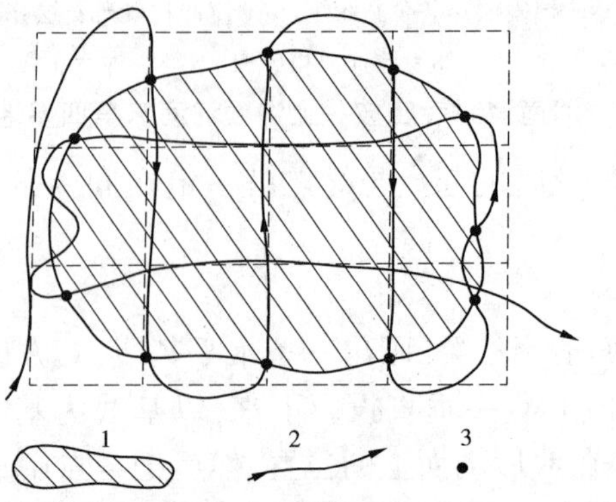

1—地质体;2—观察路线;3—观察点

图 3-3　布点调查法(综合法)

观测点的观测密度应根据场地的地貌、地质条件、比例尺和工程要求确定,并具有代表性。观测点的密度见表 3-1、表 3-2。

观测点的定位可采用目测法、半仪器法、仪器法和 GPS 法。观测点一般应布置在以下关键点上:

(1)地层分界点。

(2)岩性分界点。

(3)构造点。

(4)地貌分界点。

(5)水文地质点。

(6)工程地质点。

(7)地质灾害点。

(8)其他。

观测点的描述既要全面又要突出重点。文字记录要清晰简明,对典型或重要的地质现象,尽量用素描、照片与文字相配合。

3.3.3　不同岩、土区工程地质测绘及调查要点

不同岩、土区工程地质测绘及调查要点不同。

3.3.3.1　基岩分布区

不同岩类分布区应重点研究的内容不尽相同。侵入岩及深变质岩分布区,重点研究侵入岩的形态、产状及其与围岩的关系,特别应注意接触带的变化;喷出岩应注意岩石的孔隙性和沉积物性质;沉积岩及浅变质岩区,应注意对岩性、各向异性、岩层厚度、岩层裂隙的研究。

应特别注意对构造的工程地质研究。对褶皱、断层和裂隙应详细调查研究,查明其分布、走向、成因、影响地层、发育地层、岩石破碎情况、导水性等。要特别注意大断层的规模、断距、断裂带及影响宽度,要进行追索调查,评价其工程地质性质。对重点地区发育的主要节理,应进行数量和走向的定量统计,绘制节理玫瑰花图、极点图或等密度图,以找出其发育规律,见图 3-4~图 3-6。

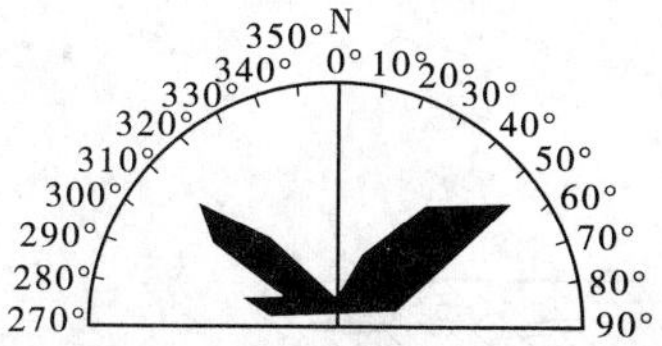

图 3-4　节理裂隙玫瑰花图

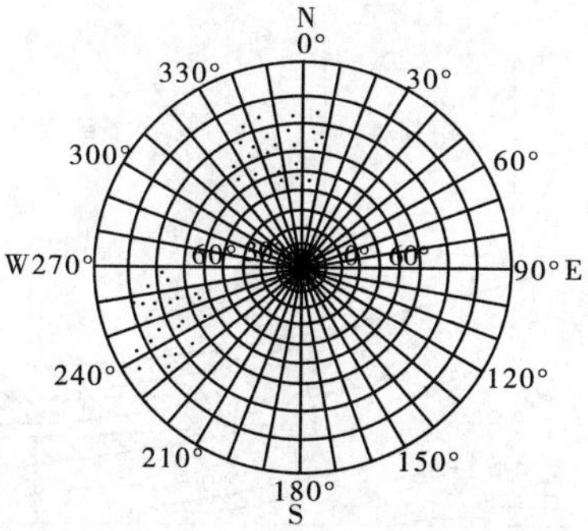

图 3-5　节理裂隙极点图

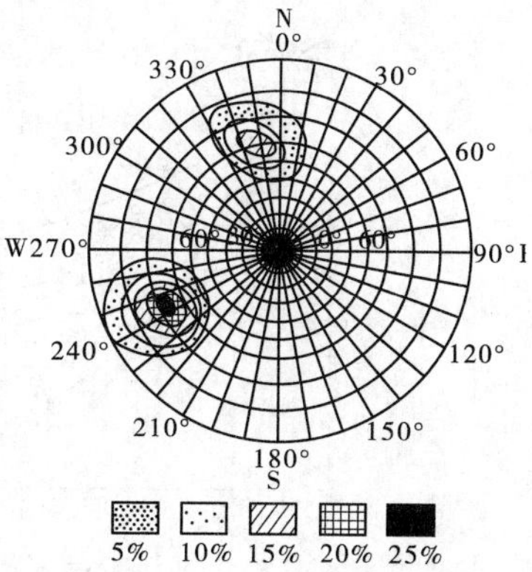

图 3-6　节理等密度图

3.3.3.2　第四系松散沉积物(土)分布区

(1)冲积物。平原地区、山前地带及有松散沉积物覆盖的丘陵地区,主要为第四系松散沉积物,其调查研究内容主要为:

①地貌及微地貌研究。

②第四系沉积物的成因类型及可能的年代。

③对具有特殊成分、特殊状态和特殊性质的松散沉积物(如软土、湿陷性黄土、膨胀土、红土、人工填土等)进行重点调查。

④对需要进行基坑开挖的工程应当特别注意强透水层、隔水层和承压含水层的分布和性质。

例如,图 3-7 为地貌形态与第四系沉积物成因及岩相变化关系综合示意剖面图。

(2)洪积物。对山前地段和山间盆地边缘广泛分布的洪积物,地貌上多形成洪积扇,

其上部、中部、下部的地质结构不同、水文地质条件也不同，因此建筑适宜性和可能产生的岩土工程问题也各异（见图 3-8），在进行工程地质测绘和调查时，应注意其工程地质特征。

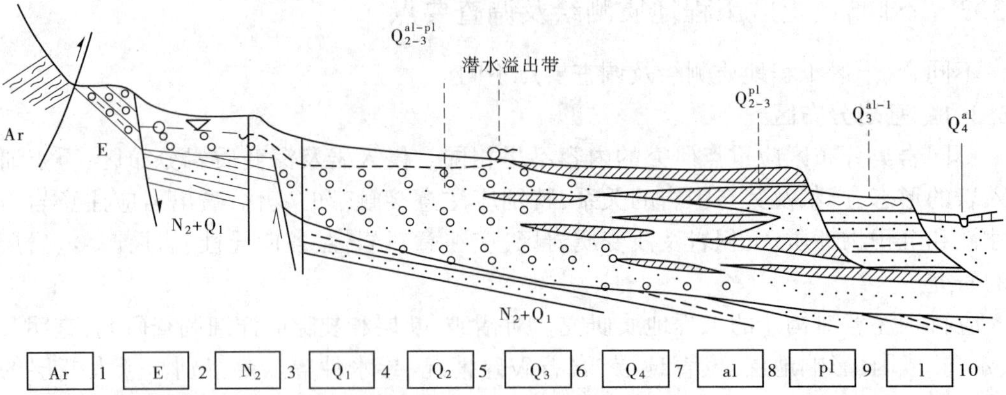

1—太古宇；2—古近系；3—新近系上新统；4—第四系下更新统；5—第四系中更新统；
6—第四系上更新统；7—第四系全新统；8—冲积层；9—洪积层；10—湖积层

图 3-7　地貌形态与最新构造断裂、第四系沉积物成因及岩相变化关系综合示意剖面图

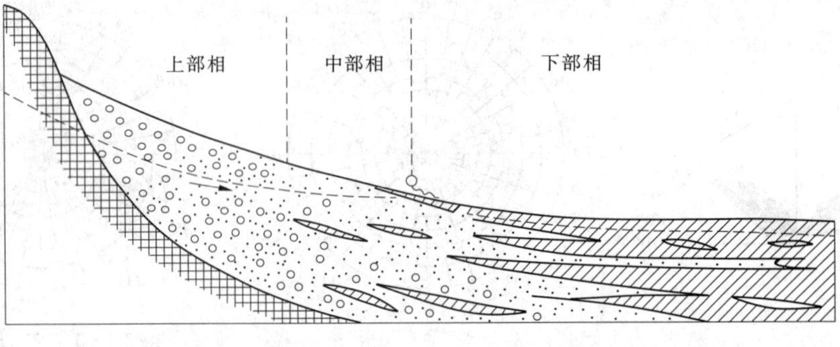

图 3-8　洪积扇的微相划分及其工程地质性质

平原地区的冲积地貌，应区分出河床、河漫滩、阶地等各种地貌形态（见图 3-2），因为不同的地貌形态的冲积物分布和工程地质性质不同，其建筑适宜性也各异。

（3）第四系松散沉积物的观察描述。第四系地质调查应充分研究第四系堆积物的各种露头，如沟壁、陡坎、土坑、井等。在覆盖区要利用钻探、洛阳铲等方法揭露各时期第四系堆积物进行研究。在描述前，要描述第四系堆积物所处的地貌部位、产状及地形特征，然后分层描述。研究第四系地层时，要观察地层的横向与纵向变化，尤其对一些细微的变化，如极薄夹层、透镜体和色调的变化。为了简洁、直观，可采用统计、素描和照相等方法。

野外调查的一般观察内容包括堆积物的颜色、岩性、成因类型、结构构造等特征；对特殊夹层、各层间的接触关系，所含化石及露头点所处的地貌部位等应特别给以注意。

第四系松散沉积物分为三类，即碎石土类、砂土类、黏性土类。各类又可进一步细分，见表 2-8。土的野外鉴别、砂土类的野外鉴别、黏性土的野外鉴别分别见表 3-3～表 3-5。

表 3-3　土的野外鉴别

土名		土的野外鉴别
黏性土	黏土	切面非常光滑,刀刃有黏滞的阻力,湿土手有滑腻感,能搓成直径小于 0.5 mm 的土条
	粉质黏土	稍有光滑面,切面规则,手稍有滑腻感,夹有少量极细颗粒,能搓成直径 0.5~2 mm 的土条
粉土		无光滑面,切面比较粗糙,手感有细颗粒,无黏滞感或轻微黏滞感,能搓成 2~3 mm 的土条,有明显的摇振析水反应
砂土	粉砂	大部分颗粒与小米粉近似
	细砂	大部分颗粒与粗玉米粉(>0.1 mm)近似
	中砂	有一半以上颗粒与砂糖或白菜籽(>0.25 mm)近似
	粗砂	有一半以上颗粒比小米粒(>0.5 mm)大
	砾砂	约有 1/4 以上颗粒比荞麦或高粱粒(2 mm)大

表 3-4　砂土类的野外鉴别方法

类别	观察颗粒粗细	干燥时状态	湿润时用手拍后的状态	黏着程度
砾石	约有 1/4 以上颗粒比荞麦或高粱粒(2 mm)大	颗粒完全分散	表面无变化	无黏着感
粗砂	约有一半以上颗粒比小米粒(0.5 mm)大	颗粒完全分散、个别胶结	表面无变化	无黏着感
中砂	约有一半以上颗粒与砂糖或白菜籽(大于 0.25 mm)近似	颗粒基本分散,部分胶结,胶结部分一碰即散	表面偶有水印	无黏着感
细砂	大部分颗粒与粗玉米粉(大于 0.1 mm)近似	颗粒大部分分散,少量胶结,胶结部分稍加碰撞即散开	表面有水印(翻浆)	偶有轻微黏着感
粉砂	大部分颗粒与小米粉近似	颗粒小部分分散,大部分胶结(稍加压即分散)	表面有显著翻浆现象	有轻微黏着感

表 3-5　黏性土按塑性指数的分类及野外鉴别

鉴别方法	分类		
	黏土	粉质黏土	粉土
	塑性指数		
	$I_P>17$	$10<I_P\leqslant17$	$I_P\leqslant10$
湿润时用刀切	切面非常光滑，刀刃有黏腻的阻力	稍有光滑面，切面规则	无光滑面，切面比较粗糙
用手捻摸时的感觉	湿土用手捻摸有滑腻感，当水分较大时极易黏手，感觉不到有颗粒的存在	仔细捻摸感觉到有小细颗粒，稍有滑腻感，有黏滞感	感觉有细颗粒存在或感觉粗糙，有轻微黏滞感或无黏滞感
黏着程度	湿土极易黏着物体（包括金属与玻璃），干燥后不易剥去，用水反复洗才能去掉	能黏着物体，干燥后较易剥掉	一般不黏着物体，干燥后一碰就掉
湿土搓条情况	能搓成小于 0.5 mm 的土条（长度不短于手掌），手持一端不致断裂	能搓成 0.5～2 mm 的土条	能搓成 2～3 mm 的土条
干土的性质	坚硬，类似陶器碎片，用锤击方可打碎，不易击成粉末	用锤易击碎，用手难捏碎	用手很易捏碎

目前，"3S"技术在工程地质测绘与调查中应用较普遍。"3S"技术是指全球定位系统（Global Positioning System，简写为 GPS，或北斗导航定位系统 BD system，简写为 BDS）、遥感技术（Remote Sensing，简写为 RS）、地理信息系统（Geographical Information System，简写为 GIS）。"3S"技术是从 20 世纪 60 年代逐渐发展起来的、现已日渐成熟的空间信息处理技术。我国已逐步推广运用"3S"技术进行数字化地质填图，从而实现了地质填图的计算机化和信息化，极大地提高了工作效率。

下面仅对遥感技术（RS）作一简要介绍。

3.3.4　遥感技术在工程地质测绘和调查中的应用

遥感，就是遥远的感应和感知。遥感技术就是通过放置在飞行器（飞机、飞船、人造卫星）上的高灵敏度仪器设备，测量和记录地面上远距离的目的物的性质和特征，其成果主要是航片和卫星图片，它依据的基本理论是电磁波理论（见图 3-9）。

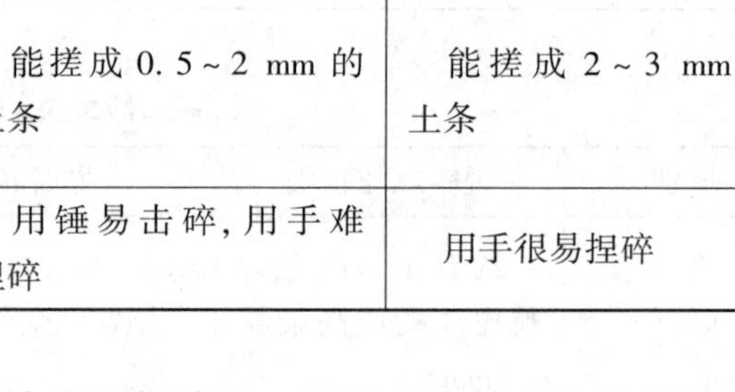

图 3-9　遥感数据图像采集示意图

遥感技术的特点是调查面积大、周期快、应用面广，在提高调查质量，加快调查进度、减少测绘和勘探工作量，减轻体力劳动等方面独具优越性。

遥感技术(RS)包括航空遥感和航天遥感。航空遥感也有许多种类，目前在工程地质调查中常用的是航空摄影、红外探测和多波段测量。

利用航空照片可以解译地质地貌，查明区域工程地质条件，划分汇水面积等。红外遥感技术在寻找浅层地下水及探测地下热水等方面具有良好效果。航天遥感主要是利用地球卫星图像对地球资源进行调查和环境监测，可解译出区域的地貌形态、地层岩性及地质构造，同时还可圈定冲洪积含水层，寻找泉及地下水溢出带，以及用于调查地表水资源和监测环境污染等。

航片和卫星图片是按一定比例尺缩小的自然地质现象的综合影像图，是带有很多地质信息的图像。根据影像解译标志，如色调、性质、形式、结构、阴影等，航片和卫星图片可集中地反映较大范围内的岩土类型、地质构造、地貌、工程地质条件和地质现象，详加研究，可以获得研究地区的地质条件信息。

遥感数据的解译有直接标志和间接标志。应通过实地对照判译，对航片、卫片做出正确的解译。航片、卫片解译的主要方法是对比法和邻比法。解译的内容主要包括岩性解译、构造解译、地貌解译、物理地质现象解译。

遥感技术主要适合于大范围应用。该方法主要用于可行性研究阶段。应用该法前，应收集地形、地物、土壤等有关资料。只有这样，才能获得较好的解译效果。

3.4　工程地质测绘与调查的资料整理和成果

3.4.1　野外工作中的资料整理

野外工作中的资料整理内容主要有以下几个方面：

(1)各种原始记录本。

(2)野外手图、实际材料图。

(3)调查记录卡片。

(4)野外原始资料检查。

(5)各种图件。

(6)各项原位测试、室内试验、鉴定分析资料和勘探资料。

(7)典型影像图、摄影和野外素描图。

(8)物探解译成果图。

3.4.2　成果编制

在对工程地质测绘和调查获得的各种资料整理、统计和分析的基础上，编制成果图件。主要包括以下内容。

3.4.2.1　成果图件

(1)实际材料图。

(2)岩土体的工程地质性质分区图。

(3)工程地质分区图。

(4)综合工程地质图。

3.4.2.2　工程地质测绘报告

工程地质测绘报告应对测区的工程地质条件进行详细描述,并做出综合性评价,为工程地质选址和工程建设提供地质依据。工程地质测绘报告的编写要求真实、客观、全面、简明扼要。报告主要内容如下:

(1)序言。

(2)自然地理、地质概况。

(3)区域工程地质条件(地形地貌、地质构造、地层岩性、水文地质条件、不良地质现象、人类工程活动、天然建筑材料及其他地质资源等)。

(4)专门性工程地质问题(视情况定内容)。

(5)工程地质分区(分区原则、分区预测与评价)。

(6)结论与建议。

(7)附图与附表。

思考题与习题

1. 简述工程地质测绘与调查的作用和特点。
2. 对工程地质测绘的比例尺有何要求?
3. 简述工程地质测绘的精度要求。
4. 如何布置工程地质实测剖面?如何编制工程地质实测剖面图?
5. 如何布置工程地质测绘调查的观测线和观测点?
6. 工程地质测绘观测线的布置方法有哪几种?
7. 简述基岩区工程地质测绘及调查要点。
8. 简述第四系松散沉积区工程地质测绘及调查要点。
9. 如何进行土的野外鉴别?
10. 什么是“3S”技术?
11. 简述遥感技术在工程地质测绘和调查中的应用。
12. 如何进行工程地质测绘与调查的资料整理?
13. 工程地质测绘与调查的成果有哪些?

第 4 章　工程地质勘探与取样

4.1　勘　探

工程地质勘探是在工程地质测绘的基础上,为进一步查明地表以下工程地质情况和对岩土参数开展原位测试时而进行的勘察工作。勘探包括钻探、井探、槽探、洞探、触探以及地球物理勘探等多种方法。勘探方法的选择首先应符合勘探目的需要,还要考虑是否适合于勘探区岩土的特性。

4.1.1　钻探

钻探是指应用钻机来破碎地壳岩土层,从而形成一个直径较小、深度较大的钻孔(直径相对较大者又称为钻井)的过程。工程地质钻探是岩土工程勘察的基本手段,其成果是进行工程地质评价和岩土工程设计、施工的基础资料。

工程地质钻探的目的任务主要是探查建筑场地的地层岩性、厚度、层数、地下含水层的情况,并通过取样分析和有关试验,评价岩土体的稳定性和变形问题。

4.1.1.1　工程地质钻探的程序、方法和要求

钻探过程包含三个基本程序:

(1)破碎岩土:研磨、剪切力或冲击力使其破碎。

(2)采取岩(土)芯或排除破碎岩土:主要方法有取样器、泥浆、水冲液。

(3)加固孔壁:防止孔壁坍塌。

工程地质钻探方法根据岩土破碎方法的不同,可分为四种钻进方法:

(1)冲击钻进:利用钻具重力和下落过程中的冲击力使孔底岩土破坏,并取出破碎岩土体,进而达到钻进目的。

(2)回转钻进:利用钻杆底部安装的圆环状钻头进行回转研磨使岩土破碎,并取出破碎岩土体,进而达到钻进目的。

(3)振动钻进:通过振动力破碎岩土体。

(4)冲洗钻进:利用高压水流冲击孔底土层,使之结构破坏,进而达到钻进目的。

工程中常用的钻探方法是回转钻进(见图 4-1)和冲击钻进,且多是车载钻机(见图 4-2)。

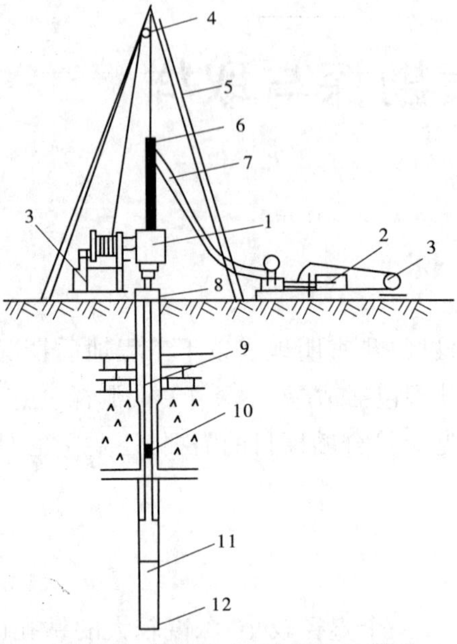

1—钻机;2—泥浆泵;3—动力机;4—滑轮;
5—三角架;6—水龙头;7—送水胶管;8—套管;
9—钻杆;10—钻杆接头;11—岩芯管;12—钻头

图 4-1　钻探设备及钻进示意图

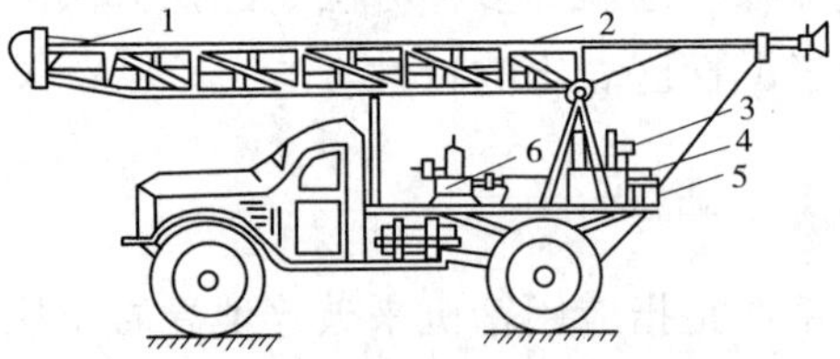

1—天车;2—活动钻塔;3—卷扬机;4—减速箱;
5—转盘;6—水泵

图 4-2　DPP-100 型钻机外观

工程实践中常用的岩土工程钻探方法、使用条件、主要钻具及优缺点见表 4-1。

表 4-1　岩土工程钻探的方法、适用条件、主要钻具及优缺点

钻探方法		适用条件	主要钻具	优点	缺点
冲击钻探	人力	黏性土、黄土、砂、砂卵石层,不太坚硬的岩层	洛阳铲、钢丝绳(或竹弓)钻(锥)探,管钻	设备简单、经济,一般不用冲洗液,能准确了解含水层	劳动强度大,难以取得完整岩芯,孔深较浅,仅宜钻直孔
	机械	除上述外,还可用于坚硬岩层	CZ-30 型 CZ-22 型 CZ-20C 型	可用于其他方法难以钻时的卵石、砾石砂层,孔径较大,可不用冲洗液	不能取得完整岩芯,仅宜钻直孔
回转钻探	人力	黏性土,砂层	螺旋钻,勺钻	设备简单,能取芯,取样,成本低	劳动强度较大,孔深较浅

续表 4-1

钻探方法			适用条件	主要钻具	优点	缺点
回转钻探	机械	硬合金	小于Ⅷ级的沉积岩及部分变质岩、岩浆岩	XU-300-2A 型 XY-100 型 XJ-100-1 型 DPP-1 型(车装) DPP-3 型(车装) DPP-4 型(车装) YDC-100 型(车装) SGZ-Ⅰ型 SGZ-Ⅲ型 SGZ-Ⅳ型	岩芯采取率较高,孔壁整齐,钻孔弯曲小,孔深大,能钻任何角度的钻孔,便于工程地质试验,可取芯、取样	在坚硬岩层中钻进时钻头磨损最大,效率低
		钢粒	Ⅶ~Ⅻ级的坚硬地层		广泛应用于可钻性等级高的岩层,可取芯、取样,便于做工程地质试验	钻孔易弯曲,孔壁不太平整,钻孔角度不应小于 75°,岩芯采取率较低
		金刚石	Ⅸ级以上的最坚硬岩层最有效		钻进效率高,钻孔质量好,弯曲度小,岩芯采取率高,能钻进最坚硬的地层,机具设备较轻,消耗功率小,钻具磨损较少,钻进程序较简单	在较软和破碎裂隙发育地层中不适用,孔径较小,不便于做工程地质试验
冲击回转钻探			各种岩土层	SH30-2 型	钻进适应性强	孔深较浅
振动钻探			黏性土,砂土,大块碎石土,卵砾石层及风化岩基岩	M-68 型汽车式,工农-11 型拖拉机式	效率高,成本低	孔深较浅
冲击回转振动钻探			G-1 型(车装) G-2 型(车装) G-3 型(车装) GYC-J50 型(车装) GJD-2 型(车装)	以各类土层为主	钻进适应性强,效率高,轻便,成本低	孔深较浅,结构较复杂

钻孔直径应当根据钻探目的和钻探工艺确定,应当满足取样、原位测试要求。钻孔开孔直径和终孔直径可以相同,也可以不同。若不同,则上部直径大,下部直径小(见图 4-3)。

通常,对要采取原状土样的钻孔,口径不得小于 91 mm,对仅需要鉴别岩性的钻孔,口径不宜小于 36 mm;湿陷性黄土中的钻孔,直径不宜小于 150 mm。

钻进过程中,为防止孔壁坍塌,应采取套管护壁措施。深度超过 100 m 的钻孔,应防止孔斜，一般要求孔斜小于±2°。

岩芯钻探的岩芯采取率一般不应低于 80%。对于破碎岩石，一般不应低于 65%。

钻探过程中遇到地下水应停钻观测地下水位。

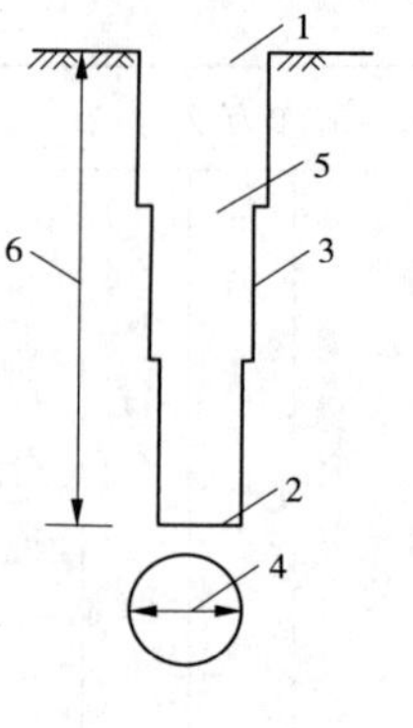

1—钻口；2—孔底；
3—孔壁；4—孔径；
5—换径；6—孔深

图 4-3　钻孔要素图

4.1.1.2　工程地质钻探的布置

工程地质钻探是一项费用高、技术较复杂的工作，因此钻孔的布置必须有明确的目的性，力求以最小的钻探工作量，取得最多和更好的地质、工程地质成果。

(1)布置钻孔时应考虑工程地质钻探的主要任务和勘探阶段。主要任务不同，钻孔布置必然有所区别。勘察阶段不同，钻孔布置方案也不尽相同。

(2)钻孔的布置应有代表性和控制意义。钻孔布设前应充分收集现有地质、工程地质等有关资料，在掌握地质情况的基础上布设钻孔，把勘探重点放在未查清的地段或重点地区。每个钻孔的布置必须目的明确，并进行充分论证。

(3)工程地质钻孔一般应布置成勘探线的形式，且主要勘探线应沿着区域地质条件变化最大的方向布置。勘探线上的钻孔应控制不同的地貌单元、不同的岩性单元和边界条件，同时也要照顾到钻孔在勘探线上所起的距离控制作用(见图 4-4、见图 4-5)。

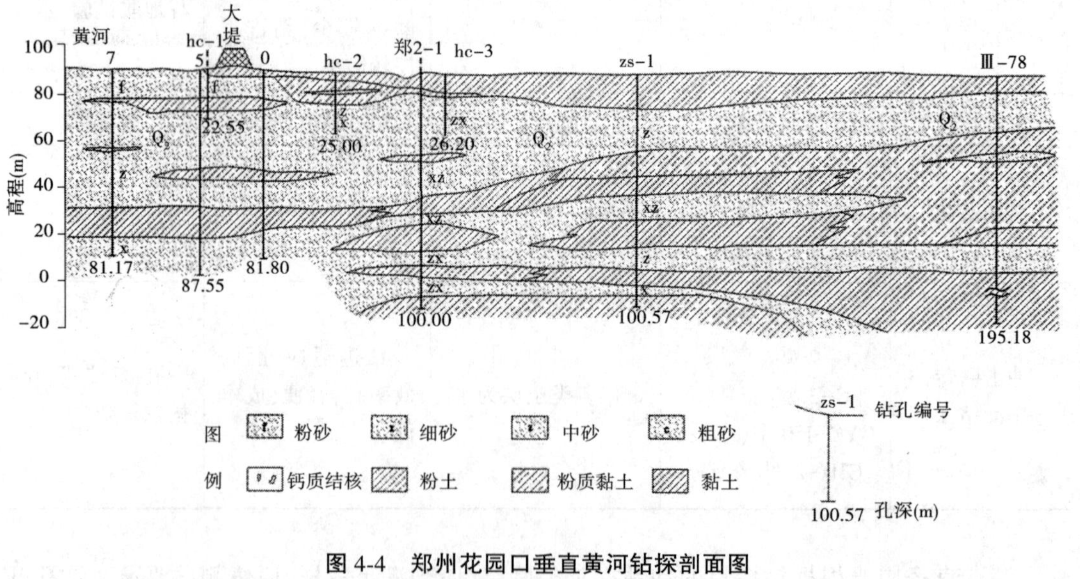

图 4-4　郑州花园口垂直黄河钻探剖面图

当地质、工程地质条件方向性不明显或地质条件不很清楚时，可采用勘探网的形式布孔。对某些必须解决的特殊问题，在勘探线上又控制不住的地方，可个别布孔。

为查明区域地质条件的钻孔，一般应点线结合，深浅结合，先疏后密。还应确定基本的控制孔。

(4)为工民建等建筑物布置的勘察钻孔，一般沿建筑物轮廓边线布置，建筑物荷载中心必须有勘探孔，且钻孔应加大深度。

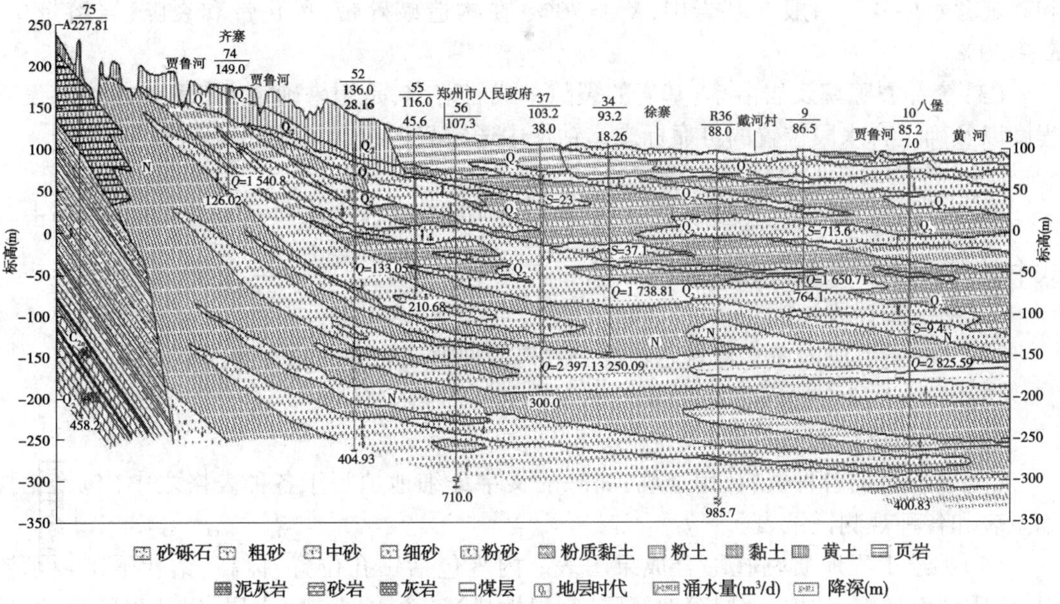

图 4-5　郑州市南北向水文地质钻探剖面图

(5)依据拟采用的岩土工程评价计算方法布设钻孔。

(6)布置钻孔时尽可能做到“以探为主,一孔多用”。

(7)第四系松散沉积物分布区,勘探钻孔的主要任务应是查明岩性结构和岩性变化规律。

(8)基岩地区的钻孔主要任务应是查明断层、褶皱、节理的基本情况和规律。

(9)工程地质勘探钻孔,应尽量减少对生态环境和人为环境的影响,不留下钻探后遗症和破坏。

4.1.1.3　岩芯及钻探资料编录

编录工作以钻孔为单位,要求随钻进陆续地进行,终孔后完成。主要内容包括以下几项。

1. 岩芯编录

(1)认真整理岩芯,排放整齐,对每块岩芯进行编号,仔细观察,并准确地进行记录、地质描述和测量,做好岩芯编录。勘探结束后,重点钻孔的岩芯要全部长期保留,一般钻孔则按规定保留缩样或标本。

(2)测算和统计岩芯采取率:岩芯采取率是指所取岩芯长度与钻孔进尺长度之比率,计算式为

$$K_u = \frac{L_0}{L} \times 100\% \tag{4-1}$$

式中　K_u——岩芯采取率,无量纲;

L_0——所取岩芯的总长度,m;

L——钻探进尺长度,m。

岩芯采取率可以判断坚硬岩石的破碎程度及岩溶发育强度,进而分析岩石的透水性

和确定含水层位。一般在基岩中，$K_u \geqslant 70\%$；在构造破碎带、风化带和裂隙、岩溶带中，$K_u \geqslant 50\%$。

(3)统计裂隙率及岩溶率：基岩的裂隙率或岩溶率，是用来确定岩石裂隙或岩溶发育程度以及确定含水段位置的可靠标志。钻探中通常只做线状统计，用下式计算：

$$\gamma = \frac{\sum b_i}{LK_u} \times 100\% \tag{4-2}$$

式中　γ——线裂隙率或线岩溶率；

L——统计段长度，m；

$\sum b_i$——L 段内在平行岩芯轴线上测得的裂隙或岩溶的总宽度，m；

K_u——L 段内的岩芯采取率。

2. 钻探资料编录

(1)将取得的各种资料，用准确、简练的文字详细地填写于各种表格之中（包括钻探编录表和各种观测记录表）。

(2)编绘工程地质钻孔综合成果图表。内容包括钻孔位置、标高、钻孔施工技术资料、地质剖面、钻孔结构、地层深度及厚度、岩性描述、含水层与隔水层、岩芯采取率、冲洗液消耗量、地下水位、孔内现象等。

(3)对勘探线上的所有钻孔编制出工程地质剖面图。

(4)对勘察区所有工程地质钻孔的成果资料进行综合分析，总结出工程地质和地质规律，作出有关地质剖面图及平面图。

4.1.2　井探、槽探、洞探

由于钻探的直径一般较小，人工不能直接进入观察，以及采样率的限制，因而难以对较大范围岩土层的性质或地质构造等地质现象做完整准确的了解，故有时采用坑探工程。

坑探工程也称掘进工程、井巷工程，岩土工程中常用的坑探工程有探槽、试坑、浅井、竖井（斜井），平硐和石门（平巷）（见图 4-6）。其中，前三种为轻型坑探工程，后三种为重型坑探工程。

探井、探槽、探洞等是最常用的坑探工程，是采用人工或机械的方法挖掘形成坑、槽、洞，揭开地层的范围比较大，人可以进入其中进行详细的观测描述，能直接观测岩土层的天然状态及各地层之间的接触关系，还可以取出接近实际的原状土样，深入全面地了解地下情况，尤其是对研究断层破碎带、软弱泥化夹层和滑动面的空间分布特点及其工程地质条件，更具有重要作用，因此它具有其他勘察手段无法取代的作用。它的缺点是勘探的深度较浅，对于地下水位以下深度的勘探也比较困难。工程中常

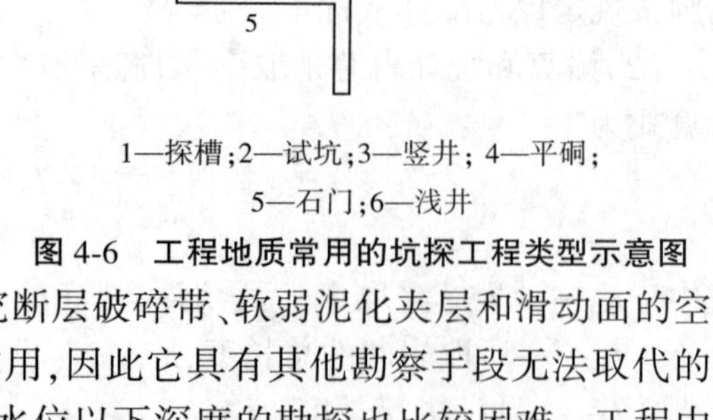

1—探槽；2—试坑；3—竖井；4—平硐；
5—石门；6—浅井

图 4-6　工程地质常用的坑探工程类型示意图

用的坑探、槽探和洞探的类型、特点及用途见表 4-2。

表 4-2　岩土工程勘探中常用的坑、槽、洞的类型及特点

类型	特点	用途
试坑	深数十厘米的小坑,形状不定	局部剥除地表覆土,揭露基岩
浅井	从地表向下垂直,断面呈圆形或方形,深 5~15 m	确定覆盖层及风化层的岩性及厚度,取原状土样,进行载荷试验、渗水试验等
探槽	在地表垂直岩层走向或构造线方向挖掘成深度不大(小于 3~5 m)的长条形槽子	追索构造线、断层、探察残积坡积层及风化岩层的厚度和岩性
竖井	形状与浅井相同,但深度可超过 20 m,一般在平缓山地、漫滩、阶地等岩层较平缓的地方,有时需要进行支护	了解覆盖层厚度及性质、构造线、岩石破碎情况,岩溶、滑坡等,对岩层倾角较缓时效果较好
平硐	在地面有出口的水平坑道,深度较大,适用于岩层产状较陡的基岩岩层探察	调查斜坡地质构造,对查明地层岩性、软弱夹层、破碎带、风化岩层效果较好,也可以进行取样或做原位试验

竖井、平硐一般用于坝址、地下工程、大型边坡工程等的勘察中,其深度、长度及断面的位置等可按工程需要确定。

对坑探工程(探井、探槽、探洞、竖井、平硐等)进行观测时,除进行文字记录外,还需要绘制剖面图、展示图,以反映井、槽、洞壁及其底部的岩性、地层分界、构造特征,如进行取样或原位试验时,还要在图上标明取样和原位试验的位置,并附以代表性部位的彩色照片。

坑探工程展示图是坑探工程编录的主要内容。所谓展示图,就是沿坑探工程的壁、底面所编制的地质断面图,是按一定的制图方法将三维空间的图形展开在平面上。由于它所表示的坑探成果一目了然,故在岩土工程勘探中广泛应用。

4.1.2.1　**探槽展示图**

一般表示槽底和一个侧壁的地质断面,有时将两端壁也绘出(见图 4-7)。

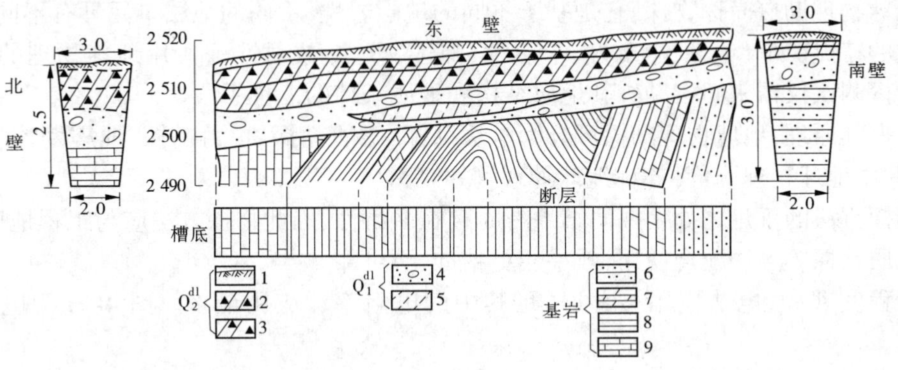

1—表土层;2—含碎石粉砂土;3—含碎石粉质黏土; 4—含碎石和卵石的砂土;

5—黏质砂土;6—细粒云母砂岩;7—白云岩;8—页岩;9—灰岩

图 4-7　探槽展示图

4.1.2.2　试坑(浅井、竖井)展示图

此类铅直坑探工程的展示图,其展开方法有两种:

(1)四壁辐射展开法。即以坑(井)底为平面,将四壁各自向外翻转投影而成(见图4-8),一般适用于作试坑展示图。

(2)四壁平行展开法。即四壁连续平行排列(见图4-9),一般用于浅井和竖井。

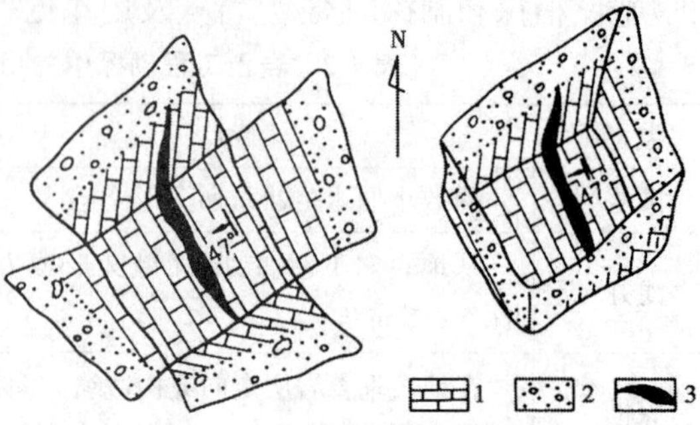

1—石灰岩;2—覆盖层;3—软弱夹层

图4-8　用四壁辐射展开法绘制的试坑展示图

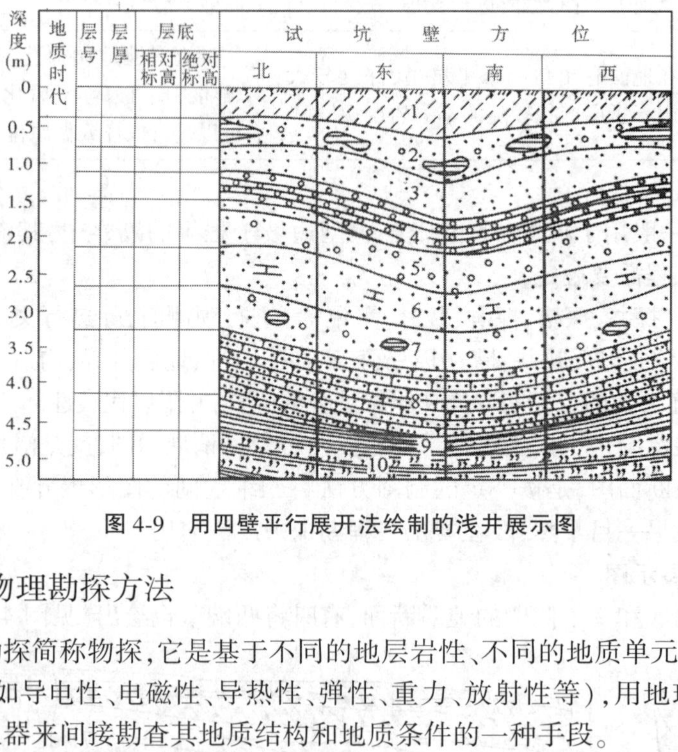

图4-9　用四壁平行展开法绘制的浅井展示图

4.1.3　地球物理勘探方法

地球物理勘探简称物探,它是基于不同的地层岩性、不同的地质单元具有不同的物理学性质的特点(如导电性、电磁性、导热性、弹性、重力、放射性等),用地球物理的方法和各种物探测试仪器来间接勘查其地质结构和地质条件的一种手段。

根据其原理,地球物理勘探可分为电法勘探、磁法勘探、重力勘探、地震勘探、放射性勘探、井中地球物理测量(亦称地球物理测井)等。

物探方法的不足之处是探测结果有时存在多解性,因此物探方法应与工程地质测绘、工程地质钻探等方法配合使用,效果会更精准、更可靠。

工程实践中,电法应用最普遍,且其中的电阻率法应用最多。图4-10为电阻率测试仪。

物探方法是一种先进的地质、工程地质调查手段,但它能否取得良好效果,还取决于一系列自然条件和人为因素。使用条件是:

(1)探测对象(岩层或含水带)与围岩之间存在比较显著的物性差异;其物性差异,要

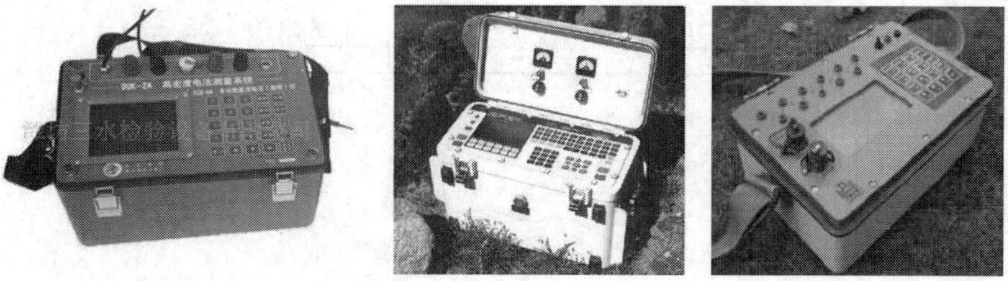

图 4-10　电阻率测试仪

有一定的异常幅度,并能在所探测的深度内被目前使用的物探仪器测出来。

(2)探测对象呈现的异常现象,能与其他自然和人为干扰因素引起的异常现象很好区分。

(3)探测对象有一定的规模(厚度或范围)、埋藏不能太深、其他自然和人为干扰因素(地形坡度、切割程度、浮土厚度、工业地电、地下金属管道等)的影响不能太强烈。

图 4-11 是云南某水库工区采用联合剖面法、电测深法的电测综合剖面图,其对地层岩性的解释与钻孔揭露情况完全一致。

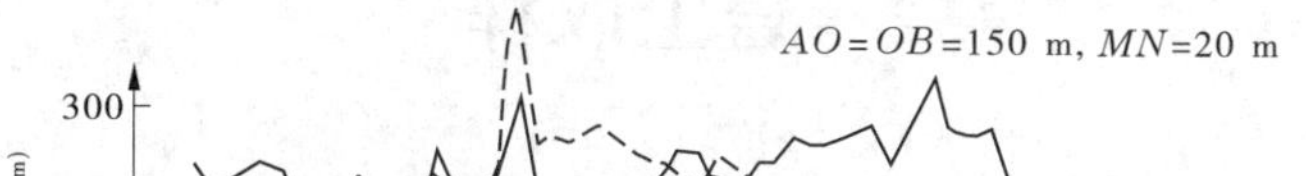

1—石灰岩;2—页岩;3—粉土;4—联合剖面法 ρ_s 曲线;5—电测深等 ρ_s 断面图;6—断层

图 4-11　××工区电测综合剖面图

地质雷达是近年来发展起来的一种新方法,属于交流电法勘探的一种方法,其方法原理见图 4-12。地质雷达的优点是,分辨能力强,解释精度高,不受高阻屏蔽层及水平层、各向异性的影响,他对探查浅部介质体,如覆盖层厚度、基岩强风化带埋深、溶洞及地下洞室和管线等非常有效。

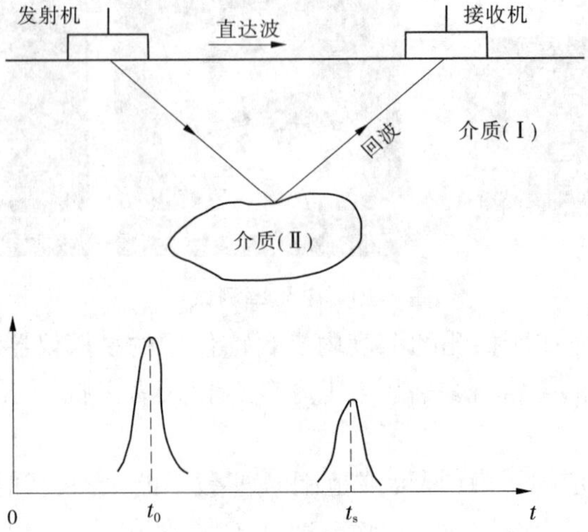

图 4-12　地质雷达探测原理示意图

4.2　岩土取样

4.2.1　岩土质量等级划分

工程地质钻探的任务之一是采取岩土的试样，用来对其进行观察、鉴别或进行各种物理力学的试验。要尽量采取原状土样，所谓“原状土样”，是指能保持原有的天然结构未受破坏的土样。相应地，如果试样的天然结构已遭受破坏，则称为“扰动土样”。

按照取样方法和试验目的的不同，现行的岩土工程勘察规范将其划分成 4 个质量等级，具体见表 4-3。

表 4-3　土试样质量等级划分

土样级别	扰动程度	试验内容
Ⅰ	不扰动	土类定名、含水量、密度、强度试验、固结试验
Ⅱ	轻微扰动	土类定名、含水量、密度
Ⅲ	显著扰动	土类定名、含水量
Ⅳ	完全扰动	土类定名

注：1. 不扰动是指原位应力状态虽已改变，但土的结构、密度、含水量变化很小，可以满足各项室内试验要求。
2. 如确无条件采取Ⅰ级土样，在工程技术条件允许的情况，可用Ⅱ级土样代替，但宜先对土样受扰动程度做出鉴定，判定用于试验的适用性，并结合地区经验使用试验成果。

4.2.2　取样方法、取样工具和取样要求

钻孔取样，采用钻孔取土器。

4.2.2.1　取土器基本技术参数

取土器的取土质量，首先取决于取样管的几何尺寸和形状。目前，国内外钻孔取土器

有贯入式和回转式两大类(见图 4-13),其尺寸、规格不尽相同。以国内主要使用的贯入式取土器来说,有两种规格的取样管,如图 4-14 所示。其技术参数主要有:①取样管直径(D);②面积比(C_a);③内间隙比(C_i);④外间隙比 C_0;⑤取样管长度(L);⑥刃口角度(α)。

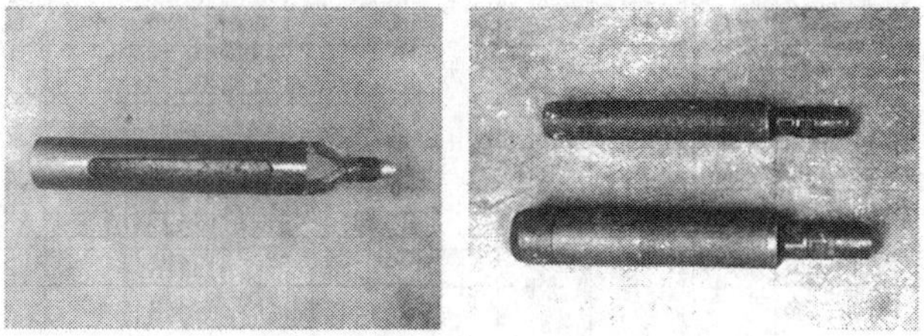

图 4-13　取土器

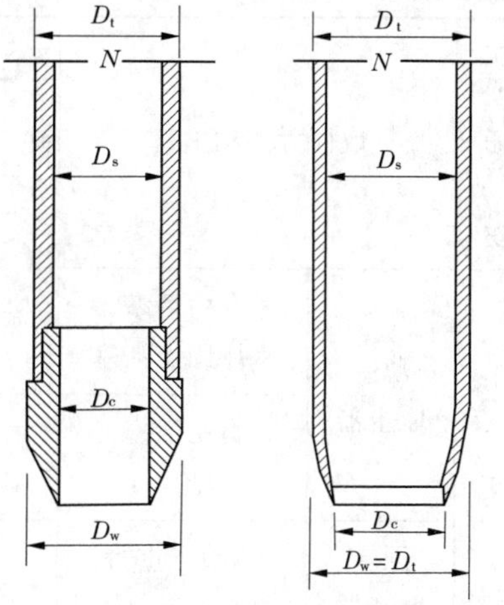

图 4-14　取样管规格

4.2.2.2　贯入式取土器

采用贯入式取土器取样时,采用击入或压入的方法将取土器贯入土中。这类取土器又可分为敞口取土器(见图 4-15~图 4-17)和活塞取土器两类。

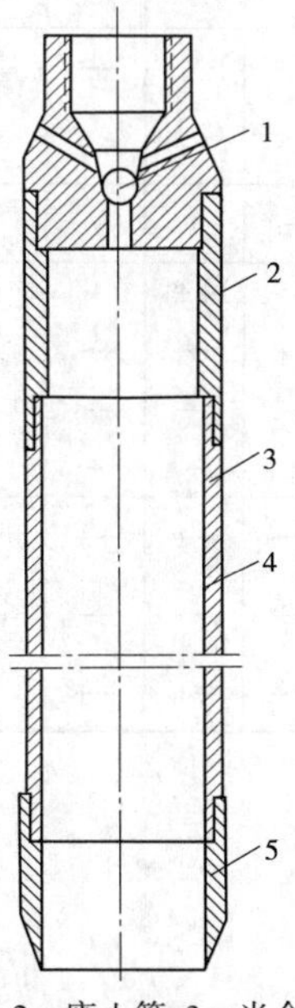

1—球阀;2—废土管;3—半合取样管;
4—衬管;5—加厚管靴

图 4-15　敞口厚壁取土器

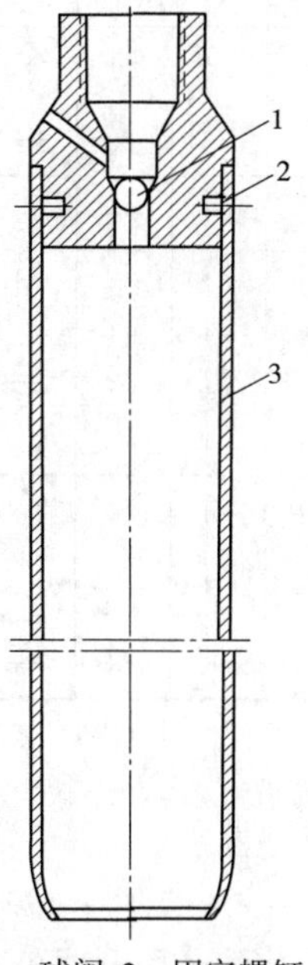

1—球阀;2—固定螺钉;
3—薄壁取样管

图 4-16　敞口薄壁取土器

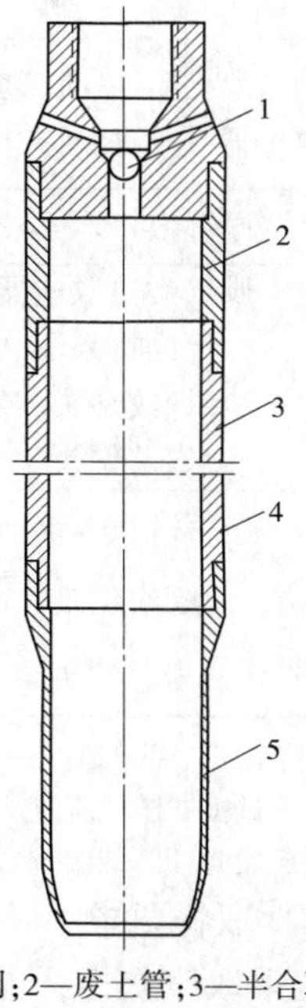

1—球阀;2—废土管;3—半合取样管;
4—衬管或环刀;5—束节取样管靴

图 4-17　束节式取土器

4.2.2.3　回转式取土器

回转式取土器的基本结构与岩芯钻探的双层岩芯管相同，可分为单动和双动两类。

不同质量等级土试样的取样方法和工具见表 4-4。

表 4-4　不同质量等级土试样的取样方法和工具

土试样质量等级	取样方法和工具		适用土类										
			黏性土					粉土	砂土				砾砂、碎石、软岩
			流塑	软塑	可塑	硬塑	坚硬		粉砂	细砂	中砂	粗砂	
Ⅰ	薄壁取土器	自由活塞	++	++	+	—	—	+	+	—	—	—	—
		水压固定活塞	++	++	+	—	—	+	+	—	—	—	—
		自由活塞	—	+	++	—	—	+	+	—	—	—	—
		敞口	+	+	+	—	—	+	+	—	—	—	—
	回转取土器	单动三重管	—	+	++	++	+	++	++	++	—	—	—
		双动三重管	—	—	—	+	++	—	—	—	++	++	+
	探井（槽）中刻取块状土样		++	++	++	++	++	++	++	++	++	++	++
Ⅱ	薄壁取土器	水压固定活塞	++	++	+	—	—	+	+	—	—	—	—
		自由活塞	+	++	++	—	—	+	+	—	—	—	—
		敞口	++	++	++	—	—	+	+	—	—	—	—
	回转取土器	单动三重管	—	+	++	++	+	++	++	++	—	—	—
		双动三重管	—	—	—	+	++	—	—	—	++	++	++
	厚壁敞口取土器		+	++	++	++	++	+	+	+	+	+	—
Ⅲ	厚壁敞口取土器		++	++	++	++	++	++	++	++	++	+	—
	标准贯入器		++	++	++	++	++	++	++	++	++	++	—
	螺纹钻头		++	++	++	++	++	+	—	—	—	—	—
	岩芯钻头		++	++	++	++	++	++	+	+	+	+	+
Ⅳ	标准贯入器		++	++	++	++	++	++	++	++	++	++	—
	螺纹钻头		++	++	++	++	++	+	—	—	—	—	—
	岩芯钻头		++	++	++	++	++	++	++	++	++	++	++

注：1. ++：适用；+部分适用；—不适用。

2. 采取砂土试样时，应有防止试样失落的补充措施。

3. 有经验时，可采用束节式取土器代替薄壁取土器。

4.2.2.4　取样要求

（1）采取原状土样的钻孔，其孔径必须比取土器外径大一个等级。

（2）在地下水位以上应采用干法钻进，不得注水或使用冲洗液。

（3）在地下水位以下钻进应采用通气通水的螺旋钻头、提土器或岩芯钻头。

（4）尽量采用回转钻进，在采取原状土样的钻孔中，不宜采用振动或冲击方式钻进。

4.2.3　探井、探槽取样的一般要求

在探井、探槽中采取的原状土试样（见图 4-18），宜用盒装。

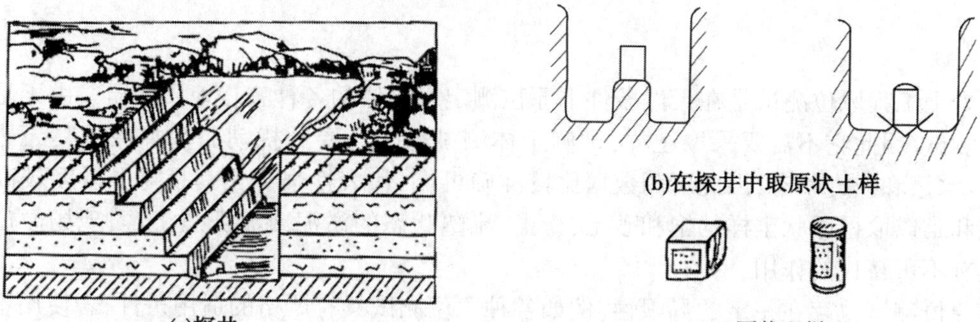

(a)探井　(b)在探井中取原状土样　(c)原状土样

图 4-18　坑探及取样示意图

取样时应整平取样处的表面，按土样容器净空处的轮廓，除去四周土体，形成土柱，套上容器边框，挖开土样根部，使之与母体分离，再颠倒过来削去根部多余土料。土样容器可用ϕ 120 mm×200 mm 等规格。

思考题与习题

1. 工程地质勘探有哪些种类？

2. 简述钻探的程序和方法。

3. 对钻探有哪些要求？

4. 如何布置工程地质钻孔？

5. 如何进行岩芯和钻探资料编录？

6. 简述井探、槽探、洞探的概念和作用。

7. 如何编绘井探、槽探、洞探展示图？

8. 什么是地球物理勘探？有何优点？

9. 什么是原状土样？岩土质量等级如何划分？

10. 钻孔取样器有哪些种类？对取样有什么要求？

11. 如何进行探井、探槽和探坑的取样？

12. 某钻孔在钻进过程中，钻机某回次进尺为 5.0 m，提取岩芯长 4 m，并已知上回次残留岩芯进尺为 0.2 m，本回次残留岩芯进尺为 0.3 m，求该回次岩芯采取率（K_u）。

（参考答案：K_u=81.63%。）

提示：当有残留岩芯时，岩芯采取率（K_u）计算公式为：

$$K_u = \frac{L_0}{L - D_1 + D_2} \times 100\%$$

式中：K_u 为回次岩芯采取率（%）；L 为本回次进尺，m；L_0 为本回次提取岩芯总长度，m；D_1 为本回次残留岩芯长度，m；D_2 为上回次残留岩芯长度，m。

第 5 章　岩土工程原位测试

岩土工程原位测试是在天然条件下原位测定岩土体的各种工程地质性质。由于是在原位测试,因此它不需要采取土样,被测土体测试前不会受到扰动而基本保持其天然结构、含水量和应力状态,因此所测数据比较准确可靠,代表性强。尤其是对灵敏度较高的软土和难以取得原状土样的饱和砂土、粉土、流塑状态的淤泥或淤泥质土等,现场原位测试具有不可替代的作用。

原位测试也存在一定的局限性,例如各种原位测试具有严格的适用条件,若使用不当会影响其效果,甚至会得到错误的结论。与室内试验相比,原位测试成本和费用相对较高。

原位测试的方法有很多种,本章主要介绍几种常用的原位测试方法:静力载荷试验、静力触探试验、圆锥动力触探试验、标准贯入试验等。

5.1　静力载荷试验

5.1.1　静力载荷试验的概念、目的和试验类型

静力载荷试验简称载荷试验,就是在拟建建筑场地上,在挖至设计的基础埋置深度的平整坑底放置一定规格的方形或圆形承压板,在其上逐级施加荷载,测定相应荷载作用下地基土的稳定沉降量,分析研究地基土的强度与变形特性,求得地基土容许承载力与变形模量等力学数据。由此可见,静力载荷试验实际上是一种与建筑物基础工作条件相似而且直接对天然埋藏条件下的土体进行的现场模拟试验。所以,该方法用于对建筑物地基承载力的确定,比其他测试方法更接近实际,结果比较可靠,试验结果可直接用于工程设计。

地基静力载荷试验的目的有四个:

(1)确定地基土的承载力,包括地基的临塑荷载和极限荷载。

(2)推算试验荷载影响深度范围内地基土的平均变形模量。

(3)估算地基土的不排水抗剪强度。

(4)确定地基土基床反力系数。

载荷试验按试验深度分为浅层载荷试验和深层载荷试验,按承压板形状有平板和螺旋板之分,按用途可分为一般载荷试验和桩载荷试验,按载荷性质可分为静力载荷试验和动力载荷试验。这里主要讨论浅层平板静力载荷试验。

5.1.2　静力载荷试验的基本原理

根据每级荷载作用下荷载板的稳定沉降量即可得到荷载-沉降关系曲线,即 p-s 曲线,典型的 p-s 曲线按其所反映土体的应力状态,一般可划分为三个阶段(见图 5-1)。

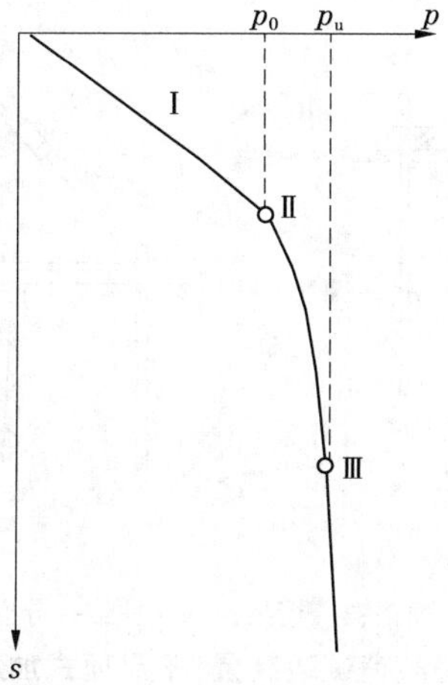

p_0—比例界限荷载；p_u—极限荷载；Ⅰ—压密弹性变形阶段；Ⅱ—塑性变形阶段；Ⅲ—整体剪切破坏阶段

图 5-1　压力(p)-沉降(s)关系曲线

(1)第Ⅰ阶段：为近似直线阶段，从 p-s 曲线原点开始到直线段的终点为止。属压密弹性变形阶段。阶段的终点，已处于极限状态，称为比例界限荷载 p_0(也称临塑荷载)。

(2)第Ⅱ阶段：从临塑压力 p_0 到 p_u 之间的曲线段。曲线的斜率随压力 p 的增大而增大。该阶段的终点 p_u，称为极限荷载。该阶段主要为塑性变形区。荷载板沉降是由土体的塑性变形引起的，所以该阶段又称为塑性变形阶段。

(3)第Ⅲ阶段：从极限压力荷载 p_u 以后，沉降急剧增加。这一阶段的显著特点是，即使不再增加荷载，承压板的沉降量也会不断增加。此时由于土体中已形成连续的滑动面，土从承压板下挤出、隆起、破坏。该阶段在滑动土体范围内各点的剪应力均达到或超过土的抗剪强度，沉降主要是由土体剪切破坏引起的，因此该阶段又称为整体剪切破坏阶段。

当荷载板的压力 $p<p_0$ 时，地基土的变形可以认为是线弹性的，如果在荷载板的影响深度范围内土层为均质，则可依据 p-s 曲线求得土的承载力、抗剪强度和变形模量等。

5.1.3　试验仪器设备

静力载荷试验的试验仪器设备有多种类型，图 5-2 是常用的静载荷试验装置(千斤顶式加压装置)。试验设备由承压板、加荷系统和观测系统几个部分组成。

5.1.3.1　承压板

承压板的用途是将所施加的荷载均匀传递到地基土中。承压板多采用钢板制成，形状一般以方形和圆形为主。按照规定，浅层平板载荷试验，承压板的面积不应小于 0.25 m^2。实用中一般采用 500 mm × 500 mm 的方形尺寸。

5.1.3.2　加荷系统

加荷系统的功能是向承压板施加所需的荷载。加荷方式可分为两种，即重物加荷和油压千斤顶反力加荷。目前最常用的是油压千斤顶反力加荷系统(见图 5-2)，施加的荷载通过与油压千斤顶相连的油泵上的油压表来测读和控制。加荷系统须配置地锚反力才

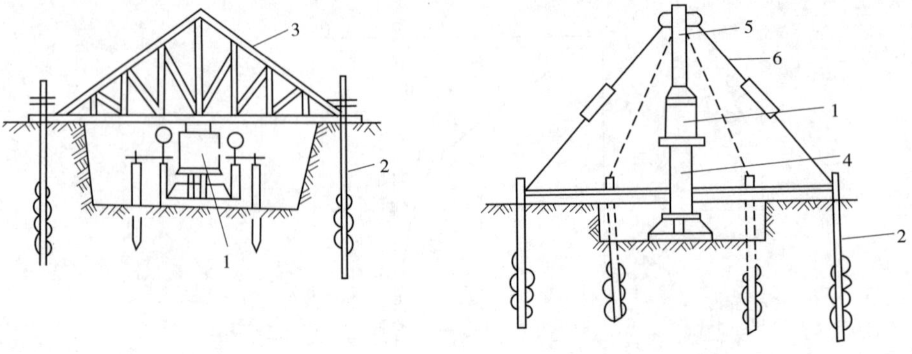

(a) 钢桁架式装置　　(b) 拉杆式装置

1—千斤顶;2—地锚;3—桁架;4—立柱;5—分立柱;6—拉杆

图 5-2　静载荷试验装置(千斤顶式加压装置)

能发挥作用。

5.1.3.3　**观测系统**

观测系统一般分为两个部分:①压力观测系统。由于千斤顶的油压泵所配压力表可以指示所加的压力,因此一般不需要再专门设立压力观测系统,而仅需要利用油泵压力表的读数进行换算即可得到所施加的荷载大小。②沉降观测系统。一般用脚手钢管构成观测支架,再在支架上安装观测仪表即可构成沉降观测系统,观测仪表有百分表和位移传感器两种。

5.1.4　静力载荷试验的技术要求(试验要点)

(1) 静力载荷试验的试验地点布置在场地中有代表性的位置,浅层平板载荷试验的承压板的底部标高应与基础底部的设计标高相同。

(2) 浅层平板载荷试验的试坑宽度或直径不应小于承压板宽度或直径的 3 倍。

(3) 应避免试坑或试井底部的岩土受到扰动而破坏其原有的结构和湿度,并在承压板下铺设不超过 2 mm 厚度的中粗砂垫层找平。

(4) 载荷试验加载方式应采用分级维持荷载沉降相对稳定法(常规慢速法);当有地区经验时,可采用分级加载沉降非稳定法(快速法)或等沉降速率法;加载等级宜取 10~12 级,并不少于 8 级。每级荷载增量为预估极限荷载的 1/10~1/8。当不易预估极限荷载时,可参考以下数值:软塑黏性土、粉土、稍密砂土 15~25 kPa,可塑—硬塑黏性土、粉土、中密砂土 25~50 kPa,坚硬黏性土、粉土、密实砂 50~100 kPa,碎石土、风化岩石 100~200 kPa。

(5) 沉降板的沉降可采用百分表或电测位移计测量,其精度不应低于±0.1 mm。

(6) 对慢速法,当试验对象为土体时,每级加载后,间隔 5 min、5 min、10 min、10 min、15 min、15 min 测读一次沉降,以后每隔 30 min 测读一次沉降,当连续两次出现每小时沉降≤0.1 mm,可以认为沉降已达到稳定状态,可以施加下一级荷载。

(7) 当出现下列情况之一时,可终止试验:

①承压板周围的土出现明显侧向挤出,周边岩土出现明显隆起或径向裂缝持续发展。

②本级载荷的沉降量大于前一级荷载下沉降量的 5 倍,荷载-沉降关系曲线(p-s 曲线)出现明显陡降。

③某级荷载下 24 h 沉降速率不能达到相对稳定标准。

④总沉降量与承压板的直径或宽度之比超过 0.06。

5.1.5　试验成果及应用

静力载荷试验的主要成果可以用荷载-沉降关系曲线(p-s 曲线,见图 5-1)和对数压力-对数沉降($\lg p$-$\lg s$ 曲线,见图 5-3)及 $p-\dfrac{\Delta s}{\Delta p}$曲线(其中 Δp 为荷载增量,Δs 为相应的沉降增量,见图 5-4)来表示。它们可以用于以下几个方面:

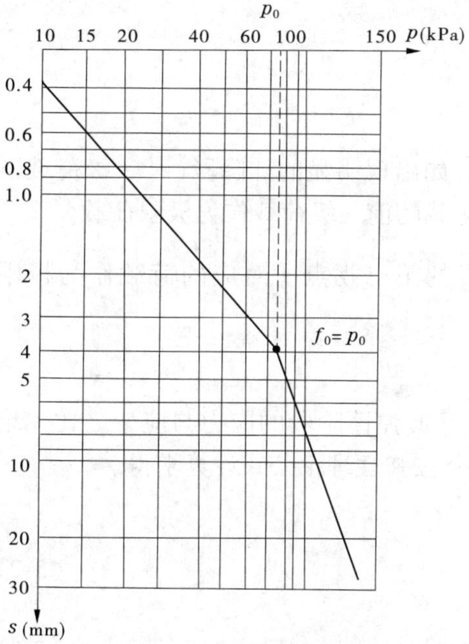

图 5-3　**静载荷试验** $\lg p$-$\lg s$

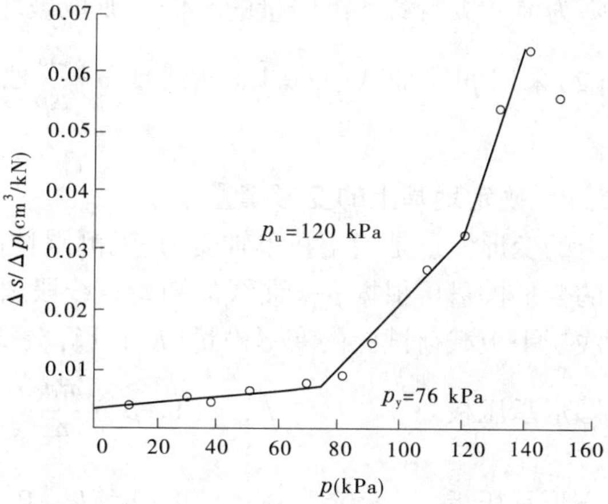

图 5-4　**静载荷试验** $p-\dfrac{\Delta s}{\Delta p}$**曲线**

5.1.5.1　确定地基土的承载力

利用静载荷试验确定地基土的承载力,应根据 p-s 曲线的拐点,必要时要结合 s-$\lg t$ 曲线的特征综合确定,具体方法有以下几种。

1. *拐点法*

当 p-s 曲线具有明显的直线段(见图 5-1),一般即取直线段结束位置(拐点处)对应的荷载(比例界限荷载 p_0)作为地基土的容许承载力。拐点不太明显时,可用 $\lg p$-$\lg s$ 曲线(见图 5-3)或 $p-\dfrac{\Delta s}{\Delta p}$曲线(见图 5-4)寻找拐点。特别是在双对数坐标上,$\lg p$-$\lg s$ 曲线的开始段线性关系很好,拐点很容易确定。

2. 相对沉降法

当采用上述方法无法确定拐点时，可以采用相对沉降量来确定地基土的容许承载力。当承压板面积为 0.25～0.5 m^2 时，对于低压缩性土和砂性土，在 p-s 曲线上，取 s/b=0.01～0.015（b 为承压板宽度）所对应的荷载作为地基土承载力的容许值，对于中、高压缩性的土，取 s/b=0.02 所对应的荷载作为地基土容许承载力。

3. 极限荷载法

当 p-s 曲线存在明显的比例界限荷载（p_0），且极限荷载（p_u）容易确定，并与比例界限荷载相差很小时（两者比值<1.5），将 p_u 除以安全系数 K（一般取 2）作为地基土的容许承载力；当两者相差很大时，可按式（5-1）计算地基承载力基本值：

$$f_0 = p_0 + \frac{p_u - p_0}{F_s} \tag{5-1}$$

式中　f_0——地基承载力基本值；

F_s——经验系数，一般取 2～3。

地基极限承载力可用如下方法确定：

（1）当载荷试验的 p-s 曲线已加载到破坏阶段，如出现明显的陡降段（某一级荷载下的沉降为前一级荷载下沉降量的 5 倍），则取破坏荷载的前一级荷载作为极限荷载。

（2）采用 p-s 曲线、$\lg p$-$\lg s$ 曲线或 $p-\frac{\Delta s}{\Delta p}$ 曲线的第二拐点所对应的荷载作为极限荷载。

5.1.5.2　**确定地基土的变形模量**

土的变形模量是指土在单轴受力、无侧限情况下似弹性阶段的应力与应变之比。地基土的变形模量可根据 p-s 曲线的初始直线段斜率，按弹性理论公式计算求得。

浅层平板载荷试验的变形模量（E_0）计算公式为：

圆形承压板　$$E_0 = (1-\mu^2)\frac{\pi d}{4}\frac{p}{s} \tag{5-2}$$

方形承压板　$$E_0 = (1-\mu^2) b \frac{p}{s} 0.886 \tag{5-3}$$

式中　E_0——试验土体的变形模量，MPa；

d——圆形承压板的直径，m；

b——方形承压板的宽度，m；

p——p-s 曲线的初始直线段内，某点处的荷载，kPa；

s——与 p 对应的沉降量，mm；

μ——地基土的泊松比，即横向应变（ε_x）与纵向应变（ε_z）的比值，$\mu = \frac{\varepsilon_x}{\varepsilon_z}$，可按表 5-1 选取。

表 5-1　土类泊松比(μ)的检验值

土类别	碎石土类	砂类土	粉土	粉质黏土	黏土
泊松比(μ)	0.27	0.3	0.35	0.38	0.42

5.2　静力触探试验

5.2.1　静力触探试验的含义、目的和基本原理

静力触探试验是把具有一定规格的圆锥形探头用静力(机械力)以一定的速率匀速压入土中,并测定探头阻力等参数的一种原位测试方法。由于贯入阻力的大小与土层的性质有关,因此通过测定贯入阻力,可以达到了解土层工程地质性质的目的。

1917 年瑞典正式使用静力触探试验,目前在我国已广泛应用。它的优点是具有勘探与测试的双重作用,测试连续、自动化,测试数据精度高,效率好、功能多,便于应用。

静力触探试验主要适合于黏性土、粉土和中等密实度以下的砂土等土质情况,测试深度 80 m 以内。

静力触探的目的和作用主要有以下四个方面:

(1)根据贯入阻力曲线的形态特征变化幅度划分土层。

(2)评价地基土的承载力。

(3)估算地基土层的物理力学参数。

(4)选择桩基持力层、估算单桩承载力。

静力触探试验的基本原理是:通过一定的标准静力,将标准规格的圆锥形金属探头垂直均匀地压入土中,利用探头内的力传感器,通过电子量测仪器测定土层对探头的贯入阻力。由于贯入阻力的大小与土层的性质有关,因此通过测定贯入阻力,可以分析研究土层的工程地质性质。由于贯入阻力的机制较为复杂,因此目前根据贯入阻力仍用经验公式计算土的物理力学参数。

5.2.2　试验设备

静力触探试验设备主要由三部分组成:一是探头,二是贯入装置,三是量测系统。

5.2.2.1　探头

目前常用的探头主要分为单桥探头、双桥探头和多用探头,前两者使用较多,其规格见图 5-5 和表 5-2。

(1)单桥探头:在锥尖上部带有一定长度的侧壁摩擦筒,见图 5-5(a),它只能测定一个触探指标,即比贯入阻力,它是总贯入阻力与锥尖底面积之比。

$$p_s = \frac{P}{A} \tag{5-4}$$

式中　p_s——比贯入阻力;

p——总贯入阻力；
A——锥尖面积。

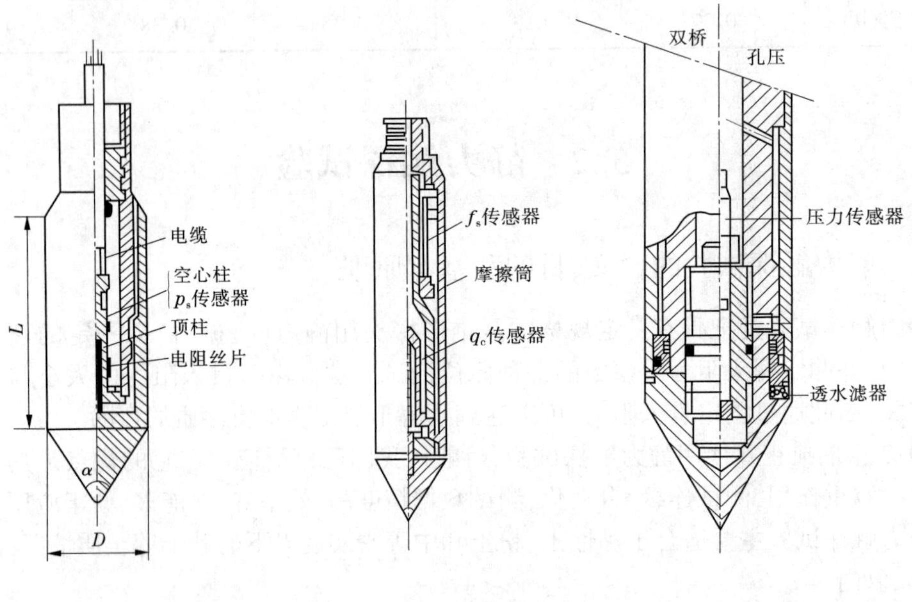

(a)单桥探头　　(b)双桥探头　　(c)多用探头(孔压探头)

图 5-5　静力触探探头类型

表 5-2　静力触探探头规格

锥头截面面积 $A(cm^2)$	探头直径 d (mm)	锥角 (°)	单桥探头	双桥探头	
			有效侧壁长度 L (mm)	摩擦筒侧壁面积 (cm^2)	摩擦筒长度 L (mm)
10	35.7	60	57	200	179
15	43.7		70	300	219
20	50.4		81	300	189

单桥探头精度相对较低。

(2)双桥探头：它是将锥尖与侧壁摩擦筒分开，见图 5-5(b)，因而能同时测定锥尖阻力 q_c 和侧壁摩擦力 f_s。锥尖阻力 q_c 和侧壁摩擦力 f_s 分别定义为：

$$q_c = \frac{Q_c}{A} \tag{5-5}$$

$$f_s = \frac{p_f}{F} \tag{5-6}$$

式中　Q_c、A——锥尖总阻力和锥底截面积；

p_f、F——侧壁总摩擦力和摩擦筒侧面积。

双桥探头的精度较高。

由锥尖阻力 q_c 和侧壁摩擦力 f_s 还可得到摩阻比 R_f：

$$R_f = \frac{f_s}{q_c} \tag{5-7}$$

(3)多用探头：又称孔压探头。它是将双桥探头再安装一个透水滤器和孔隙水压力传感器，可同时测定锥尖阻力、侧壁摩擦力和孔隙水压力，见图 5-5(c)。

5.2.2.2　贯入装置

贯入装置由以下两部分组成：

(1)给触探杆加压的压力装置。常见的压力装置有三种：①手摇链条式(见图 5-6)；②液压传动式(见图 5-6)；③电动丝杆式。

图 5-6　静力触探仪和静力触探车

(2)提供加压所需反力的系统。反力系统主要有两种：①利用旋入地下的地锚的抗拔力提供反力，通常情况下，单个地锚可提供 10~30 kN 的抗拔力；②利用重物提供加压反力。目前，常见的是利用物探车的自重作为压重反力。

5.2.2.3　量测系统

通常，采用传感器和电子测试仪表测量贯入阻力。触探头在贯入土层的过程中其变形柱会随探头遇到的土阻力大小产生相应的变形，因此通过量测变形便可反算出土层阻力的大小。一般是通过贴在其上的应变片来测量的。应变计通过配套的测量电路及位于地表的读数和自动记录装置来完成整个过程。一般而言，自动记录装置可以绘制出贯入阻力随深度的变化曲线，因而可以直观地反映出土层力学性质随深度的变化情况。

5.2.3　静力触探试验的技术要求(试验要点)

(1)率定探头：求出地层阻力和仪表读数的关系，以得到探头率定系数，一般在室内进行。新探头或使用一个月后的探头都应及时进行率定。

(2)平整场地：现场测试前应平整场地，放平压入主机，使探头与地面垂直，下好地锚，固定压入主机。

(3)触探头应匀速垂直地压入土中，贯入速率为 1.2 m/min。

(4)深度记录误差不应大于触探深度的±1%。

(5)当贯入深度大于 30 m，或穿过厚层软土层再贯入硬土层时，应采取措施防止孔斜或触探杆断裂。

(6)孔压探头在贯入前,应在室内保证探头应变腔为已排除气泡的液体所充满,并在现场采取措施保证探头应变腔的饱和状态,直至探头进入地下水位以下的土层。

5.2.4　静力触探试验的成果及应用

静力触探试验的主要成果有(见图 5-7):

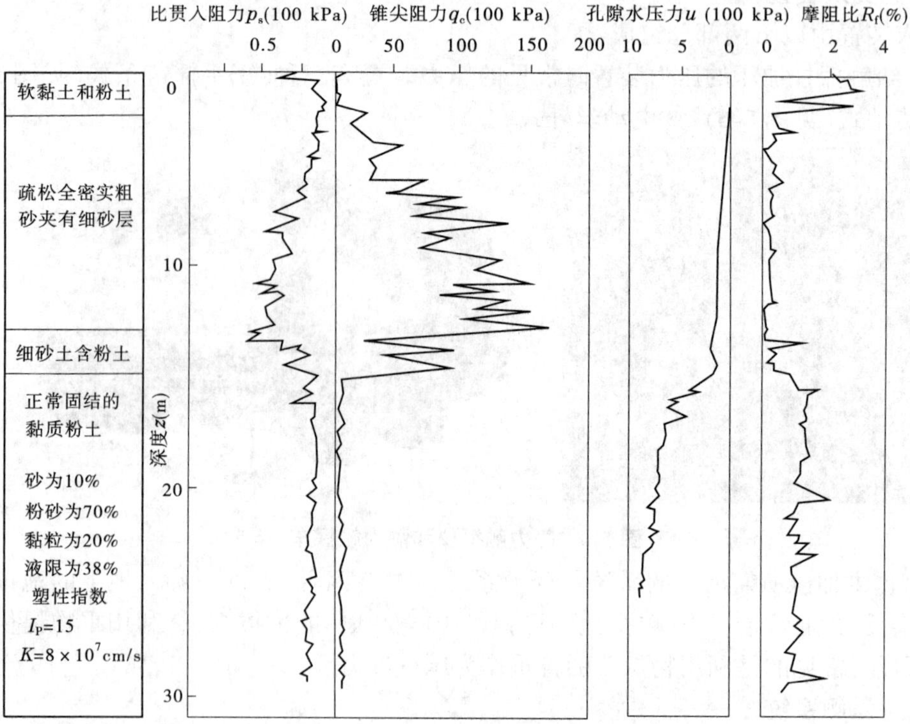

图 5-7　静力触探成果曲线

单桥探头:比贯入阻力 p_s-深度 h 关系曲线。

双桥探头:锥尖阻力 q_c-深度 h 关系曲线,侧壁摩擦力 f_s-深度 h 关系曲线,摩阻比 R_f-深度 h 关系曲线。

孔压探头,除上述曲线外,还应有初始孔隙水压力 u_i-深度 h 关系曲线。

静力触探成果主要用于以下几个方面。

5.2.4.1　划分地层界线

土层界线划分是岩土工程勘察工作的一个重要内容。特别是在桩基工程设计中,对桩尖持力层顶面标高的准确确定和桩的施工长度确定具有十分重要的意义。

(1)根据探头阻力大小和曲线形状进行综合判定。一般规律是当上下层阻力相差不大时,曲线变化段的中间深度即为层面深度。

(2)当贯入阻力相差 1 倍以上时,土层分界线的确定必须考虑到试验时超前和滞后的影响。当由软土层进入硬土层(或由硬土层进入软土层)取软土层最后一个(或第一个)贯入阻力小值偏向硬土层 10 cm 处作为分层界线(见图 5-8)。

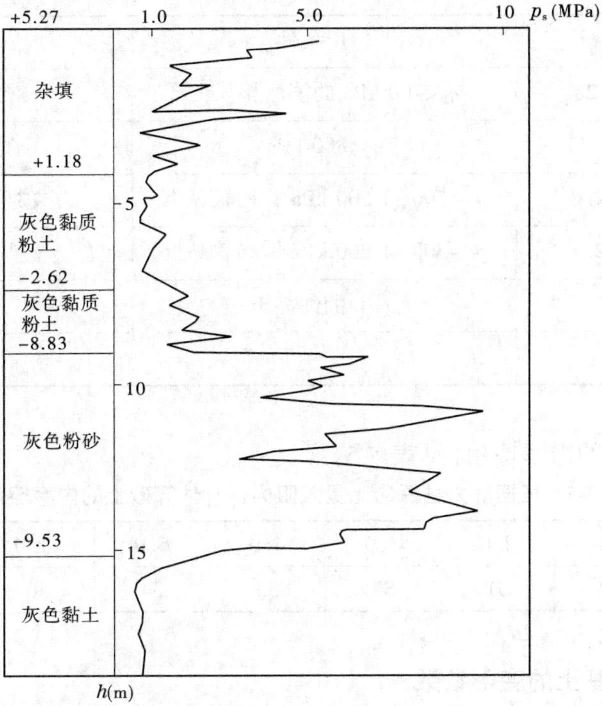

图 5-8　静探比贯入阻力 p_s-深度 h 曲线

5.2.4.2　判定场地土的类别

一般,根据摩阻比 R_f 和比贯入阻力 p_s(或锥尖阻力 q_c)的值共同判别土的类型(见表 5-3)。

表 5-3　双桥探头测试结果划分土层类别

土名	铁道部标准		交通部一航局	
	q_c(MPa)	R_f(%)	q_c(MPa)	R_f(%)
淤泥质土及软黏土	0.2~1.7	0.5~3.5	<1	10~13
黏土	1.7~9	0.25~5.0	1~1.7	3.8~5.7
粉质黏土			1.4~3	2.2~4.8
粉土	2.5~20	0.6~3.5	3~6	1.1~1.8
砂类土	2~32	0.3~1.2	>6	0.7~1.1

5.2.4.3　评定地基土的强度参数

(1)估算饱和黏性土的不排水抗剪强度 C_u。

一般采用经验公式估算饱和黏性土的不排水抗剪强度 C_u,见表 5-4。

表 5-4　根据静力触探结果估算饱和黏性土不排水抗剪强度 C_u 的经验公式

经验公式	适用条件	来源
$C_u=0.071q_c+1.28$	q_c<700 kPa 的滨海相软土	同济大学
$C_u=0.039q_c+2.7$	q_c<800 kPa	铁道部
$C_u=0.0308p_s+4.0$	p_s=100~1 500 kPa 新港软黏土	交通部一航局设计院
$C_u=0.0696p_s-2.7$	p_s=300~1 200 kPa 饱和软黏土	武汉静探联合组
$C_u=0.1q_c$	$\varphi=0$ 的纯黏土	日本
$C_u=0.1q_c$		Meyerhof

(2)估算砂土的内摩擦角(见表 5-5)。

表 5-5　根据静力触探的比贯入阻力(p_s)估算砂土的内摩擦角(φ)

p_s(MPa)	1.0	2.0	3.0	4.0	6.0	11.0	15	30
φ(°)	29	31	32	33	34	36	37	39

5.2.4.4　确定地基土的变形参数

主要是估算地基土的压缩模量 E_s。

(1)黏性土的压缩模量。一般按下式计算:

$$E_s=\xi q_c \tag{5-8}$$

式中　ξ——经验系数,各类土的经验系数取值见表 5-6。

表 5-6　计算黏性土压缩模量时不同土的经验系数取值

土类	q_c(MPa)	ω(%)	ξ
低塑性黏土	<0.7		3~8
	0.7~2.0		2~5
	>2.0		1~2.5
低塑性粉土	>2.0		3~6
	<2.0		1~3
高塑性黏土和粉土	<2.0		2~6
有机质粉土	<1.2		2~8
		50<ω<100	1.5~4
泥炭和有机质黏性土		100<ω<200	1~1.5
		ω>200	0.4~1

注:表中 ω 指土的含水量。

(2)砂土的压缩模量 E_s：与比贯入阻力 p_s 的关系见表 5-7。

表 5-7　根据比贯入阻力 p_s 估算砂土压缩模量 E_s

p_s(MPa)	0.5	0.8	1.0	1.5	2.0	3.0	4.0	5.0
E_s(MPa)	2.6~5.0	3.5~5.6	4.1~6.0	5.1~7.5	6.0~9.0	9.0~11.5	11.5~13.0	13.0~15.0

5.2.4.5　评定地基土的承载力

利用静力触探试验结果评定地基土承载力的问题，目前仍用经验公式。例如：

对于一般黏性土

$$f_0 = 0.05p_s + 73 \tag{5-9}$$

对于粉土

$$f_0 = 36p_s + 44.6 \tag{5-10}$$

5.2.4.6　预估单桩承载力

利用静力触探试验结果预估单桩承载力的技术已经比较成熟，这里不再详细介绍，参见有关书籍和相关规范。

5.3　圆锥动力触探试验

5.3.1　圆锥动力触探试验的目的、原理和试验设备

圆锥动力触探试验(DPT)简称动力触探或动探，是利用一定的落锤锤击动能，将一定尺寸、一定形状的圆锥探头打入土中，根据打入土中一定深度的难易程度(锤击数)来评价土的物理力学性质的一种原位测试方法。圆锥动力触探试验以落锤冲击力提供贯入能量，不像静力触探那样需要专门的反力设备，因此设备比较简单，操作也很方便。此外由于冲击力比较大，所以它的适用范围更加广泛，对于静力触探难以贯入的碎石土层及密实砂层甚至较软的岩石也可应用。轻型动力触探试验装置如图 5-9 所示。

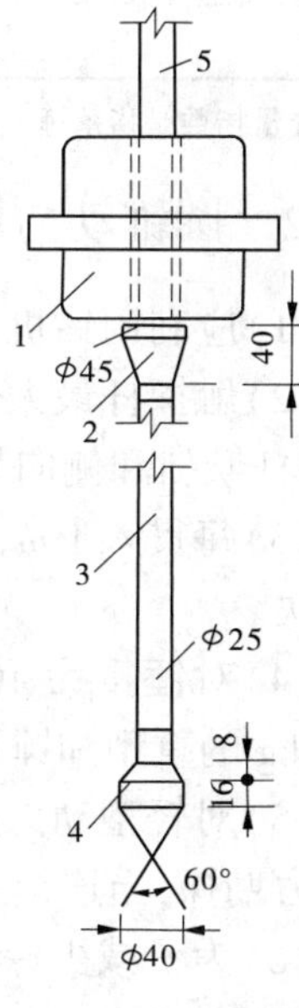

1—穿心锤；2—钢砧与锤垫；3—触探杆；4—圆锥探头；5—导向杆

图 5-9　轻型动力触探试验装置

(单位：mm)

圆锥动力触探试验的目的和用途：①可划分不同性质的土层，查明软硬土层分界面；②定量估算地基土层的物理力学参数(如孔隙比、相对密度)；③土的变形和强度参数，评定天然地基土的承载力和单桩承载力。

触探试验中，一般以打入一定距离(贯入度)所需落锤次数(锤击数)来表示土层贯入的难易程度。同样贯入深度条件下，锤击数越多，表明土层阻力越大，土的力学性质越好；反之，锤击数越少，表明土层阻力越小，土的力学性质越差。通过锤击数的大小就可以很容易定性地了解土的力学性质，再结合大量的对比试验和统

计分析,就可以对土体的物理力学性质做出定量化的评价。

圆锥动力触探设备较为简单,主要由三部分组成(见图 5-9):探头、穿心落锤、穿心锤导向杆。根据穿心锤的重量,可将圆锥动力触探试验分为轻型、重型和超重型动力触探试验(见表 5-8)。

表 5-8　圆锥动力触探类型及设备规格

类型		轻型	重型	超重型
落锤	质量(kg)	10	63.5	120
	落距(cm)	50	76	100
圆锥探头	锥角(°)	60		
	直径 d(mm)	40	74	74
探杆直径(mm)		25	42	50~60
触探指标		贯入 30 cm 的锤击数 N_{10}	贯入 10 cm 的锤击数 $N_{63.5}$	贯入 10 cm 的锤击数 N_{120}
能量指数(J/cm²)		39.7	115.2	279.1
主要适用土类		浅部的填土、砂土、粉土、黏性土	砂土、中密以下碎石土、极软岩石	密实和很密实的碎石土、极软岩石、软岩石

注:能量指数是指落锤能量与圆锥探头截面面积之比。

5.3.2　圆锥动力触探试验的技术要求(试验要点)

(1)应利用钻机采用自动落锤装置,保持平稳下落。

(2)触探杆最大偏斜度不应超过 2%,锤击贯入应保持连续进行,同时应保持锤击偏心、探杆倾斜和侧向晃动,保持探杆垂直度,锤击速率一般为 15~30 击/min。

(3)每贯入 1 m,宜将钻杆转动一圈半,当贯入深度超过 10 m,每贯入 20 cm 宜转动钻杆一次。

(4)对锤重为 10 kg 的轻型触探试验,测记贯入深度为 30 cm 的锤击数;对锤重=63.5 kg 的重型和锤重=120 kg 的超重型触探试验,测记贯入深度为 10 cm 的锤击数。

(5)对轻型动力触探,当 N_{10}>100 或贯入 15 cm 锤击数超过 50 时,可停止试验;对重型动力勘探,当连续三次 $N_{63.5}$>50 时,可停止试验或改用超重型动力勘探。

(6)为了减少探杆与孔壁的接触,探杆直径应小于探头直径,在砂土中探头与探杆直径之比应大于 1.3。

(7)由于地下水位对锤击数与土的物理性质(砂土孔隙比等)有影响,因此应当记录地下水位埋深。

5.3.3　圆锥动力触探试验的成果及应用

圆锥动力触探试验的主要成果是锤击数和锤击数随深度的变化曲线。其成果主要用于以下几个方面。

（1）按力学性质划分土层。

首先应绘制单孔触探锤击数 N 与深度 H 的关系曲线（见图5-10），再结合地质资料对土层进行分层。一般情况下，划分土层应以某层动力触探锤击数的平均值来考虑，适当考虑超前和滞后现象。

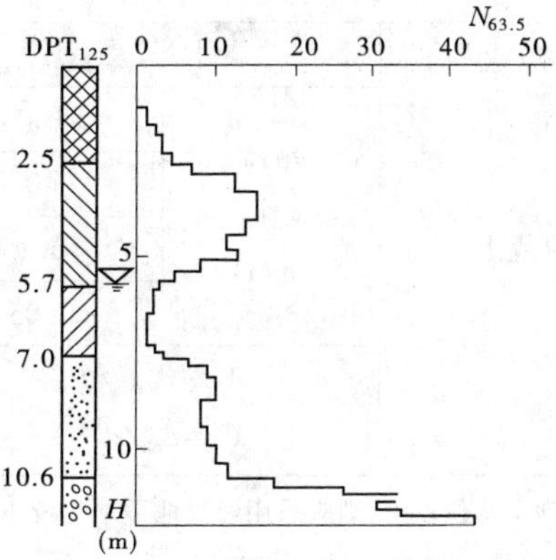

图5-10　动力触探锤击数与深度关系

（2）确定砂土、卵石的孔隙比。

首先对锤击数进行校正，计算公式为

$$N'_{63.5} = \alpha N_{63.5} \tag{5-11}$$

式中　$N_{63.5}$——实测的重型触探锤击数；

$N'_{63.5}$——校正后的锤击数；

α——触探杆长度校正系数(见表5-9)。

表5-9　重型动力触探试验触探杆长度校正系数 α

α		l(m)							
		≤2	4	6	8	10	12	14	16
实测锤击数 $N_{63.5}$	1	1.00	0.98	0.96	0.93	0.90	0.87	0.84	0.81
	5	1.00	0.96	0.93	0.90	0.86	0.83	0.80	0.77
	10	1.00	0.95	0.91	0.87	0.83	0.79	0.76	0.73
	15	1.00	0.94	0.89	0.84	0.80	0.76	0.72	0.69
	20					0.77	0.73	0.69	0.66

注：1. l 为触探杆长度。

2. α 为自动落锤方式测得。

根据校正后的锤击数便可根据表5-10确定砂土、卵石的孔隙比。

表5-10　根据重型动力触探结果确定砂土、圆砾、卵石的孔隙比

土的种类			中砂	粗砂	砾砂	圆砾	卵石
校正后的触探击数 $N'_{63.5}$	3	天然孔隙比 e	1.14	1.05	0.90	0.73	0.66
	4		0.97	0.90	0.75	0.62	0.56
	5		0.88	0.80	0.65	0.55	0.50
	6		0.81	0.73	0.58	0.50	0.45
	7		0.76	0.68	0.53	0.46	0.41
	8		0.73	0.64	0.50	0.43	0.39
	9			0.62	0.47	0.41	0.36
	10				0.45	0.39	0.35
	12					0.36	0.32
	15						0.29

续表 5-10

土的种类			中砂	粗砂	砾砂	圆砾	卵石
适用范围	含水量(%)		6~11	5~13	5~13	4~10	5~12
	颗粒粒径(mm)	>100				0	0
		>40				<20%	<35%
		<0.1	<5%	<5%	5%	10%	10%
		<0.05	<1%	<1%	<1%	<5%	<5%
	不均匀系数 $C_u=d_{60}/d_{10}$		<5	<6	<15	<100	<120

注：如在地下水位以下，则应采用经过地下水位校正后的锤击数 $N''_{63.5}$。

(3)确定地基土的承载力。

根据轻型触探试验(N_{10})和重型触探试验($N_{63.5}$)资料均可确定地基土的承载力，参见表 5-11、表 5-12。

表 5-11　轻型动力触探试验击数 N_{10} 与地基承载力标准值 f_k(kPa)对照

土类型	黏性土				素填土			
触探击数 N_{10}	15	20	25	30	10	20	30	40
f_k(kPa)	105	145	190	230	85	115	135	160

表 5-12　重型动力触探试验击数 $N_{63.5}$ 与地基承载力基本值 f_0(kPa)对照

f_0(kPa)		$N_{63.5}$										
		2	3	4	5	6	7	8	9	10	12	14
土类	粉细砂	80	110	142	165	187	210	232	255	277	321	
	中砂、细砂		120	150	180	220	260	300	340	380		
	碎石土		140	170	200	240	280	320	360	400	480	540
f_0(kPa)		$N_{63.5}$										
		16	18	20	22	24	26	28	30	35	40	
土类	碎石土	600	660	720	780	830	870	900	930	970	1 000	

注：1. 该表适合于冲积、洪积土层。
2. 动力触探深度为 1~20 m。
3. 锤击数需经过前述探杆长度及地下水位校正。

5.4　标准贯入试验

5.4.1　标准贯入试验的含义、目的和基本原理

标准贯入试验(SPT)简称标贯，它是利用一定的锤击动能(触探锤质量 63.5 kg，落距

76 cm)，将一定规格的对开管式的贯入器(长度≥500 mm，外径 51 mm，内径 35 mm)打入钻孔孔底的土中，根据打入土中的贯入阻力判别土层的变化和土的工程地质性质。贯入阻力用贯入器贯入土中 30 cm 的锤击数 $N_{63.5}$ 表示。标准贯入试验是原位测试中最常用的一种，它与重型圆锥动力触探试验的区别主要是探头不同，标准贯入试验的探头是由两个半圆筒组成的对开式空心圆柱管形，圆锥动力触探试验的探头是实心圆锥形的。标准贯入试验具圆锥动力触探试验具有的所有优点，另外它还可以通过贯入器采取扰动土样，可以对土层的颗粒组成情况进行直接鉴别，因而对于土层的分层和定名更为准确可靠。标准贯入试验一般结合钻探进行，国内一般都统一使用直径 42 mm 的钻杆。

标准贯入试验的应用非常广泛，主要适用于砂土、粉土和一般黏性土。

标准贯入试验的目的和用途主要是：①采取扰动土样，鉴别和描述土类，结合颗分试验结果给土层定名；②判别饱和砂土、粉土的液化可能性；③定量估算地基土层的物理力学参数(如判定黏性土的稠度状态、砂土相对密度)及土的变形和强度的有关参数，评定天然地基土的承载力和单桩承载力。

5.4.2　标准贯入试验的设备

与圆锥动力触探试验类似，标准贯入试验也是根据标准贯入器打入土中一定距离(30 cm)所需要的锤击数(标贯击数)来表示土阻力的大小，并根据大量的对比试验资料分析进一步得到土的物理力学性质指标。

标准贯入试验设备由三部分构成：①贯入器部分；②穿心锤；③穿心锤导向的触探杆。设备构成及规格见表 5-13 和图 5-11。

表 5-13　标准贯入试验设备规格及适用土类

落锤		质量(kg)	63.5
		落距(cm)	76
		直径 d(mm)	74
贯入器	对开管	长度(mm)	>500
		外径(mm)	51
		内径(mm)	35
	管靴	长度(mm)	50~76
		刃口角度(°)	18~20
		刃口单刃厚度(mm)	1.6
探杆(钻杆)		直径(mm)	42
		相对弯曲	<1‰
贯入指标			贯入 30 cm 的锤击数 $N_{63.5}$
主要适用土类			砂土、粉土、一般黏性土

5.4.3　标准贯入试验的技术要求(试验要点)

(1)标准贯入试验应采用回转钻进,钻至试验标高以上 15 cm 时应停止钻进,清除孔底残土后再进行贯入试验。

(2)应采用自动脱钩的自由落锤装置,减小导向杆与锤间的摩擦力,避免锤击偏心和侧向晃动,保持贯入器、探杆、导向杆连接后的垂直度,锤击速率应小于 30 击/min。

(3)探杆最大相对弯曲度应小于 1‰。

(4)正式试验前,应预先将贯入器打入土中 15 cm,然后记录打入 30 cm 的锤击数,并以此作为标准贯入试验锤击数 N。当锤击数已达到 50 击,而贯入深度未达到 30 cm 时,可记录 50 击的实际贯入深度,并按下式换算成相当于 30 cm 贯入深度的标准贯入试验锤击数 N,并终止试验:

$$N = 30 \times \frac{50}{\Delta S} \tag{5-12}$$

式中　ΔS——50 击的实际贯入深度,cm。

(5)标准贯入试验可在钻孔全深度范围内等间距进行,也可仅在砂土、粉土等需要试验的土层中等间距进行,间距一般为 1.0~1.2 m。

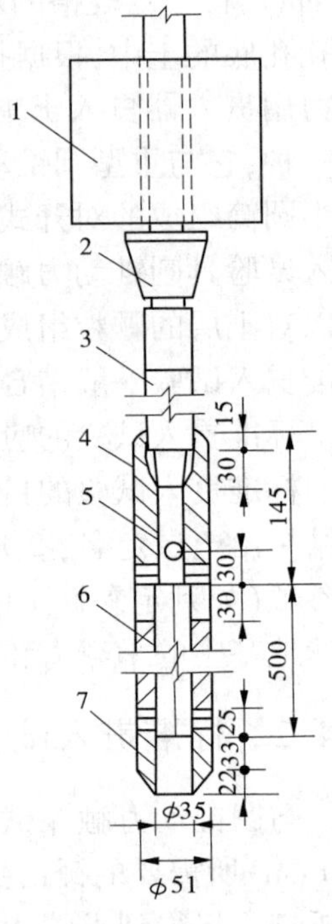

1—穿心锤;2—锤垫;3—探杆;4—贯入器头;5—出水孔;6—贯入器身;7—贯入器靴

图 5-11　标准贯入试验设备

5.4.4　标准贯入试验的成果及应用

标准贯入试验的成果就是试验土层的标贯击数。标贯成果主要用于以下几个方面。

(1)判定砂土的密实程度。

砂土的密实度越高,标贯击数 N 就越大;反之,砂土密实度越低,标贯击数 N 就越小。一般来说,标贯击数 $N<10$ 为松散,10~15 为稍密,15~30 为中密,>30 为密实。

(2)评定黏性土的稠度状态。

标贯击数与黏性土的稠度状态的关系见表 5-14。

表 5-14　黏性土的稠度状态与标贯击数的关系

标贯击数 N	<2	2~4	4~7	7~18	18~35	>35
稠度状态	流动	软塑	软可塑	硬可塑	硬塑	坚硬
液性指数 I_L	>1	1~0.75	0.75~0.5	0.5~0.25	0.25~0	<0

(3)评定地基土的变形模量。

我国常见的用标贯击数确定土的变形模量和压缩模量的经验公式见表 5-15。

表 5-15　用标贯击数确定地基土变形参数的经验公式

经验公式	适用条件	来源
$E_0 = 1.41N+2.62$	武汉地区黏性土、粉土	武汉城市规划设计院
$E_0 = 1.066N+7.431$	黏性土、粉土	湖北省水利勘察设计院
$E_s = 1.04N+4.89$	中南、华东地区黏性土	冶金部武汉勘察公司
$E_{s0.1\sim0.2} = 4.8N^{0.42}$	粉细砂,埋深小于等于 15 m	上海市《岩土工程勘察规范》
$E_{s0.1\sim0.2} = 2.5N^{0.75}H^{-0.25}$	粉细砂,埋深大于 15 m	

注:$E_{s0.1\sim0.2}$ 表示压力为 100~200 kPa 时的压缩模量,H 为土层埋深。

(4)评定地基土的承载力。

我国《建筑地基基础设计规范》(GB 50007—2011)规定,可用标贯击数 N 值确定砂土和黏性土的承载力标准值,见表 5-16、表 5-17。

表 5-16　砂土承载力标准值 f_k(kPa)与标贯击数的关系

f_k(kPa)		标贯击数 N			
		10	15	30	50
土类	中、粗砂	180	250	340	500
	粉、细砂	140	180	250	340

表 5-17　黏性土承载力标准值 f_k(kPa)与标贯击数的关系

标贯击数 N	3	5	7	9	11	13	15	17	19	21	23
f_k(kPa)	105	145	190	235	280	325	370	430	515	600	680

注:表中标贯击数 N 为人工松绳落锤所得,$N_{(人工)} = 0.74+1.12N_{(自动)}$。

思考题与习题

1. 什么是原位试验?有什么优点?
2. 简述静力载荷试验的原理。
3. 典型的 p-s 曲线,按其所反映土体的应力状态,一般可划分为哪三个阶段?
4. 简述静力载荷试验的仪器设备和试验要点。
5. 如何对静力载荷试验资料进行整理?
6. 简述圆锥动力触探试验的原理和试验设备。
7. 试述圆锥动力触探试验的技术要求(试验要点)。
8. 试述圆锥动力触探试验的成果及应用。
9. 试述标准贯入试验的含义和基本原理。
10. 试述标准贯入试验的设备。
11. 简述标准贯入试验的技术要求(试验要点)。

12. 试述标准贯入试验的成果及应用。

13. 某场地中进行了浅层平板静力载荷试验，承压板为方形，面积为 0.5 m^2，试坑深度 2.5 m，试验资料见表 5-18。试确定试验土层的比例界限荷载、极限荷载及地基土的承载力（安全系数 $F_s=2.5$）。

表 5-18　某场地载荷试验资料

荷载 p(kPa)	50	100	150	200	250	300	350	400	450	500
承压板沉降量 s(mm)	0.9	1.8	2.7	3.6	6.35	8.35	10.85	13.85	20.85	37.85

注：荷载增至 250 kPa 后，变形速度加快，加荷后 30 min，变形值为 42 mm，于是停止试验。

（参考答案：比例界限荷载 $p_0=200$ kPa；极限荷载 $p_u=450$ kPa，地基承载力 $f_k=300$ kPa。）

14. 某建筑场地进行静力触探试验，地基土为粉土，静力触探探头为单桥探头，测得比贯入阻力 $p_s=100$ MPa，试确定地基土的承载力。

第 6 章　室内试验

室内试验是测定岩土参数的重要方法，有些参数的测定只能靠室内完成，如土的颗粒成分、重度等。因此，室内试验与原位测试是相互补充、相辅相成的。

常用的室内试验方法可分为以下几类：

(1) 土的物理力学性质试验，如颗粒级配试验、土的重度或密度试验、土粒相对密度试验、含水量试验、塑液限试验等。

(2) 土的压缩、固结试验。

(3) 土的抗剪强度试验，如直剪试验、三轴试验。

以下对各主要试验的基本原理和试验要点做一简要介绍。

6.1　土的物理力学性质试验

土的物理力学性质试验主要是颗粒级配试验，土的重度或密度试验，土粒相对密度试验，含水量试验，塑液限试验等。工程中，不同类型的土人们所关注的问题是不尽相同的，因此土的物理力学性质试验也有所不同。

6.1.1　颗粒级配试验

土的固体骨架是由颗粒粒径大小不同的土粒组成的，根据粒径的大小可以将土颗粒分为 6 个粒组：漂石(块石)、卵石(碎石)、圆砾(角砾)、砂粒、粉粒、黏粒，粒组的分界粒径对应为 200 mm、20 mm、2 mm、0.075 mm、0.005 mm。颗粒分析试验的目的就是要测定土样中各粒组的相对百分含量。

颗粒分析试验方法分为两种：①筛分法：主要用于粒径>0.075 mm 的粒径组(砂砾石组)；②静水沉降分析法：主要用于粒径<0.075 mm 的粉粒和黏粒组。

6.1.1.1　筛分法

1. 试验原理与方法

用一组具有不同孔径的筛子(粗筛的孔径分别为 60 mm、40 mm、20 mm、10 mm、5 mm、2 mm，细筛的孔径分别为 2.0 mm、1.0 mm、0.5 mm、0.25 mm、0.075 mm)，将被制好的干土样分别过筛，即可将各粒组分开(见图 6-1)。利用天平称得各粒组的质量，再除以干土样的总质量即可得到各粒组的百分含量。经过简单的计算，也可以得到小于各分界粒径的所有土颗粒占土样的百分含量(累计含量)，将粒径作为横坐标(对数坐标)，累计百分含量作为纵坐标(普通坐标)绘制在半对数坐标纸上，就可以得到土的颗粒级配曲线。利用颗粒级配曲线，人们可以直观地了解土的颗粒组成情况。

由于筛子孔径不能做得很小，加上很细的土颗粒容易粘连，因此筛分法只适合于分离粒径大于 0.075 mm 的土颗粒，对黏性土不适用。

2. 试验仪器设备

筛分法所用的仪器设备主要有以下几部分：

(1)分析筛：粗筛的孔径分别为 60 mm、40 mm、20 mm、10 mm、5 mm、2 mm，细筛的孔径分别为 2.0 mm、1.0 mm、0.5 mm、0.25 mm、0.075 mm。

分析筛的孔径也可搭配使用(见图 6-1)。

(2)天平。

(3)振筛机：筛分过程中能上下振动。

(4)其他：烘箱、研钵、瓷盘、毛刷等。

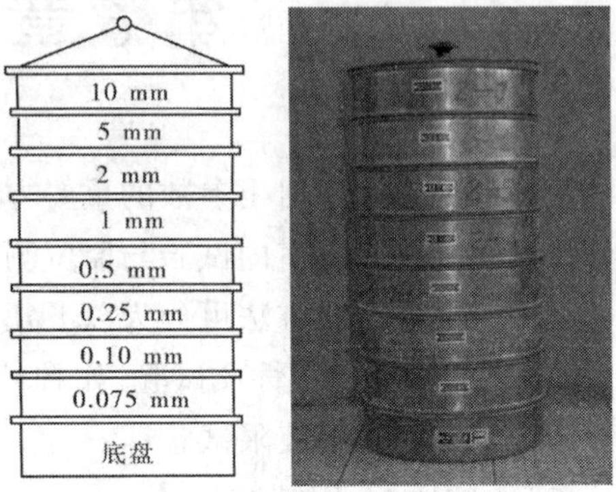

图 6-1　分析筛

3. 试验要点

(1)将称取好质量的土样过 2 mm 筛，分别称量筛上和筛下的土样质量。当筛上土样质量小于试样总质量的 10%时，不做粗筛分析；当筛下土样质量小于试样总质量的 10%时，不做细筛分析。

(2)上土样进行粗筛分析，另取筛下土样进行细筛分析。细筛分析宜在振筛机上振筛，振筛时间 10～15 min。而后，按自上而下的顺序将各筛及底盘内的土样取出，分别称量其质量，应准确至 0.1 g。

(3)含有细颗粒土颗粒的砂土的筛析法。应将土样置于盛水容器中充分搅拌，使土样细颗粒完全分离。然后将悬浊液先过 2 mm 筛，将筛上的粗颗粒土样烘干做粗筛分析；将过筛后的悬浊液再过 0.075 mm 孔径的筛，将筛上的砂粒烘干后做细筛分析；如果两次过筛后的悬浊液中所含土颗粒质量超过土样质量的 10%(两次筛上的粗颗粒烘干后的质量之和小于土样总质量的 90%)，应对过筛后的悬浊液进行密度计法颗粒分析。

4. 记录格式与试验成果

将试验数据和试验成果记录在表 6-1 中。

表 6-1　颗粒大小分析试验记录(筛分法)

工程名称__________	试验者__________
土样编号__________	计算者__________
试验日期__________	校核者__________

风干土质量=______g	小于 0.075 mm 的土占总土质量百分数=______%
2 mm 筛上土质量=______g	小于 2 mm 的土占总土质量百分数 d_x=______%
2 mm 筛下土质量=______g	细筛分析时所取试样质量=______%

续表 6-1

筛孔直径（mm）	筛上质量（g）	粒组（mm）	小于某粒径（mm）	小于某粒径的土质量(g)	小于某粒径的土质量百分数(%)	小于某粒径的土质量累计百分数(%)
40		>40				
20		40~20	<40			
10		20~10	<20			
5		10~5	<10			
2		5~2	<5			
1		2~1	<2			
0.5		1~0.5	<1			
0.25		0.5~0.25	<0.5			
0.075		0.25~0.075	<0.25			
底盘		<0.075	<0.075			

5. 绘制颗粒级配曲线及计算级配参数

根据试验数据，在单对数坐标纸上绘制颗粒级配曲线，纵坐标表示小于某粒径的土质量占总土质量的百分数，横坐标用对数坐标表示土的粒径（见图 6-2）。

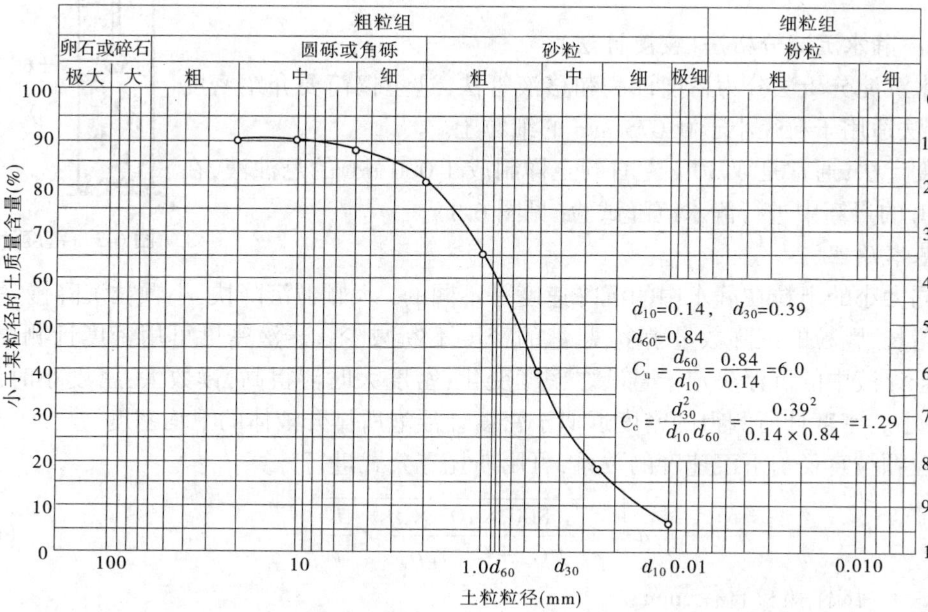

图 6-2　颗粒级配累计曲线

当小于某粒径的土粒质量累计为 10%时，该粒径称为有效粒径，以 d_{10} 表示；当小于某粒径的土粒质量累计为 60%时,该粒径称为限定粒径,以 d_{60} 表示;d_{60} 与 d_{10} 之比称为不均匀系数(C_u):

$$C_u = \frac{d_{60}}{d_{10}} \tag{6-1}$$

式中　C_u——不均匀系数;

d_{10}——有效粒径(小于某粒径的土粒质量累计为 10%时的粒径);

d_{60}——限定粒径(小于某粒径的土粒质量累计为 60%时的粒径)。

不均匀系数反映了颗粒级配的不均匀程度,C_u 愈大,颗粒级配累计曲线愈平缓,土粒愈不均匀,级配愈好,可获得较大的密实度。工程上,$C_u<5$ 的土,为均匀土,属级配不良;$C_u>10$ 的土,为不均匀土,级配良好。

此外,也可用以下曲率系数(C_c)分析土颗粒级配的组合特征:

$$C_c = \frac{d_{30}^2}{d_{10}d_{60}} \tag{6-2}$$

式中　C_c——曲率系数;

d_{30}——小于某粒径的土粒质量累计为 30%时的粒径值;

其他符号意义同上。

曲率系数反映了累计曲线的分布范围和整体形状,$C_c=1\sim3$ 土级配良好,$C_c<1$ 或 $C_c>3$ 的土级配不好。从累计曲线上看,弯曲度比较大,说明粒度成分不连续,主要由大颗粒和小颗粒组成,缺少中间颗粒。

6.1.1.2　**静水沉淀分析法(密度计法)**

静水沉淀分析法分为密度计法和移液管法,这里仅简要介绍密度计法,该法适用于粒径小于 0.075 mm 的细粒土。

密度计法,通常是取 30 g 左右的土样制成 1 000 mL 的悬浊液,在 1 000 mL 的量筒中进行静水沉降试验(见图 6-3)。

图 6-3　密度计法

1. 基本原理

不同大小的土粒在静水中的沉降速度是不同的,大颗粒沉降快,小颗粒沉降慢,随着时间的增长,颗粒的沉降数量增多,悬液的密度不断减少。悬液密度可用密度计测出,密度计在悬浮液中的沉浮决定于悬液之密度变化,密度大时浮得高,读数大;密度小时浮得低,读数小。密度计所测得的密度近似于密度计浮泡所排开液体的平均密度。

土粒颗粒直径与下沉速度的关系,可用斯托克公式进行计算:

$$d = \sqrt{\frac{1\ 800 \times 10^4 \times \eta}{(G_s - G_{wT})g\rho_w} \times \frac{L}{t}} \tag{6-3}$$

式中　d——试样颗粒直径,mm;

η——水的动力黏滞系数,kPa · s×10^{-6},20 ℃时为 1.010;

G_s——土的密度,g/cm^3;

G_{wT}——T℃ 时水的相对密度;

ρ_w——4 ℃时水的密度,g/cm³;

g——重力加速度,980 cm/m²;

L——某一时间内的土粒沉降距离(液面至浮泡中心的距离),cm;

t——沉降时间,s。

对于某一种土,当悬液温度一定时,G_{wT}、ρ_w 及 η 均为定值,则式(6-3)可写成:

$$d = \sqrt{A \times \frac{L}{t}} \tag{6-4}$$

式中　A——常数。

式(6-4)表明,土粒在水中的沉降速度仅与颗粒大小有关(与颗粒直径的平方成正比),颗粒越大,沉降越快。据此,如果求出密度计读数与颗粒沉降距离间的关系,即可求出粒径小于 d 的颗粒在该土中的百分含量。

2. 仪器设备

(1)密度计。是测定液体密度的仪器,它的主体是个玻璃浮泡,浮泡下固定的重物,使密度计能直立地浮于液体中;浮泡上为细长的刻度杆,其上有刻度和读数。

目前有甲种密度计和乙种密度计两种型号。乙种密度计(见图 6-4)表示 20 ℃时悬液的密度。

甲种密度计:刻度 -5~50 ℃,最小分度值为 0.5 ℃。

乙种密度计(20 ℃/20 ℃):刻度 0.099 5~1.020,最小分度值为 0.000 2。

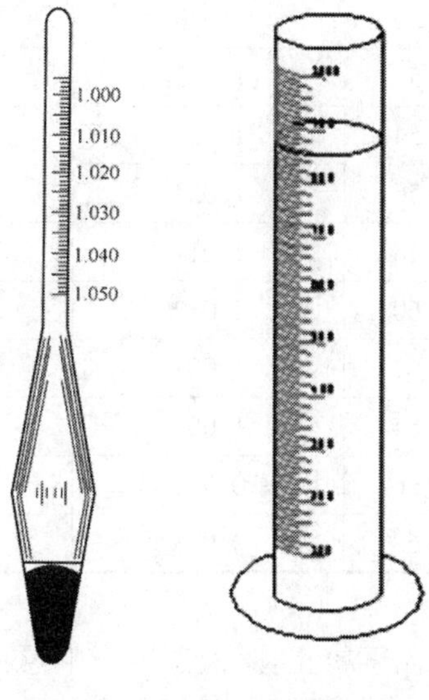

图 6-4　乙种密度计与量筒

(2)量筒(见图 6-4)。内径约 60 mm,容积 1 000 mL,高约 420 mm,刻度 0~1 000 mL,准确到 10 mL。

(3)天平。

(4)制备土样的设备。研钵和研棒、筛(孔径 0.075 mm),洗筛、煮沸设备、洗瓶、烧瓶、大漏斗、烘箱、干燥器等。

(5)其他。悬液搅拌器、温度计、木尺、秒表等。

3. 试验步骤(试验要点)

(1)试验前试样的处理与制备:取代表性土样 200~300 g,过 2 mm 筛,求出筛上土样占总质量的百分比。取筛下土测定试样的风干含水量,放入研钵,用带橡皮头的研棒研散。而后称风干试样 30 g 倒入 500 mL 锥形瓶,注入蒸馏水 200 mL,放在煮沸设备上进行煮沸,煮沸时间约 40 min。将冷却后的悬液倒在 0.075 mm 的洗筛上,经漏斗注入大量筒内,再注入蒸馏水至 1 000 mL。

(2)将搅拌器放入量筒中沿悬液深度上下搅拌 1 min,使之悬液均匀分布。

(3)取出搅拌器,立即开动秒表,测定经过 0.5 min、1 min、2 min、5 min、15 min、30 min、60 min、120 min 和 1 440 min 的密度计读数,并测定其相应的悬液温度。根据试验情况或实际需要,可增加密度计读数次数,或缩短最后一次读数时间。

①每次读数时,均应在预定时间前 10~20 s,将密度计徐徐放入悬液中部,不得贴近筒壁,并使密度计竖直,还应在近似于悬液密度的刻度处放手,以免搅动悬液。

②密度计的读数均以弯液面上缘为准。每次读数完毕,立即取出密度计,放入盛有蒸馏水的量筒中。

③测定悬液温度,应准确至 0.5 ℃。

④测定密度计读数的校正值。

土粒密度校正:土的密度计刻度是以土粒颗粒密度 2.65 g/cm³ 为准,当试样的密度不等于 2.65 g/cm³ 时,应进行土颗粒密度的校正,校正值见表 6-2。

表 6-2　土粒密度校正系数

土粒相对密度	相对密度校正值		土粒相对密度	相对密度校正值	
	甲种密度计 C'_G	乙种密度计 C_G		甲种密度计 C'_G	乙种密度计 C_G
2.50	1.038	1.666	2.70	0.989	1.588
2.52	1.032	1.658	2.72	0.985	1.581
2.54	1.027	1.649	2.74	0.981	1.575
2.56	1.022	1.641	2.76	0.977	1.563
2.58	1.017	1.632	2.78	0.973	1.562
2.60	1.012	1.625	2.80	0.969	1.556
2.62	1.007	1.617	2.82	0.965	1.549
2.64	1.002	1.609	2.84	0.961	1.543
2.66	0.998	1.603	2.86	0.958	1.538
2.68	0.993	1.595	2.88	0.954	1.532

温度校正:悬液温度影响悬液密度和密度计玻璃杆的膨胀值,故悬液温度不等于 20 ℃时,应加温度校正值($\pm T$),可查表 6-3。

4. 成果计算

(1)计算小于某粒径的试样质量占试样总质量的百分含量。

甲种密度计:

$$X = \frac{100}{m_s} C'_G (R'_m + T') \tag{6-5}$$

式中　X——小于某粒径的土颗粒占试样总质量的百分含量;

m_s——干土样质量,g;

R'_m——甲种密度计读数;

C'_G——土粒相对密度校正系数,取值见表 6-2;

T'——温度校正系数,取值见表 6-3。

乙种密度计:

$$X = \frac{100V_x}{m_s} C_G [(R_m - 1) + T] \rho_{w20} \tag{6-6}$$

式中　X——小于某粒径的土颗粒占试样总质量的百分含量；

V_x——悬浊液体积,100 mL；

R_m——乙种密度计读数；

C_G——土粒相对密度校正系数,取值见表 6-2；

T——温度校正系数,取值见表 6-3；

ρ_{w20}——20 ℃时水的密度,g/cm³,$\rho_{w20}=0.998\ 232\ g/cm^3$。

表 6-3　密度计温度校正值

悬液温度(℃)	温度校正值		悬液温度(℃)	温度校正值	
	甲种密度计(T')	乙种密度计(T)		甲种密度计(T')	乙种密度计(T)
10.0	−2.0	−0.001 2	20.0	+0	+0
10.5	−1.9	−0.001 2	20.5	+0.1	+0.000 1
11.0	−1.9	−0.001 2	21.0	+0.3	+0.000 2
11.5	−1.8	−0.001 1	21.5	+0.5	+0.000 3
12.0	−1.8	−0.001 1	22.0	+0.6	+0.000 4
12.5	−1.7	−0.001 0	22.5	+0.8	+0.000 5
13.0	−1.6	−0.001 0	23.0	+0.9	+0.000 6
13.5	−1.5	−0.000 9	23.5	+1.1	+0.000 7
14.0	−1.4	−0.000 9	24.0	+1.3	+0.000 8
14.5	−1.3	−0.000 8	24.5	+1.5	+0.000 9
15.0	−1.2	−0.000 8	25.0	+1.7	+0.001 0
15.5	−1.0	−0.000 7	25.5	+1.9	+0.001 1
16.0	−0.9	−0.000 6	26.0	+2.1	+0.001 3
16.5	−0.8	−0.000 6	26.5	+2.2	+0.001 4
17.0	−0.7	−0.000 5	27.0	+2.5	+0.001 5
17.5	−0.5	−0.000 4	27.5	+2.6	+0.001 6
18.0	−0.4	−0.000 3	28.0	+2.9	+0.001 8
18.5	−0.3	−0.000 3	28.5	+3.1	+0.001 9
19.0	−0.2	−0.000 2	29.0	+3.3	+0.002 1
19.5	−0.1	−0.000 1	29.5	+3.5	+0.002 2
20.0	−0	−0	30.0	+3.7	+0.002 3

(2)绘制颗粒级配曲线及计算级配参数:以小于某粒径颗粒百分含量为纵坐标,颗粒直径为横坐标(对数坐标),在半对数坐标纸上绘出颗粒级配曲线,并计算不均匀系数(C_u)和曲率系数(C_c)。

5. 试验记录格式

静水沉淀分析法(密度计法)试验记录格式见表 6-4。

表 6-4　颗粒分析试验记录(密度计法)

工程名称________　　　　　　　　　　　　　试验者________
土样编号________　　风干土质量________　　计算者________
试验日期________　　干土总质量________　　校核者________

小于 0.075 mm 颗粒土质量百分数________　　密 度 计 号________
湿 土 质 量________　　量 筒 号________
含 水 量________　　烧 瓶 号________
干 土 质 量________　　土 粒 密 度________
含 盐 量________　　密度校正值________
试样处理说明________　　弯液面校正值________

试验时间	下沉时间 t (min)	悬液温度 T (℃)	密度计读数±					土粒落距 L(cm)	粒径 d (mm)	小于某粒径的土质量百分数(%)	小于某粒径的总土质量百分数(%)
			密度计读数 R	温度校正值 m_T	分散剂校正值 C_D	$R_M=R+m+n-C_D$	$R_H=R_M\times C_G$				

6.1.2　土的含水量试验(烘干法)

含水量试验的目的是测定土的天然含水量,并用以与其他指标配合计算土的干密度、孔隙比、饱和度以及其他物理性质指标。

6.1.2.1　试验原理

含水量(ω),又称土的含水率,是指土中水的质量与固体颗粒质量之比,以百分数计。湿土在 105~110 ℃长时间烘烤下,土中水分完全蒸发,此时试样所失去的水分质量与干土质量的百分比,即为湿土的含水量。

6.1.2.2　仪器设备

(1)电热烘箱:应能控制温度为 105~110 ℃。

(2)天平:称量 200 g,最小分度值 0.01 g。

(3)干燥器、铝盒。

6.1.2.3　试验要点(试验步骤)

(1)称湿土重。先称铝盒的质量,取代表性土样 15~30 g 放入铝盒,盖紧盒盖,称铝盒加湿土的质量。

(2)烘干土样。打开盒盖,将盛有土样的铝盒放入电热烘箱,在 105~110 ℃下烘至恒量。烘干时间一般不能少于 6 h。

(3)称干土质量。自烘箱中取出铝盒,盖上盒盖,立即放入干燥箱中,冷却至室温后称盒加干土质量。

(4)成果计算。按下式计算含水量

$$\omega = \frac{m_0 - m_s}{m_s} \times 100\% \tag{6-7}$$

式中　ω——土的含水量(%);

m_0——湿土的质量,g;

m_s——干土的质量,g。

(5)记录格式。土的含水量试验记录表格(烘干法)见表6-5。

表6-5　土的含水量试验记录表(烘干法)

班级________试验者姓名________学号________同组成员________日期________

土样编号	铝盒号码	盒质量(g)	盒加湿土质量(g)	盒加干土质量(g)	水质量(g)	干土质量(g)	含水量 ω (%)	平均值(%)
		m_0	m_1	m_2	$m_1 - m_2$	$m_2 - m_0$	$\omega = \frac{m_1 - m_2}{m_2 - m_0} \times 100\%$	
1								
2								
3								
4								

6.1.3　土的密度试验(环刀法)

土的密度ρ是指单位体积土的质量。土的密度是土的三相指标中的基本指标之一。天然状态下测得密度称为天然密度。

测定土密度的方法,一般常用环刀法和蜡封法。环刀法适用于一般黏性土,操作简单,结果精确。蜡封法适用于土中含有粗粒或者坚硬易碎难以用环刀切割的土,或者试样量少,只有小块,形状不规则时使用。

6.1.3.1　基本原理

环刀法是用已知质量及容积的环刀,切取土样,使土样的体积与环刀一致,这样环刀的容积即为土的体积,称量后减去环刀的质量就得到土的质量,然后计算土的密度。

6.1.3.2　仪器设备

(1)环刀:内径61.8 mm和79.8 mm,高为20 mm。

(2)天平:称量500 g,最小分度值0.1 g。

(3)其他:游标卡尺、切土刀、凡士林油、玻璃板等。

6.1.3.3　试验要点(试验步骤)

(1)测定环刀的质量与体积:用游标卡尺测量环刀的内径及高度,计算环刀的体积V。

然后将环刀置于天平上称得环刀质量 m_1。

(2)切取土样:将环刀刃口向下放在土样表面上,用切土刀把土样切成略大于环刀的土柱,然后垂直向轻压环刀,边切边削,至土样伸出环刀。然后,削平环刀上下两端之余土,使土面与环刀边缘齐平。

(3)测定环刀与土样的质量:擦净环刀外壁,称得环刀和土样的质量 m_2。

6.1.3.4 成果计算

$$\rho = \frac{m_0}{V} = \frac{m_2 - m_1}{V} \tag{6-8}$$

式中 ρ——土的密度,g/cm³;

m_0——土样的质量,g/cm³;

m_1——环刀的质量,g;

m_2——环刀与土样质量之和,g;

V——土样体积, cm³。

6.1.3.5 记录格式

土的密度试验记录表(环刀法)见表 6-6。

表 6-6 土的密度试验记录表(环刀法)

班级______试验者姓名______学号______同组成员______日期______

记录项目	土样编号			
	1	2	3	4
环刀容积(cm³)				
环刀质量(g)				
土+环刀质量(g)				
土样质量(g)				
天然密度(g/cm³)				
含水量(%)				
干密度(g/cm³)				
平均干密度(g/cm³)				

6.1.4 界限含水量试验(液、塑限仪联合测定法)

黏性土由于含水量的不同,可以处于固态、半固态、可塑状态及流动状态。黏性从一种状态转入另一种状态时的分界含水量称为界限含水量。黏性土由固态转为半固态的界限含水量称为缩(收)限(ω_S);由半固态转变到可塑状态的界限含水量称为塑限(ω_P);由可塑状态转变为流动状态的界限含水量称为液限(ω_L)。其中,液限和塑限是黏性土物理特征的重要指标,可通过液、塑限试验测得。

该试验的目的是测定黏性土的液限和塑限,从而计算出液性指数 I_L 和塑性指数 I_P,最终用于土的分类定名和确定土的承载力值。

测定液、塑限的方法有许多,如液、塑限仪联合测定法、圆锥仪、碟式仪液限试验、滚搓法塑限试验等。我国现行规范、规程中提倡用电磁放锥的光电式液、塑限仪联合测定。主要测定黏性土。

6.1.4.1 **基本原理**

液限是细粒土从可塑状态转变为流动状态的界限含水量，塑限是土由半固态转变为可塑状态的界限含水量。

试验时，取锥尖下沉深度分别为3~4 mm、7~9 mm、15~17 mm范围内的三种不同土样，及时测定三种土样的含水量，在双对数坐标纸上绘制圆锥入土深度与含水量关系图（见图6-5）。大量试验表明，该关系曲线近似于一条直线，如图6-5中的A线。从图中得到锥尖入土深度分别为2 mm、10 mm、17 mm时对应的含水量，即分别为塑限、10 mm（锥式仪）液限和碟式仪液限（等效），以百分数表示。

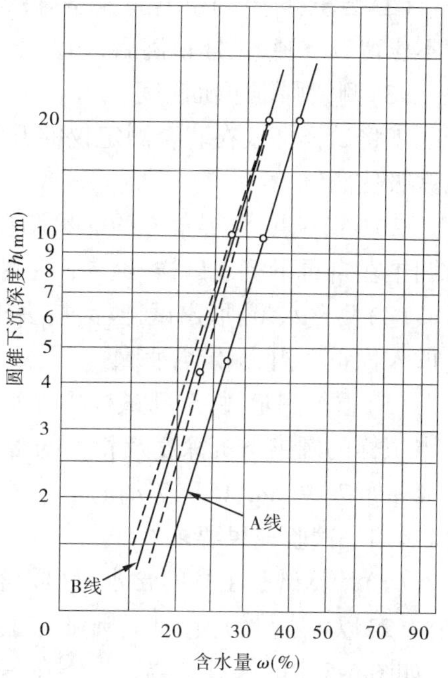

图6-5 圆锥入土深度与含水量关系

6.1.4.2 **仪器设备**

（1）光电式液、塑限联合测定仪（见图6-6）：包括带标尺的圆锥仪、电磁铁、试样杯（内径为40 mm，高度30 mm）。

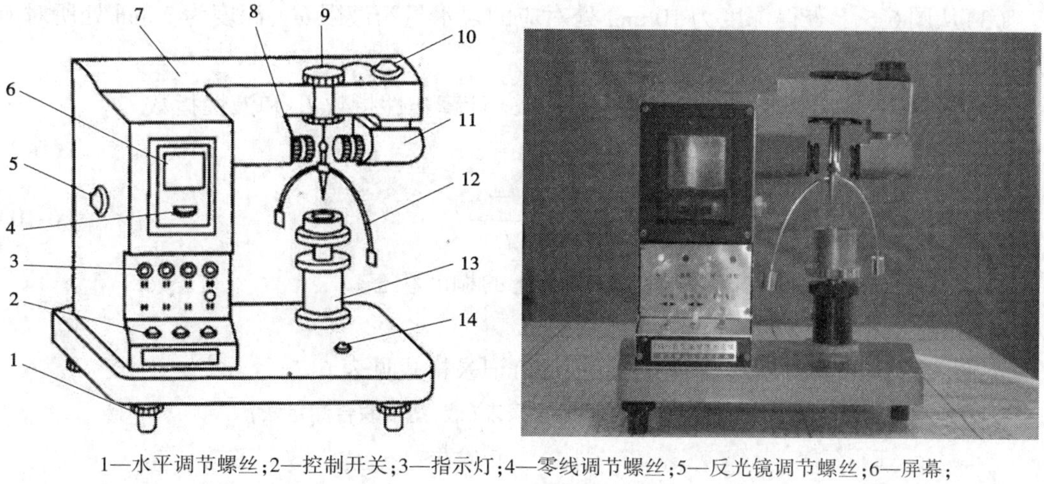

1—水平调节螺丝；2—控制开关；3—指示灯；4—零线调节螺丝；5—反光镜调节螺丝；6—屏幕；7—机壳；8—物镜调节螺丝；9—电磁装置；10—光源调节螺丝；11—光源；12—圆锥仪；13—升降台；14—水平泡

图6-6 光电式液、塑限联合测定仪

（2）天平：称量200 g，最小分度值为0.01 g。

（3）其他：铝盒、烘箱、干燥器、筛（孔径0.5 mm）、小瓷皿、瓷钵及带橡皮头研棒、蒸馏水、调土刀、凡士林等。

6.1.4.3 **试验要点（试验步骤）**

（1）试样制备：取代表性土样250 g，将试样放在橡皮板上，加蒸馏水调成均匀膏状，放入调土皿。

(2)装土样于试杯中:将制备好的土样充分搅拌均匀,然后分层装入试样杯中,填样时不应留有空隙,土样填满后,用调土刀抹平土面,使之与杯缘齐平。

(3)测读圆锥下沉深度。

①将试样杯放在联合测定仪的升降座上,在圆锥上抹一薄层凡士林,接通电源,使电磁铁吸住圆锥。

②调节零点,将屏幕上的标尺调在零位,调整升降座,使圆锥接触试样表面,指示灯亮时圆锥在自重下沉入试样,经 5 s 后测读圆锥下沉深度(显示在屏幕上)。

(4)测含水量:取出试样杯,挖去锥尖入土处的凡士林,取锥体附近的试样不少于 10 g,放入称量盒内,测定含水量。

(5)重复测定:将全部试样再加水或吹干并调匀,重复上述步骤,分别测定第二点、第三点试样的圆锥下沉深度及相应的含水量,测定应不少于 3 个点(3 点圆锥入土深度宜为 3~4 mm、7~9 mm、15~17 mm)。

6.1.4.4 试验成果要求

(1)计算试验土膏的含水量(同含水量试验)。

(2)以含水量为横坐标、圆锥入土深度为纵坐标绘于双对数坐标纸上,三点连成一直线,如图 6-5 中的 A 线。当三点不在一条直线上时,通过高含水量的一点与其余两点连成两条直线,在圆锥下沉深度为 2 mm 处查得相应的两个含水量,若差值<2%,用平均值的点与高含水量的点作一条直线,如图 6-5 中的 B 线。当两个含水量的差值≥2%时,应重做试验。

(3)从图 6-5 上查得深度为 10 mm 处对应的含水量为液限 ω_L,深度为 2 mm 处所对应的含水量为塑限 ω_P。

(4)根据 10 mm 液限 ω_L 和塑限 ω_P,按下式计算塑性指数 I_P 和液性指数 I_L。

$$I_P = \omega_L - \omega_P \tag{6-9}$$

$$I_L = \frac{\omega - \omega_P}{I_P} \tag{6-10}$$

(5)根据 I_P 确定土的名称,根据 I_L 确定土的稠度状态。

6.1.4.5 记录格式

界限含水量试验(液、塑限仪联合测定法)记录格式见表 6-7。

表 6-7 界限含水量试验记录表(液、塑限联合测定法)

工程名称__________ 试验者__________

土样编号__________ 计算者__________

试验日期__________ 校核者__________

试样编号	圆锥下沉深度(mm)	盒号	湿土质量(g)	干土质量(g)	含水量(%)	液限(%)	塑限(%)	塑性指数

6.2　土的固结压缩试验

土的压缩性是指土在压应力作用下发生压缩变形、体积被压缩变小的性质。饱水土在压应力作用下，由于孔隙水的不断排出而引起的压缩过程称为渗透固结。因此，饱水土的压缩试验也称固结试验。目前，广泛采用杠杆式压缩仪进行压缩试验。

6.2.1　基本原理

压缩试验是将土样放在金属器内，在有侧限的条件下施加压力，观察土在不同压力下的压缩变形量，进而计算土的压缩系数、压缩模量、压缩指数和固结系数等有关压缩性指标，作为工程设计计算的依据。

杠杆式压缩仪是用砝码通过杠杆加压，压力为 0.4～0.6 MPa，基本上能满足一般工程需要，且数台仪器可装在一个试验台架上，占地面积小，使用方便。

压缩试验可分为常规压缩试验和快速压缩试验。快速压缩试验又可分为单联和三联。目前多采用快速压缩试验，即在各级压力下，压缩时间规定为 1 h，最后一级压力测读到稳定标准为 24 h 变形量。

6.2.2　仪器设备

(1) 杠杆式固结仪：包括加压及测压装置、压缩容器（见图 6-7）。

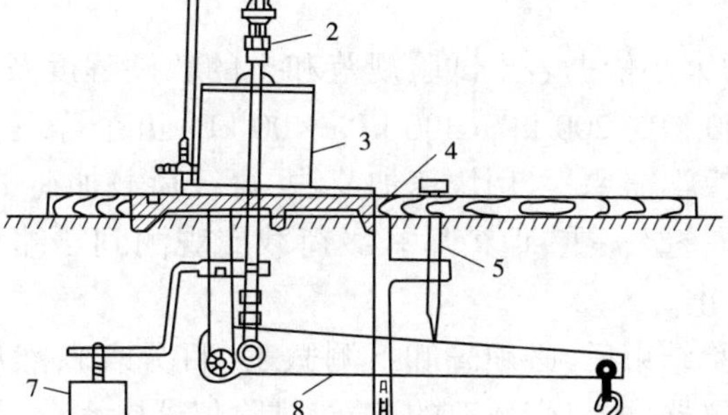

1—测微表；2—上部横梁；3—压缩容器；4—水平台；5—上部固定螺丝；
6—下部固定螺丝；7—平衡锤；8—杠杆；9—砝码盘

图 6-7　杠杆式压缩仪装置示意图

(2) 测微表（或百分表）。

(3) 含水量和密度所需设备。

(4) 其他：滤纸、钟表（或电子表）。

6.2.3　试验要点(操作步骤)

(1)试样制备。用环刀(环刀面积 30 cm^2)切取土样,测定土的密度和含水量。

(2)在固结仪的固结容器内装上带有试样的切土环刀(刃口向下),在土样两端应贴上洁净而润湿的滤纸,并在贴上滤纸的土样两端放上透水石,最后放入加压导环和加压活塞板以及定向钢球(见图 6-8)。

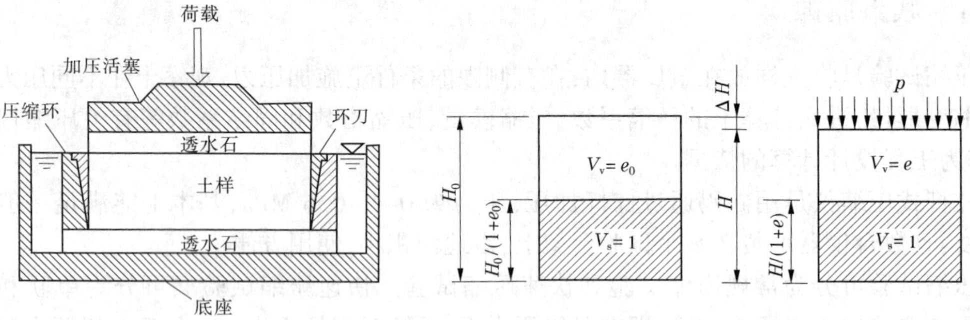

图 6-8　压缩容器及压缩示意图

(3)检查设备。调整平衡锤使杠杆水平,然后用下部支撑螺丝顶住。在试验过程中,应始终保持加荷杠杆水平。

(4)安装容器。将装好试样的压缩容器放到水平台固定位置,将上部加压框架放上,横梁与球柱接触后,插入活塞杆,调装测微表(百分表),并使其上的短针正好对准数字 6,再将测微表上的长针调整到零,读测微表(百分表)初读数 R_0。

(5)加压观测。

①加压等级。压力大小依据岩土试验规范和土的软硬程度及工程情况而定。一般,加压等级为:50 kPa、100 kPa、200 kPa、300 kPa、400 kPa 五个等级。

②加荷时间:根据教学需要,采用快速加荷法,每级荷载加荷 10 min,记下测微表(百分表)读数,而后施加下一级荷重,但最后一级荷载应观测到压缩稳定(每小时试样高度变形量≤0.005 mm)为止。

(6)仪器复原。试验结束后,必须先卸下测微表(百分表),然后卸掉荷重(砝码),升起加压框架,移出压缩仪器,取出带环刀的试样,排除仪器中水分,将仪器擦洗干净。

(7)注意事项。试验过程中不能卸载,百分表也不用归零。

6.2.4　试验记录与成果整理

压缩试验记录格式见表 6-8。

6.2.4.1　土样的初始孔隙比

$$e_0=\frac{(1+\omega_0)G_s\rho_w}{\rho_0}-1 \tag{6-11}$$

式中　e_0——土样初始孔隙比(加压前孔隙比);

ω_0——土样初始含水量；

G_s——土粒相对密度；

ρ_0——土样初始密度或天然密度，g/cm³；

ρ_w——水的密度，g/cm³。

表6-8　压缩试验记录表

工程名称：＿＿＿＿　土样编号：＿＿＿＿　仪器编号：＿＿＿＿

试样面积：＿＿＿cm²　试验前试样高度 h_0＿＿mm　试验前孔隙比 e_0＿＿

土样密度 ρ＿＿＿g/cm³　土样含水量 ω＿＿＿　试验日期：＿＿＿＿

试验者＿＿＿＿　试验记录＿＿＿＿　同组成员＿＿＿＿

压力(kPa)	0	50	100	200	300	400
测微表(百分表)读数	R_0	R_1	R_2	R_3	R_4	R_5
变形量(mm) $s_i=R_0-R_i$						
总变形量 $S_i=\sum s_i$						
各级荷载下土样稳定孔隙比 $e_i=e_0-\dfrac{S_i(1+e_0)}{h_0}$						

注：压缩系数($\alpha_{1,2}$)：

$$\alpha_{1,2}=\frac{e_1-e_2}{p_2-p_1}$$

式中　$\alpha_{1,2}$——压力为100 kPa和200 kPa的压缩系数，MPa^{-1}；

e_1、e_2——压力 $p_1=100$ kPa、$p_2=200$ kPa时的孔隙比。

6.2.4.2　各级压力下对应的稳定孔隙比

设土样的初始总高度（环刀高度）h_0 由纯土颗粒静高度 h_s 和纯孔隙高度 h_g 两部分构成，则有：

$$h_s=\frac{h_0}{1+e_0} \tag{6-12}$$

式中　h_s——纯土颗粒骨架静高度，mm；

h_0——土样初始高度，mm。

设某级压力 p_i 下累计的稳定的变形量为 s_i，假定土颗粒本身不可压缩，则土样的变形量就等于孔隙高度 h_g 的减少量，则某级压力下对应的孔隙比为：

$$e_i=\frac{h_{gi}}{h_s}=\frac{h_g-S_i}{h_s}=e_0-\frac{S_i}{h_s}=e_0-\frac{S_i(1+e_0)}{h_0} \tag{6-13}$$

式中　h_{gi}——某级压力下土样中孔隙高度，mm；

S_i——某级压力 P_i 下累计的稳定的变形量，mm；

其他符号含义同前。

6.2.4.3　计算压缩系数 α 和压缩模量 E

压缩系数：

$$\alpha = \frac{e_i - e_{i-1}}{p_{i+1} - p_i} \tag{6-14}$$

压缩模量：

$$E = \frac{1 + e_0}{\alpha} \tag{6-15}$$

式中　p_i——某一压力值，kPa；

e_i——与压力 p_i 对应的孔隙比；

p_{i+1}——压力值，kPa；

e_{i+1}——与 p_{i+1} 对应的孔隙比。

6.2.4.4　绘制 e-p 关系曲线

将计算成果填入表 6-8 中，绘制孔隙比 e 与压力 p 关系曲线（见图 6-9）。

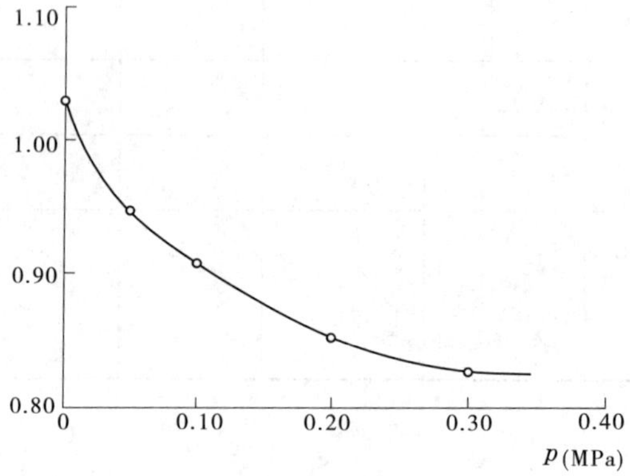

图 6-9　孔隙比 e 与压力 p 关系曲线

6.3　土的直接剪切试验

土体抵抗剪切破坏的性能称为土的抗剪性。抗剪性是决定土体稳定性的重要力学性质，其抵抗剪力的最大能力以抗剪强度表示，在数值上它等于土体所能承受的最大剪应力。测定土的抗剪强度的试验方法有很多，直接剪切试验是测定土的抗剪强度的一种最常用的方法。

按施加剪力方式的不同，可分为应变控制式和应力控制式。其中，前者是通过弹性钢环变形控制，等速推动试样产生位移，同时测定相应的剪应力；后者是对试样分级施加水平剪应力测定相应的位移。目前，我国普遍采用的是应变控制式剪切仪，下面主要介绍该种试验仪的原理和方法。

直接剪切试验在试验方法上有快剪法、慢剪法和固结快剪法三种。由于三种试验方法的受力条件不同，所得抗剪强度值也不同。因此，必须根据土所处的实际应力情况来选择试验方法。

6.3.1　试验仪器设备

(1)应变控制式直剪仪。该仪器主要由固定的上盒和可水平移动的下盒组成,仪器包括剪切盒、垂直加压设备、剪切传动装置、测力计、位移量测系统(见图 6-10)。应变控制式直剪仪可进一步分为单联和四联剪切两种类型。

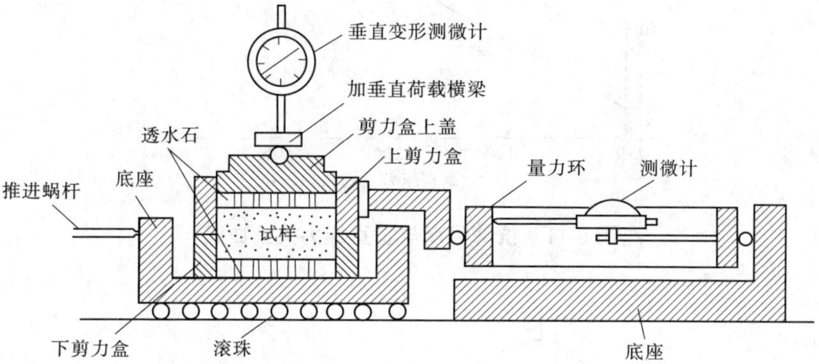

图 6-10　应变控制式直剪仪构造示意图

(2)环刀。内径 61.8 mm,高度 20 mm。

(3)测微表(百分表)。量程 10 mm,分度值 0.01 mm。

(4)其他。天平、切土刀、凡士林、秒表、直尺等。

6.3.2　试验原理

直接剪切试验原理是库仑定律,即土的抗剪能力(内摩擦力)与剪切面上的法向压力成正比。试验前将试验土样放入上、下盒中,将同一种土制备 4 个相同的土样(孔隙比和含水量应相同),分别施加不同的法向压力 σ_1、σ_2、σ_3、σ_4,沿固定剪切面(上下盒接触界面)直接施加水平力进行剪切,得其破坏时的剪应力 τ_i,以抗剪强度 τ_i 为纵坐标,以法向应力为横坐标,绘出该土样的 τ_i-σ 关系曲线(见图 6-11),该直线与横坐标的夹角即为土的内摩擦角(φ),直线在纵坐标上的截距为土的黏聚力 c。

直接剪切试验不能严格控制排水条件,以土样所受的总应力为计算标准,故所得强度为总应力强度。施加某一垂直压力 σ 后,逐渐施加水平剪应力 τ,同时测出相应的剪切位移 Δl,直至土样被剪坏。通常以剪应力的最大值(峰值)或稳定值作为土的抗剪强度 τ_f(见图 6-12)。如无明显变化,以剪切位移等于 4 mm 或 6 mm 的剪应力值作为土的抗剪强度。

6.3.3　试验要点(操作步骤)

以快剪试验为例进行说明。

(1)切取土样。用已知质量、高度和面积的环刀,取相同试样 4 个,测其密度和含水量。

(2)检查仪器。检查竖向和横向传力杆是否水平,不水平时调节平衡锤使之水平。

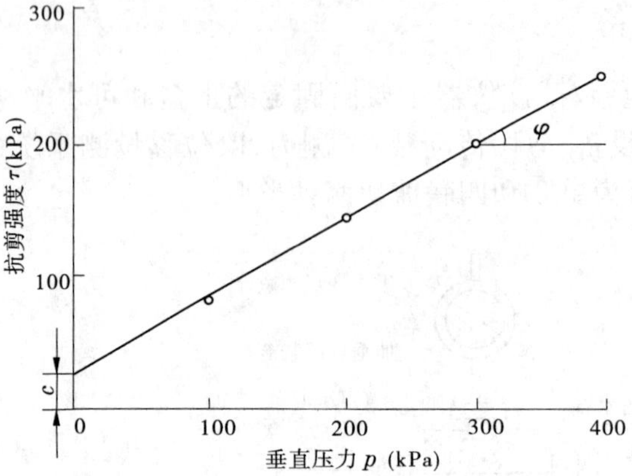

图 6-11　抗剪强度与垂直压力关系曲线

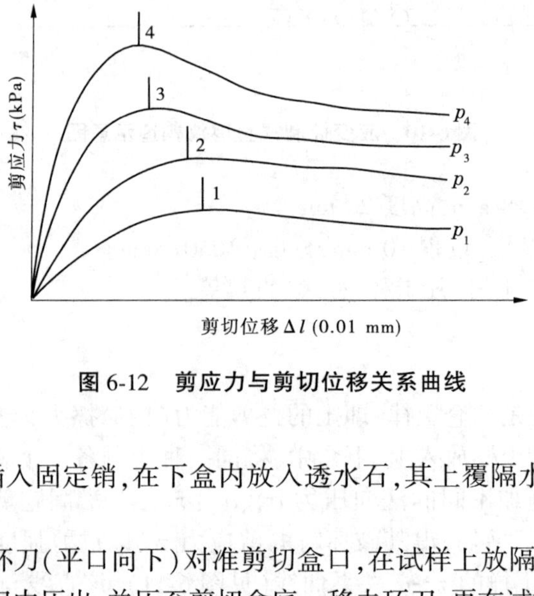

图 6-12　剪应力与剪切位移关系曲线

(3)安放试样。

①对准上下盒，插入固定销，在下盒内放入透水石，其上覆隔水蜡纸(快剪)或湿滤纸(固快、慢剪)。

②将盛有试样的环刀(平口向下)对准剪切盒口，在试样上放隔水纸(或湿滤纸)，然后用推土器将试样从环刀中压出，并压至剪切盒底。移去环刀，再在试样顶部放入透水石。

(4)水平剪切。转动手轮，使上盒前端钢珠刚好与量力环接触。调整量力环中的百分表，使其读数为零。依次加上加压盖板、钢珠、压力框架、安装垂直百分表，测记起始读数。

(5)垂直加荷。施加 100 kPa 垂直压力后，立即拔去固定销，开动秒表，以 0. 8 mm/min 的剪切速度进行剪切。

(6)水平剪切读数。剪切过程中，如量力环中测微表(百分表)指针不再前进，或者显著后退，表示试样已经破坏，一般宜剪至剪切变形达到 4 mm；若测微表(百分表)指针继续前进，则剪切变形应超过 6 mm 才能停止。同时，测记量力环测微表(百分表)读数。

(7)重复上述步骤，分别在 200 kPa、300 kPa、400 kPa 垂直压力下，对第二、第三、第四个试样进行剪切试验。

(8)仪器复原(或拆除)。剪切结束后，测记垂直测微表(百分表)读数，吸去盒中积水，尽快地依次卸除测微表（百分表）、荷载、上盒等。

直接剪切试验记录见表 6-9。

表 6-9　应变式直剪试验记录

工程名称＿＿＿＿　试验者＿＿＿＿

土样编号＿＿＿＿　计算者＿＿＿＿

试验日期＿＿＿＿　校核者

试验方法：　量力环率定系数 C=　（N/0.01 mm）

法向压应力 σ（kPa）	手轮转数 n（转）	量力环百分表读数 R（0.01 mm）	剪切位移 $\gamma=\Delta Ln-R$（0.01 mm）	剪应力 τ（kPa）	垂直位移 Δh（0.01 mm）

使用电脑控制的四联剪切仪时，依据按钮提示进行操作，记录表格见表 6-10。

表 6-10　电脑控制四联剪切试验记录（四联剪）

班级＿＿＿＿　试验者姓名＿＿＿＿　学号＿＿＿＿　同组成员＿＿＿＿　日期＿＿＿＿

试样编号	量力环率定系数（kPa/0.01 mm）	垂直压力（kPa）	最大剪切位移（0.01 mm）	剪应力（kPa）
1				
2				
3				
4				

6.3.4　成果整理

（1）根据下式计算剪应力 τ 及剪切位移 γ，以峰值抗剪强度为准；必要时绘制剪应力与剪切位移曲线。

$$\tau = \frac{C \cdot R}{A} \times 10 \tag{6-16}$$

$$\gamma = \Delta L \cdot n - R \tag{6-17}$$

式中　τ——试样所受的剪应力，kPa；

C——量力环率定系数，N/0.01 mm；

R——量力环测微表（百分表）读数，0.01 mm；

A——试样初始段面积，cm^2；

γ——剪切位移,0.01 mm;

ΔL——手轮转一圈的位移量,0.01 mm;

n——手轮转数。

(2)绘制 τ_f-σ 关系曲线。以抗剪强度 τ_f 为纵坐标,以垂直压力 σ 为横坐标,绘制 τ_f-σ 关系曲线(见图 6-13),直线的倾角为土的内摩擦角 φ,直线在纵坐标上的截距为土的黏聚力 c。

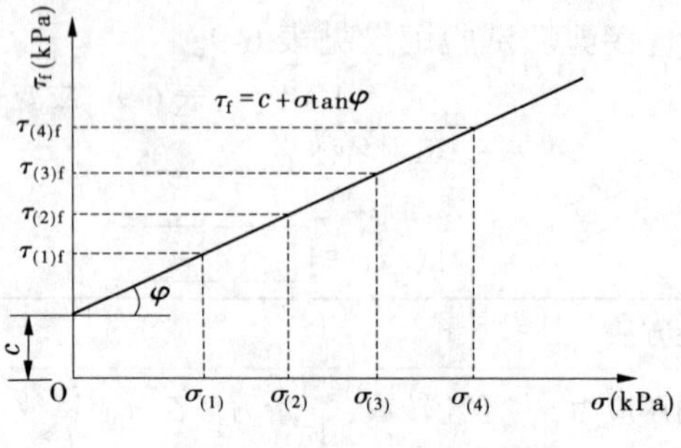

图 6-13　τ_f-σ 关系曲线

思考题与习题

1. 常用的室内试验方法可分为哪几类?
2. 如何进行筛分试验?
3. 如何用密度计法进行颗粒分析试验?
4. 如何进行含水量试验?
5. 如何测定土的密度?
6. 如何测定土的塑限和液限?
7. 如何进行土的固结压缩试验?
8. 如何计算不同压力下的孔隙比 e?
9. 什么是快压? 什么是慢压?
10. 如何进行快剪试验?
11. 根据剪切试验结果,如何计算土的内摩擦角 φ 和黏聚力 c?
12. 根据表 6-1,在半对数坐标纸上绘出颗粒级配曲线,并计算出不均匀系数 C_u 和曲率系数 C_c。

第 7 章　房屋建筑与构筑物的勘察评价

随着城市建设的发展,高层建筑以及各种构筑物大量涌现。在工程建设中,要求地基和基础为上部结构提供足够的承载力,以保证在建(构)筑物荷载作用下不会发生局部或整体的剪切破坏,从而影响建(构)筑物的安全与正常使用。同时,在满足承载力要求的前提下,必须对建筑物的变形进行控制。这里,地基的变形是广义的,主要包括四个方面:①沉降量:独立基础或刚性很大的基础中心的沉降量;②沉降差:相邻两个柱基的沉降量之差;③倾斜:独立基础在倾斜方向基础两端的沉降差与其距离的比值;④局部倾斜:砖石承重结构沿纵墙 6~10 m 内基础两点的沉降差与其距离的比值。

对于建筑物的岩土工程评价,主要有以下几个方面:①区域地壳稳定性问题;②地基稳定性;③设计与施工方案的建议;④不良地质作用防治的建议。

7.1　区域地壳稳定性

区域地壳稳定性研究的目的是评价地震、现代火山、断层位错和地壳运动等形成的山崩、滑坡等灾害对工程建筑安全的影响程度,从而选择相对稳定点的地区作为工程建设的基地和厂址。

7.1.1　稳定性分析和评价

地壳稳定性分析就是将一个区域分成不同稳定性程度的区域供工程设计部门利用,以便于选择条件好的地区和制订合理的建设、规划方案。

以地震震害为主,结合工程抗震要求将地壳稳定性分为四个等级,见表 7-1。另外,可用多个指标综合评价一个地区的地壳稳定性,见表 7-1。

表 7-1　地壳稳定性分级与地震指标

等级划分	基本烈度 I(度)	震级	地面最大水平 加速度 K	建筑条件
稳定区	≤Ⅵ	≤21/4	≤0.063g	适宜
基本稳定区	Ⅶ	11/2~23/4	0.125g	适宜
次稳定区	Ⅷ、Ⅸ	6~7	0.250g,0.500g	不完全适宜
不稳定区	≥Ⅹ	≥29/4	≥1.000g	不适宜

注:g 为重力加速度。

7.1.2　地震及地震效应

7.1.2.1　地震的概念

地震是地壳在内部或外部地质营力作用下在一定范围内产生快速振动的地质现象。换言之,地震是由于地球内动力作用而发生在地壳表层岩石圈内的一种快速颤动现象。地球上的地震绝大多数是由地壳自身运动造成的,此类地震称为构造地震,此类地震占地球上地震的95%。一般来说,构造地震容易发生在活动性强的断裂带两端或转折部位。此外,还有火山爆发引起的火山地震,采空区塌陷引起的陷落地震,以及人工破坏等引起的诱发地震。

地震要素(见图7-1)主要有:

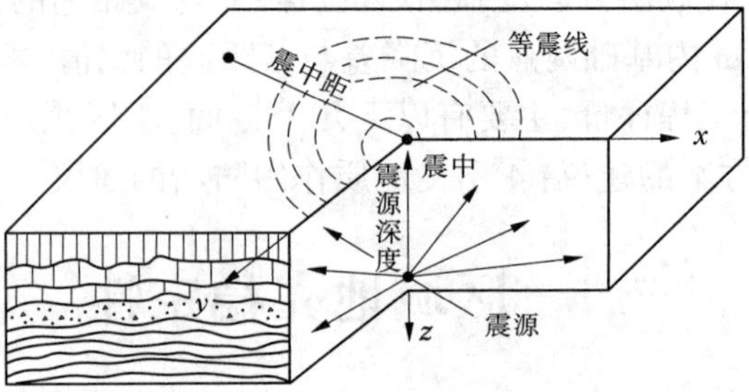

图7-1　地震要素

震源:地震的发源地称为震源。

震中:震源在地表面的垂直投影称为震中,震中附近的地区称为震中区。

震中距:震中与某观测点的距离称为震中距。

震源深度:震中到震源的垂直距离称为震源深度。震源深度<70 km时,称为浅源地震;震源深度为70~300 km,称为中源地震;震源深度为大于300 km称为深源地震。地球上75%以上的地震是浅源地震,例如四川汶川2008年5月12日8.0级大地震震源深度为14 km。

地震波:地震所引起的振动,以弹性波形式从震源向各个方向传播,这就是地震波。

地震资料表明,地球上的地震分布极不均匀,主要分布在地震带上。全球地震主要分布于板块构造的结合地带。例如,环太平洋地震带、欧亚地震带等。

7.1.2.2　震级与烈度

1. 震级

震级是对地震释放能量大小的度量。震源释放的能量越大,震级也就越高。震级是根据地震仪记录的地震波的最大振幅来确定的。震级的原始定义最初是由美国地震学家里希特(C. F. Richter)1935年提出的,故称为里氏震级(简称震级),里希特对地震的原始定义是:一次地震的震级是用标准地震仪(周期0.8 s、阻尼比0.8、放大倍数2 800倍的伍德-安德森式标准扭力地震仪)在距震中100 km处的地面所记录的最大振幅(以微米计)的对数值:

$$M = \lg A \tag{7-1}$$

式中　M——震级；

A——距震中 100 km 处标准地震仪记录的最大振幅，μm（微米）。

例如，如果距震中 100 km 的标准地震仪记录到的最大振幅为 10 cm（10^5 μm），则 $M=\lg 10^5=5$，震级为 5 级。

震级每增加 1 级，能量约增加 30 倍。一般来说震级 $M<3$ 级，人们感觉不到，称为微震（或弱震）；震级 $M=3\sim5$ 级，人们可以感觉到，称为有感地震；震级 $M=5\sim6$ 级，可引起不同程度的破坏，称为破坏性地震；震级 $M=6\sim7$ 级，可引起地面和建筑物强烈破坏，称为强烈地震；震级 $M>7$ 级，称为大地震；震级 $M\geqslant8$ 级，称为特大地震。目前，地球上已发生的地震最大震级是 2004 年 12 月 26 日印度尼西亚苏门答腊岛附近印度洋海域海底发生的里氏 9.1 级特大地震，死亡 25 万余人。

2. 地震烈度

地震烈度是指发生地震时地面和建筑物受到影响及破坏的强弱程度。在一次地震中，地震的震级是确定的，但地面各处的烈度各异，距震中越近，烈度越高；距震中越远，烈度越低。震中附近的烈度称为震中烈度。根据地面建筑物受破坏和受影响的程度，地震烈度划分为 12 度。烈度越高，表明受影响的程度越高（见图 7-2）。地震烈度不仅与震级有关，还与震源深度、震中距及地震波通过的媒介条件等多种因素有关。

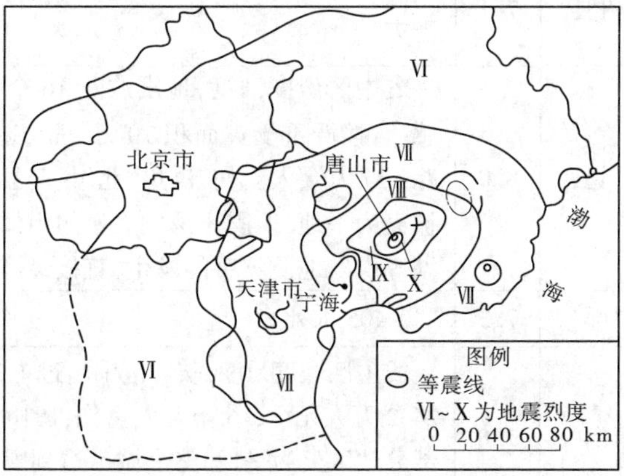

图 7-2　1976 年唐山地震烈度分布

震级和烈度虽然都是衡量地震强烈程度的指标，但烈度直接反映了地面建筑物受破坏的程度，因而与工程设计有更密切的关系。工程中涉及的地震烈度主要有以下两种：

（1）基本烈度（又称区域烈度）。地震基本烈度是指某一地区在今后的一定期限内（在我国一般按 100 年考虑），可能遭受的最大地震烈度。地震基本烈度所指的地区是一个较大的区域范围，因此又称为区域烈度。基本烈度是由地震部门根据历史地震资料及地区地震地质条件等的综合分析给定的，它实质上是中长期地震预报在防震、抗震上的具体估量，是对一个地区地震危险性做出的概略估计，以作为工程防震抗震的依据。

（2）设防烈度（设计烈度）。抗震设防烈度是指以地区基本烈度为基础，根据建筑物的重要性和经济性，按照抗震设计规范和地质条件，对基本烈度做适当调整后实际所依据的烈度。

一般建筑物可采用基本烈度作为设计烈度,对重大、重要建筑物(如核电站、大坝、大桥、超高层建筑物等),可将基本烈度提高1度作为设计烈度。对低小普通建筑物,可比基本烈度降低1度作为设计烈度。但基本烈度为Ⅶ度时,则不再降低。我国规定:基本烈度为Ⅵ以下(包含Ⅵ度)的地区,建筑物可以不设防,超过Ⅵ度时,必须采取抗震设防措施。例如,郑州地区为Ⅶ度烈度区,对一般建筑物要按Ⅶ度设防,对重要、重大建筑物应按Ⅷ度设防,对平房等普通建筑可不设防。

7.1.2.3 地震效应

地震是一种突发性的灾害,大的地震往往造成毁灭性的后果。地震的危害主要表现为造成大量的人员伤亡、建筑破坏和经济损失。

地震所产生的直接和间接结果,称为地震的灾害效应,主要有三种灾害效应:振动破坏效应(直接灾害)、地面破坏效应(间接灾害)和次生灾害。

我国是地震多发的国家,破坏性地震强度和危害都非常大,部分地震灾害见表7-2。

表7-2 20世纪以来我国部分灾难性地震

时间(年-月-日)	地点	震级	震害情况及死亡人数
2010-04-14	青海玉树县	7.1	2 698人死亡,270人失踪,玉树地区变为一片瓦砾,10万人受灾
2008-05-12	四川汶川县	8.0	震中区烈度Ⅻ度,地震波及16个省区,大半个中国都有震感,直接严重受灾面积10万km^2,造成8.7万余人死亡和失踪,37万余人受伤,汶川、北川、茂县等地变为一片废墟,基本被夷为平地,地震还诱发大量的山体滑坡、崩塌、泥石流、堰塞湖等次发地质灾害的发生,直接经济损失8 451亿元
1999-09-21	台湾中部	7.3	2 405人死亡
1976-07-28	河北唐山	7.8	震中区烈度Ⅺ度,破坏范围超过了3万km^2,波及14个省市,24.2万人死亡,16.4万人重伤,唐山市变为一片废墟和瓦砾,部分地区夷为平地,整个城市遭到毁灭性的破坏,直接经济损失100多亿元,这是20世纪世界上死亡人数最大的地震
1975-02-04	辽宁省海城县	7.3	此次地震被成功预测、预报和预防,因此避免了巨大的伤亡,仅2 041人死亡,但半个城市被毁,这是20世纪地震史上的奇迹
1970-01-05	云南省通海县	7.7	15 621人死亡,32 431人伤残
1968-07-25	山东郯城	8.5	地震波及8省161个县,破坏区面积50万km^2,是中国历史上最大的地震之一,造成5万余人死亡,灾难惨重
1966-03-22	河北邢台	7.2	在邢台隆县、宁晋县分别发生6.8级和7.2级地震,造成8 064人死亡,38 000人受伤,经济损失10亿元
1950-08-15	西藏察隅县	8.6	近4 000人死亡,雅鲁藏布江在山崩中被分成四段,一个村庄被整个抛至江对岸,县城被毁,损失惨重

续表 7-2

时间（年-月-日）	地点	震级	震害情况及死亡人数
1932-12-25	甘肃昌马堡	7.6	死亡7万人,文物古迹损失严重
1927-05-23	甘肃古浪	8.0	死亡35 495人,饥民、难民无数
1925-03-16	云南大理	7.1	14 000多人死亡
1920-12-16	宁夏海原县	8.6	共造成宁陕甘地区27万人遇难,四座城市被毁,数十个县城遭受严重破坏,地震发生时山崩地裂,房屋倒塌,一切荡然无存,是我国震级最高、烈度最大、破坏力最为严重的特大地震

地震是区域地壳稳定性评价和分级中最重要的因素,见表7-3。

表 7-3　地壳稳定性的综合指标

作用	指标	研究和分析内容
地质	地壳结构与深断裂	地壳结构类型,深断裂的延伸长度及组合形式
	新生代地壳变形	新生代裂谷,深断裂复活,第三纪和第四纪地壳拉张、沉降、上升速率
	第四纪断块和断裂	第四纪断块作用,第四纪断裂性质、方向、年龄、地堑、断陷盆地特征
	第四纪和现代构造应力场	第四纪构造应力场,主应力方向,叠加断裂作用,地块应力集中和分布
	第四纪火山和地热	第四纪火山年龄、分布,大地热流值,温泉及其与深断裂的关系
	地面形变位错	地壳活动(上升)区、活动断裂带引起的地面裂缝、滑坡、山崩
地球物理	重力场	重力异常梯级带,重力均衡,压强变化
	地壳地震应变能量	最高单个地震能量,总计能量值
	地震	震级,烈度

地基遭受的震害,主要是震陷、地基土液化、地震滑坡和地裂等。

(1)震陷:是指地基土由于地震作用而产生的明显的竖向永久变形。我国沿海地区软土分布广泛,震陷是主要的地基灾害。

(2)地基土液化:在地震的作用下,饱和砂土的颗粒之间发生相互错动而重新排列,其结构趋于密实,如果砂土为颗粒细小的粉细砂,则因透水性较弱而导致孔隙水压力加大,同时颗粒间的有效应力减小,当地震作用大到使有效应力减小到零时,将是砂土颗粒处于悬浮状态,称为砂土液化现象。砂土液化时其性质类似于液体,抗剪强度完全丧失,使作用于其上的建筑物产生大量的沉降、倾斜和水平位移,可引起建筑物开裂、破坏甚至倒塌。在国内外的大量地震灾害中,砂土液化现象相当普遍,是造成地震灾害的重要原因。

(3)地震滑坡:在山区和陡峻的河谷区域,强烈地震可引起山崩、滑坡、泥石流等大规模的岩土体运动,从而直接导致地基、基础和建筑物的破坏,对居民造成伤害。

(4)地裂:地裂会导致地面或岩面的突然破裂和位移,会引起建筑物的变形和破坏。

地震造成建筑物基础的破坏主要是:①沉降、不均匀沉降和倾斜;②水平位移;③受拉破坏。

7.1.3 地震液化效应评价

7.1.3.1 地基液化的概念及判别和处理的一般原则

地震液化效应是指位于地下水面以下的疏松饱水砂土,在地震时受到地震力反复作用,砂颗粒在水中完全处于悬浮状态,从而完全丧失强度和承载力的现象。砂土液化可导致涌砂滑塌、沉陷和浮起等灾害效应。换言之,液化是指地震中覆盖土层内孔隙水压急剧上升,一时难以消散,导致土体抗剪强度大幅减低、地基承载力丧失或减弱的现象。

液化多发生在饱和松散的粉细砂中,常伴有喷水、冒砂及构筑物沉陷、倾倒等现象。液化也常称为砂土液化或地基土液化。

液化判别和处理的一般原则是:

(1)对饱和砂土和饱和粉土(不含黄土)地基,除Ⅵ度外,应进行液化判别。对Ⅵ度区一般情况下可不进行判别和处理,但对液化沉陷敏感的乙类建筑可按Ⅶ度的要求进行判别和处理。

(2)存在液化土层的地基,应根据建筑的抗震设防类别、地基的液化等级,结合具体情况采取相应的措施。

7.1.3.2 液化判别和危险性估计方法

对于一般工程项目,砂土或粉土液化判别及危害程度估计可按以下步骤进行。

1. 初判——确定是否液化

初判,就是初步判别,以地质年代、黏粒含量、地下水位及上覆非液化土层厚度条件等作为判别条件,具体规定为:

(1)地质年代为第四纪晚更新世(Q_3)及以前的土层,Ⅶ度、Ⅷ度时可判为不液化。

(2)当粉土的黏粒(粒径<0.005 mm 的颗粒)在Ⅶ度、Ⅷ度和Ⅸ度时分别不小于10%、13%和16%的土层可判为不液化。

(3)采用天然地基的建筑,当上覆非液化土层厚度和地下水位深度符合下列条件之一时,可不考虑液化影响:

$$d_u > d_0 + d_b - 2\ \text{m} \tag{7-2}$$

$$d_w > d_0 + d_b - 3\ \text{m} \tag{7-3}$$

$$d_u + d_w > 1.5d_0 + 2d_b - 4.5\ \text{m} \tag{7-4}$$

式中 d_u——上覆非液化土层厚度,计算时宜将淤泥和淤泥质土层扣除,m;

d_0——液化土特征深度(指地震时一般能达到的液化深度),可按表 7-4 采用,m;

d_b——基础埋置深度，m，不超过 2 m 时，采用 2 m；

d_w——地下水位埋深，宜按设计基准期内年平均最高水位采用，也可按近期内年最高水位采用，m。

表 7-4　液化土特征深度 d_0　（单位：m）

饱和土类别	Ⅶ度	Ⅷ度	Ⅸ度
粉土	6	7	8
砂土	7	8	9

2. 细判——标准贯入试验判别

当初步判别认为需要进一步进行液化判别时，应采用标准贯入试验判别地面下 20 m 深度范围内土层的液化可能性；但对符合规定可不进行天然地基及基础的抗震承载力验算的各类建筑，可只判别地面下 15 m 范围内土的液化可能性。当饱和土的标贯击数（未经杆长修正）小于液化判别标贯击数临界值时，应判为液化。当有成熟经验时，也可采用其他方法。

在地面以下 20 m 深度范围内，液化判别标贯击数临界值可按下式计算：

$$N_{cr}=N_0\beta[\ln(0.6d_s+1.5)-0.1d_w]\sqrt{3/\rho_c} \tag{7-5}$$

式中　N_{cr}——液化判别标准贯入锤击数临界值；

N_0——液化判别标准贯入锤击数基准值，按表 7-5 采用；

d_s——饱和土标准贯入试验点深度，m；

d_w——地下水位，m；

ρ_c——黏粒含量百分率，当小于 3 或为砂土时，均应取 3；

β——调整系数，设计地震第一组取 0.80，第二组取 0.95，第三组取 1.05。

表 7-5　标准贯入锤击数基准值 N_0

设计基本地震加速度	0.10g	0.15g	0.20g	0.30g	0.40g
N_0	7	10	12	16	19

上面所述初判、细判都是针对土层柱状内一点而言，在一个土层柱状内可能存在多个液化点，如何确定一个土层柱状（相应于地面上的一个点）总的液化水平是场地液化危害程度评价的关键，《抗震规范》提供采用液化指数 I_{IE} 来表述液化程度的简化方法，即先探明各液化土层的深度和厚度，按下式计算每个钻孔的液化指数：

$$I_{IE}=\sum_{i=1}^{n}\left(1-\frac{N_i}{N_{cri}}\right)d_iW_i \tag{7-6}$$

式中　I_{IE}——地基的液化指数；

n——判别深度范围内每一个钻孔的标准贯入试验总数；

N_i、N_{cri}——第 i 点标准贯入锤击数的实测值和临界值，当实测值大于临界值时应取临界值，当只需要判别 0~15 m 范围以内的液化时，15 m 以下的实测值可按临界值采用；

d_i——第 i 点所代表的土层厚度,可采用与该标准贯入试验点相邻的上、下两标准贯入试验点深度差的一半,但上界不高于地下水位深度,下界不深于液化深度,m;

W_i——第 i 层土考虑单位土层厚度的层位优秀权函数值,m^{-1},当该层中点深度不大于 5 m 时应采用 10 m,等于 20 m 时应采用零值,5～10 m 时应按线性内插法取值。

计算出液化指数后,可按表 7-6 综合划分地基的液化等级。

表 7-6　液化指数与液化等级的对应关系

液化等级	轻微	中等	严重
液化指数 I_{IE}	$0<I_{IE}\leqslant 6$	$6<I_{IE}\leqslant 18$	$I_{IE}>18$

【例 7-1】　某土层的土层分布及各土层中点处的标准贯入击数如图 7-3 所示。该地区抗震设防烈度为Ⅷ度,设计地震分组组别为第一组,设计基本地震加速度值为 0.20g。基础埋置深度按 2.0 m 考虑。试按建筑抗震设计规范判别该场地土层的液化可能性及场地的液化等级。

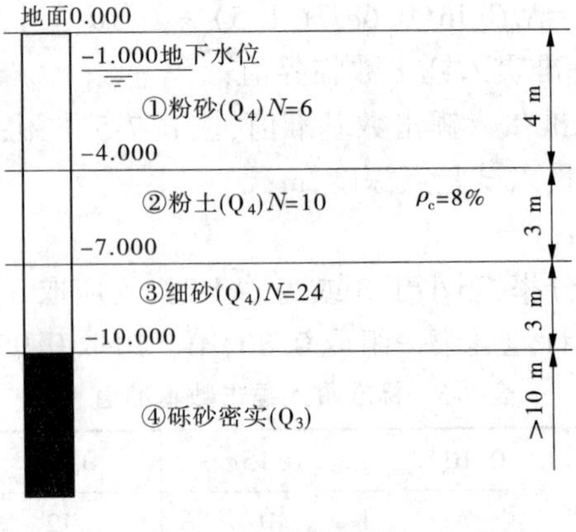

图 7-3　例 7-1 图

解: 1. 初判

根据地质年代,土层④可判为不液化土层,其他土层根据式(7-2)～式(7-4)进行判别如下:

由图 7-3 可知,$d_w=1.0$,$d_b=2.0$ m。

对于土层①,$d_u=0$,由表 7-4 查得 $d_0=8.0$,计算结果表明不能满足上述三个公式的要求,故不能排除液化可能性。

对于土层②,$d_u=0$,由表 7-4 查得 $d_0=7.0$,计算结果不能排除液化可能性。

对于土层③,$d_u=0$,由表 7-4 查得 $d_0=8.0$,与土层①相同,不能排除液化可能性。

2. 细判

对于土层①,$d_w=1.0$,$d_s=2.0$ m,$\beta=0.8$,因土层为砂土,$\rho_c=3$,另由表 7-5 查得 $N_0=12$,故由式(7-5) 算得标贯击数临界值 N_{cr} 为

$$N_{cr}=N_0\beta[\ln(0.6d_s+1.5)-0.1d_w]\sqrt{3/\rho_c}$$
$$=12\times0.8\times[\ln(0.6\times2.0+1.5)-0.1\times1.0]\sqrt{3/3}=8.58$$

因 $N=6<N_{cr}$，故土层①应判为液化土。

对于土层②，$d_w=1.0$，$d_s=5.5$ m，$\beta=0.8$，$\rho_c=8$，$N_0=12$，故由式(7-5)算得标贯击数临界值 N_{cr} 为

$$N_{cr}=N_0\beta[\ln(0.6d_s+1.5)-0.1d_w]\sqrt{3/\rho_c}$$
$$=12\times0.8\times[\ln(0.6\times5.5+1.5)-0.1\times1.0]\sqrt{3/8}=8.63$$

因 $N=10>N_{cr}$，故土层②判为不液化土。

对于土层③，$d_w=1.0$，$d_s=8.5$ m，$\beta=0.8$，因土层为砂土，$\rho_c=3$，$N_0=12$，故由式(7-5)算得标贯击数临界值 N_{cr} 为

$$N_{cr}=N_0\beta[\ln(0.6d_s+1.5)-0.1d_w]\sqrt{3/\rho_c}$$
$$=12\times0.8\times[\ln(0.6\times8.5+1.5)-0.1\times1.0]\sqrt{3/3}=17.16$$

因 $N=24>N_{cr}$，故土层③判为不液化土。

3. 场地的液化等级

由上面计算得出只有土层①为液化土，该土层中标贯点的代表厚度应取为该土层的水下部分厚度，即 $d=3$ m，按式(7-6)的说明，$W_i=10\ \text{m}^{-1}$。代入式(7-6)，则有

$$I_{IE}=\sum_{i=1}^{n}\left(1-\frac{N_i}{N_{cri}}\right)d_iW_i=\left(1-\frac{6}{8.58}\right)\times3\ \text{m}\times10\ \text{m}-1=9.02$$

由表 7-6 查得，该场地的地基液化等级为中等。

7.1.4　场地分类、地震场地的勘探评价和活断层

7.1.4.1　场地分类

在抗震设防烈度≥Ⅵ度的地区进行勘探时，应划分场地类别，划分对抗震有利、一般、不利和危险地段(见表 7-7)。

表 7-7　有利、一般、不利和危险地段的划分

地段类别	地形、地质、地貌
有利地段	稳定基岩、坚硬土或开阔平坦、密实均匀的中硬土等
一般地段	不属于有利、不利和危险的地段
不利地段	软弱土，液化土，条状突出的山嘴，高耸孤立的山丘，陡坡，陡坎，河岸和边坡边缘，平面分布上成因、岩性、状态明显不均匀的土层(如古河道、疏松的断层破碎带、暗埋的塘浜沟谷及半挖半填地基)，高含水量的可塑黄土，地表存在结构性裂缝等
危险地段	地震时可能发生滑坡、崩塌、地陷、地裂、泥石流等及发震断裂带上可能发生地表错位的部位

按照土层等效剪切坡速和场地覆盖层厚度，建筑场地类别划分为四类，见表 7-8、表 7-9。

表 7-8　各类建筑场地覆盖层厚度　（单位：m）

岩石的剪切波速或土的等效剪切波速(m/s)	场地类别				
	Ⅰ₀	Ⅰ₁	Ⅱ	Ⅲ	Ⅳ
$v_s>800$	0				
$800\geqslant v_{se}>500$		0			
$500\geqslant v_{se}>250$		<5	≥5		
$250\geqslant v_{se}>150$		<3	3~50	>50	
$v_{se}\leqslant 150$		<3	3~15	15~80	>80

注：v_s 为岩石的剪切波速；v_{se} 为等效剪切波速。

表 7-9　土的类型划分和剪切波速范围

土的类型	岩土名称和性状	土层剪切波速范围(m/s)
岩石	坚硬、较硬且完整的岩石	$v_s>800$
坚硬土或软质岩石	破碎和较破碎的岩石或软和较软的岩石，密实的碎石土	$800\geqslant v_s>500$
中硬土	中密、稍密的碎石土，密实、中密的砾、粗、中砂，$f_{ak}>150$ 的黏性土和粉土，坚硬黄土	$500\geqslant v_s>250$
中软土	稍密的砾、粗、中砂，除松散外的细、粉砂，$f_{ak}\leqslant 150$ 的黏性土和粉土，$f_{ak}>130$ 的填土，可塑新黄土	$250\geqslant v_s>150$
软弱土	淤泥和淤泥质土，松散的砂，新近沉积的黏性土和粉土，$f_{ak}\leqslant 130$ 的填土，流塑黄土	$v_s\leqslant 150$

注：f_{ak} 为由载荷试验等方法得到的地基承载力特征值，kPa；v_s 为岩土剪切波速。

7.1.4.2　地震场地的勘探评价

抗震设防烈度≥Ⅵ度时，应进行场地和地基地震效应的岩土工程勘察，并提出勘察场地的设防烈度、设计基本地震加速度和设计特征周期分区。

进行岩土工程勘察，主要工作包括：

(1)划分场地类别：划分对地震有利、不利或危险地段。

(2)对需要采用时程分析的工程提供土层剖面、覆盖层厚度和剪切波速度等参数。

(3)液化判别。

(4)对场地附近的滑坡、崩塌、泥石流、采空区等不良地质现象进行专门勘察，分析评价在遭受地震作用时的稳定性。

7.1.4.3　活断层

活断层是指目前还在持续活动的断层，或者是以前曾经活动过，在不久的将来还有可能重新活动的断层。活断层是第四纪以来构造运动的反映。一般将活断层分为以下两类：

(1)全新活动断裂：在全新地质时期(一万年)内有过地质活动或近期正在活动，在今后 100 年有可能继续活动的断层。全新活动断裂中，近期(近 500 年)发生过地震震级 $M\geqslant5$ 级的断裂，或在今后 100 年内可能发生 $M\geqslant5$ 级的断裂，可定为发震断裂。

(2)非全新活动断裂：一万年前活动过，一万年以来没有发生过活动的断裂。

活断层的活动对工程建筑有很大影响，一方面断层两侧的水平错动、拉开会破坏跨越断层或断层附近的建(构)筑物，另一方面活断层往往伴随有地震发生。

活断层的特征是继承性、活动周期性。

7.2　地基承载力的确定

地基承载力是指地基土单位面积上能够承受荷载的能力。在进行工程设计时必须限制基础底面处的压力，使其低于地基承载力特征值，以保证地基土不会发生剪切破坏而失去稳定。

地基承载力特征值的确定可采用载荷试验或其他原位测试、公式计算，并结合工程实践经验等方法综合确定。

当基础直接砌置在未经处理的天然土层上时，这种地基称为天然地基。当天然地基的承载力不能满足结构的要求，须经人工处理，这种经人工处理后的地基称为人工地基。

7.2.1　土质地基的承载力

7.2.1.1　原位测试

根据载荷试验、标准贯入试验等原位测试，均能确定地基的承载力，第 5 章已经介绍，不再赘述。

7.2.1.2　理论公式

当偏心距 $e\leqslant3.3\%$基础底面宽度时，可以根据土的抗剪强度指标确定地基承载力特征值，按下式计算：

$$f_a = M_b\gamma b + M_d\gamma_m d + M_c c_k \tag{7-7}$$

式中　f_a——由土的抗剪强度指标确定的地基承载力特征值，kPa；

M_b、M_d、M_c——承载力系数，由表 7-10 确定；

b——基础底面宽度，大于 6 m 时按 6 m 取值，对于砂土，小于 3 m 时按 3 m 计；

c_k——基础下一倍短边宽度深度内土的黏聚力标准值；

γ——基础底面以下土的重度，地下水位以下取浮重度，kN/m^3；

γ_m——基础底面以上土的加权重度，地下水位以下取浮重度，kN/m^3；

d——基础埋置深度，m，一般自室外地面标高算起。

表 7-10　承载力系数 M_b、M_d、M_c

土的内摩擦角标准值 φ_k(°)	M_b	M_d	M_c
0	0	1.00	3.14
2	0.03	1.12	3.32
4	0.06	1.25	3.51
6	0.10	1.39	3.71
8	0.14	1.55	3.93
10	0.18	1.73	4.17
12	0.23	1.94	4.42
14	0.29	2.17	4.69
16	0.36	2.43	5.00
18	0.43	2.72	5.31
20	0.51	3.06	5.66
22	0.61	3.44	6.04
24	0.80	3.87	6.45
26	1.10	4.37	6.90
28	1.40	4.93	7.40
30	1.90	5.59	7.95
32	2.60	6.35	8.55
34	3.40	7.21	9.22
36	4.20	8.25	9.97
38	5.00	9.44	10.80
40	5.80	10.84	11.73

注:φ_k 为基底下一倍短边宽深度内土的内摩擦角标准值。

7.2.1.3　承载力修正

当基础的宽度大于 3 m 或埋置深度大于 0.5 m 时,以载荷试验或其他原位试验、经验值等方法确定的地基承载力值还需要根据实际的基础宽度 b 与埋置深度 d 进行修正,按下式进行修正:

$$f_a = f_{ak} + \eta_b \gamma (b - 3) + \eta_d \gamma_m (d - 0.5) \tag{7-8}$$

式中　f_a——修正后地基承载力特征值;

f_{ak}——由原位试验确定的地基承载力特征值;

η_b、η_d——地基宽度和埋深的地基承载力修正系数,按基底下土的类别查表 7-11 取值。

表 7-11　地基承载力修正系数

土的类别		η_b	η_d
淤泥和淤泥质土		0	1.0
人工填土 e 或 I_L 大于等于 0.85 的黏性土		0	1.0
红黏土	含水比 $\alpha_w>0.8$	0	1.2
	含水比 $\alpha_w\leqslant0.8$	0.15	1.4
大面积压实填土	压实系数大于 0.95,黏粒含量 $\rho_c\geqslant10\%$ 的粉土	0	1.5
	最大干密度大于 2.1 t/m^3 的级配砂石	0	2.0
粉土	黏粒含量 $\rho_c\geqslant10\%$ 的粉土	0.3	1.5
	黏粒含量 $\rho_c<10\%$ 的粉土	0.5	2.0
e 及 I_L 均小于 0.85 的黏性土		0.3	1.6
粉砂、细砂(不包括很湿与饱和时的稍密状态)		2.0	3.0
中砂、粗砂、砾砂和碎石土		3.0	4.4

注:1. 强风化和全风化的岩石,可参照所风化成的相应土类取值,其他状态下的岩石不修正。

2. 地基承载力特征值按深层平板载荷试验确定时 η_d 取 0。

3. 含水比是指土的天然含水量与液限的比值。

4. 大面积压实填土是指填土范围大于两倍基础宽度的填土。

【例 7-2】　某条形基础宽 $b=2.5$ m,埋置深度 $d=1.6$ m,地基为均匀粉质黏土,孔隙比 $e=0.769$,塑限 $\omega_P=18.2\%$,液限 $\omega_L=30.2\%$,天然密度 $\rho=1.87$ g/cm^3,天然含水量 $\omega=22.5\%$,内摩擦角标准值 $\varphi_k=26°$,黏聚力标准值 $c_k=15$ kPa,地下水位很深。现场载荷试验测得的承载力特征值 $f_{ak}=233.3$ kPa。试分别用理论计算公式和现场载荷试验结果求地基的承载力。

解:1. 按承载力公式计算地基承载力

据承载力理论公式,地基承载力为

$$f_a=M_b\gamma b+M_d\gamma_m d+M_c c_k$$

由土的内摩擦角标准值 $\varphi_k=26°$,查表 7-10 得:$M_b=1.10$,$M_d=4.37$,$M_c=6.9$,有 $\gamma=\gamma_m=9.8\times1.87=18.33$(kN/m^3)。代入上式:

$$f_a=1.1\times18.33\times2.5+4.37\times18.33\times1.6+6.90\times15=282.07(\text{kPa})$$

2. 根据现场载荷试验结果求地基承载力

按承载力修正公式,求宽度和深度修正后的地基承载力:

$$f_a=f_{ak}+\eta_b\gamma(b-3)+\eta_d\gamma_m(d-0.5)$$

基础宽度 $b=2.5$ m<3.0 m,故不作第 2 项宽度修正。

基底以上土的天然重度 $\gamma_m=9.8\times1.87=18.33$(kN/m^3),孔隙比 $e=0.769$,查表 7-11 得 $\eta_d=1.6$,代入上式得:

$$f_a = 233.3 + 1.6 \times 9.8 \times 1.87 \times (1.6 - 0.5) = 265.6(\text{kPa})$$

7.2.2　岩石地基的承载力

7.2.2.1　根据载荷试验确定地基承载力

(1)对应于 $p-s$ 曲线上起始直线段的终点为比例界限,符合终止加载条件的前一级荷载为极限荷载。

(2)将极限荷载除以安全系数 3,所得值与对应于比例界限的荷载值相比较,取小值作为岩石地基承载力。

(3)每个场地静载荷试验的数量不少于 3 个,取最小值作为岩石地基承载力特征值。

(4)岩石地基承载力不再进行宽度和深度的修正。

7.2.2.2　根据室内饱和单轴抗压强度计算

$$f_a = \varphi_r f_{rk} \tag{7-9}$$

式中　f_a——岩石地基承载力特征值,kPa;

f_{rk}——岩石饱和单轴抗压强度标准值,kPa;

φ_r——折减系数,完整岩体,可取 0.5,较完整岩体取 0.2~0.5,较破碎岩体,取 0.1~0.2。

思考题与习题

1. 什么是区域地壳稳定性?如何进行分析和评价?

2. 如何进行场地分类?主要考虑哪些因素?

3. 什么是砂土液化?如何判别砂土液化?

4. 什么是活断层?如何判别活断层?

5. 试述地基承载力的概念,如何确定地基承载力?

6. 如何用理论公式计算土质地基的承载力?

7. 为什么要对土质地基承载力公式进行修正?

8. 如何确定岩石地基的承载力?

9. 根据室内饱和单轴抗压强度如何计算岩石的承载力?

10. 场地土层如图 7-4 所示,已知该地区的抗震设防烈度为Ⅷ度,设计地震分组组别为第一组,设计基本地震加速度 0.20g。基础埋深按 2.0 m 考虑,各土层中点处的标贯击数由上到下分别为 4、7、40。请按《建筑抗震设计规范》(GB 50011—2010)(2016 年版)判别场地土层的液化可能性并确定场地的液化等级。

11. 某条形基础宽 b=2.6 m,埋置深度 d=1.7 m,地基为均匀粉质黏土,孔隙比 e=0.78,塑限 ω_P = 18.2%,液限 ω_L = 30.2%,天然密度 ρ = 1.87 g/cm^3,天然含水量 ω = 22.5%,内摩擦角标准值 φ_k = 28°,黏聚力标准值 c_k = 16 kPa,地下水位很深。现场载荷试验测得的承载力特征值 f_{ak} = 234.0 kPa。试分别用理论计算公式和现场载荷试验结果求

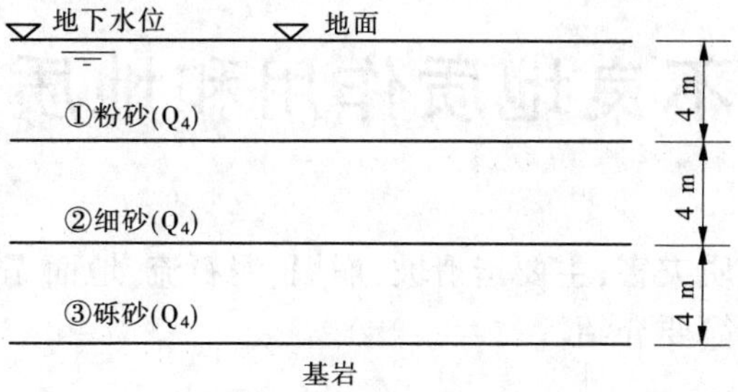

图 7-4　题 7-10 图

地基的承载力。

（参考答案：理论公式计算：$f_a = 338.74$ kPa，根据现场载荷试验结果求地基承载力：$f_a = 269.19$ kPa。）

第 8 章　不良地质作用和地质灾害勘察

不良地质作用和地质灾害,主要指滑坡、崩塌、泥石流、地面塌陷等,下面对其概念、成因机制和勘察要点做一简要介绍。

8.1 滑　坡

8.1.1　滑坡的概念与形态特征

滑坡是斜坡岩土体在重力作用下失去原有的稳定状态,沿着斜坡内某一滑动面或滑动带整体向下滑动的现象和过程。滑坡是边坡岩土体最主要的破坏形式。

产生滑坡的原因主要有两个方面:

(1)岩土体自身的强度较低,不足以抵抗由于岩土体自重产生的下滑力。

(2)由于坡脚岩土体开挖或者其他的诱发因素造成坡脚岩土体破坏,使得边坡失去了原有的支撑力,沿着某个面向下滑动。

滑坡的形态要素主要有以下几个方面(见图 8-1、图 8-2)。

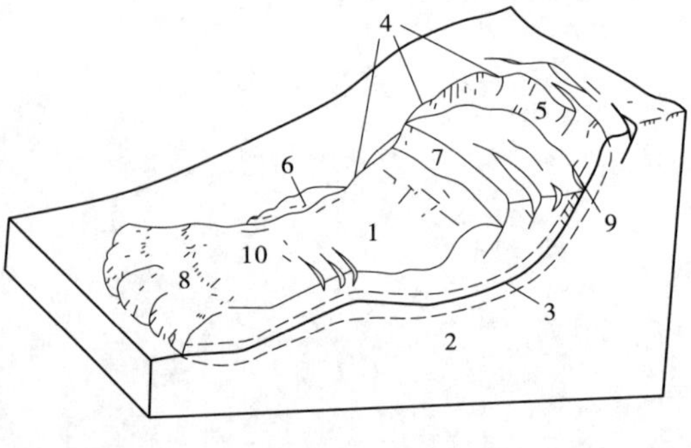

1—滑坡体;2—滑坡床;3—滑动面;4—滑坡周界;5—滑坡后壁;
6—滑坡侧壁;7—滑坡台阶;8—滑坡舌;9—滑坡洼地和滑坡湖;10—鼓丘和土垄

图 8-1　滑坡形态要素示意图

(1)滑坡体。斜坡上与母体脱离、整体向下滑动的那部分岩土体,称为滑坡体,简称滑体。由于滑坡是岩土体整体的滑移,所以滑坡体内部可大体保持原先的地层层序特征和结构特征,但因经过变形阶段和滑动作用,又会形成新的裂缝和明显的松动现象。

(2)滑坡面。滑坡体移动时,滑坡体与不动岩土体(滑床)之间形成一个分界面,滑坡体沿其下滑,此面称为滑动面,简称滑面。由于滑动时的错动碾压,滑动面一般较光滑,有时可见到擦痕。滑动面附近可形成破坏带,称为滑动带。带上可发生片理和糜棱化现象。一个多期活动的大滑坡体,往往有多个滑动面,应分清主滑面与次滑面。滑动面在断面上

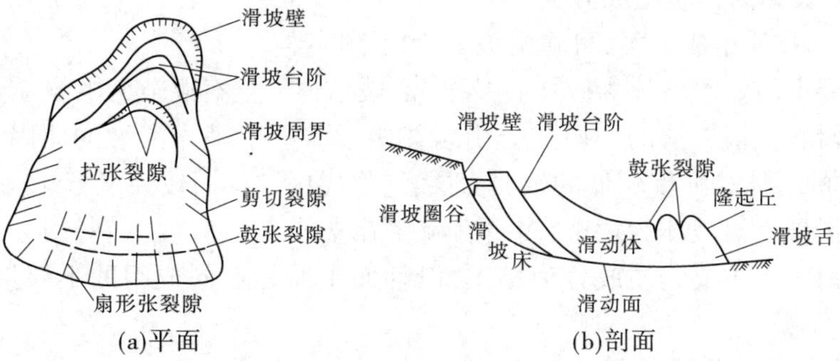

图 8-2　滑坡结构平面及剖面示意图

可表现为直线状、折线状(阶梯状)和圆弧状等。

(3)滑坡床。滑坡体之下或滑动面之下未经滑动的稳定岩土体称为滑坡床,简称滑床。在滑坡形成时,它基本保持原有的结构而未发生变形,只是在靠近滑坡体部位有些破碎,其前缘因受到滑坡体挤压而产生一些挤压裂隙。

(4)滑坡周界。滑坡体与周围未变位的不动岩土体在平面上的分界线,称为滑坡周界。它圈定了滑坡的范围。滑坡周界的形状一般呈椭圆形或纵长形。

(5)滑坡后壁。滑坡体滑落后,滑坡后缘和斜坡未动部分之间形成一个坡度较大的陡壁,称为滑坡后壁,又称主滑壁或简称滑坡壁。滑坡后壁实际上是滑动面在上部的露出部分,滑坡后壁的左右呈弧形向前延伸,平面上多成"圈椅"状。一般,滑坡后壁由于滑动作用所形成的母岩较陡,其坡角多为 35°～80°,滑坡(后)壁上经常可见到铅直方向的擦痕。

(6)滑坡台阶。滑坡体下滑时由于各部分运动速度不同而形成的错落状台地,称为滑坡台阶。某些滑坡,整个滑坡体由坡上到坡下要分成几段,每段因滑动的速度不同,形成了台阶一样的地形外貌,这就是滑坡台阶,大滑坡体上常出现多个台阶和陡坎。

(7)滑坡舌(滑坡前缘)。滑坡体前部伸出的如舌状的部分称为滑坡舌,又称滑坡前缘。如果滑坡舌受阻,形成隆起小丘,则称为滑坡鼓丘。

(8)滑坡裂缝。滑坡发生时,由于滑坡体在滑动过程中各部分岩土体运动速度和受力性质及大小不同,因而在滑坡体不同部位产生许多性质不同的裂隙或裂缝,统称为滑坡裂缝。按力学成因及性质,可将裂隙(裂缝)分为拉张裂缝、剪切裂缝、鼓张裂缝、扇形张裂缝等。各种裂隙(裂缝)都有一定的形态特征和分布位置。

(9)滑坡主轴。也称主滑线,是指滑坡滑动速度最快的纵向线或迹线,它代表整个滑坡的滑动方向。滑动迹线(主滑线)可以是直线,也可以是折线或曲线。

滑坡的形态要素和特征是判断斜坡是否受过滑动的重要指标,也是滑坡研究的一项重要内容。

8.1.2　滑坡的分类

滑坡可从不同角度进行分类,以便更好地掌握其特征、产生机制,为滑坡的稳定性评价和防治提供依据。

8.1.2.1 按滑坡体的物质组成分类

按滑坡体的物质组成分类,可将滑坡分为以下四类:

(1)堆积层滑坡。滑坡体为碎块石及土,滑坡结构以土石混杂为主。

(2)基岩滑坡。滑坡体的物质成分由岩体组成。产生基岩滑坡的原因主要有两种:①组成滑坡体的岩体是强度较低的软弱岩层;②岩层中结构面较为发育。

(3)黄土滑坡。滑坡体为黄土,多属崩塌性滑坡。

(4)黏土滑坡。主要物质成分为黏土,滑动面主要是不同成因的土层接触面或土层与基岩的接触面。

8.1.2.2 按滑坡力学性质特征分类

按滑坡的力学性质,可把滑坡分为以下四类(见图 8-3):

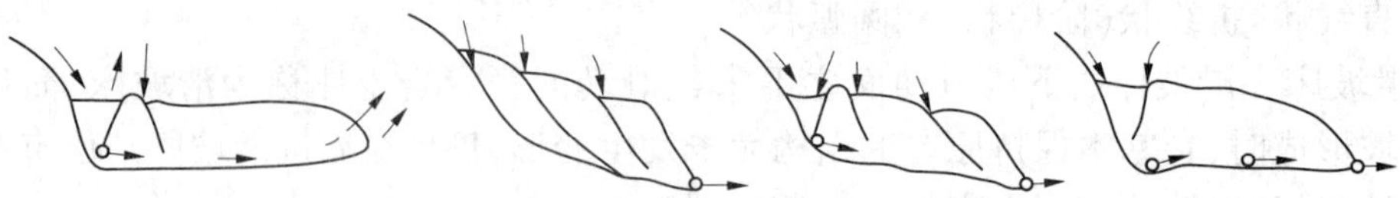

(a)推动式滑坡 (b)牵引式滑坡 (c)混合式滑坡 (d)平移式滑坡

(○代表始滑部位,据巴普洛夫,1903)

图 8-3 滑坡的不同动力学类型

(1)推动式(推移式)滑坡。上部岩土体先产生局部破坏,进而失稳而推动下部滑动。始滑部位位于滑坡的后缘。

(2)牵引式滑坡。斜坡下部首先失稳滑动,然后逐渐向上扩展,继而牵动上部土体向下滑动的滑坡。始滑部位位于滑坡的前缘。这类滑坡的发生主要是坡脚受河流冲刷或人工开挖被掏空所致。

(3)混合式滑坡。这种滑坡属于推动式滑坡和牵引式滑坡的混合形式,即始滑部位前、后缘均有,上下结合,共同作用,这种类型较为常见。

(4)平移式滑坡。滑动面一般较平缓,滑坡许多部位都失去稳定,始滑部位分布于滑动面的许多点,这些点同时局部滑移,逐渐连接形成统一滑面,从而贯通为整体滑动。

8.1.2.3 按滑动面与岩层面的关系分类

依据滑坡体与岩层面之间的关系,可将滑坡分为以下三类:

(1)均质滑坡。滑坡发生在均质、无明显层理的岩土体中,滑坡面一般呈圆弧形[见图 8-4(a)]。

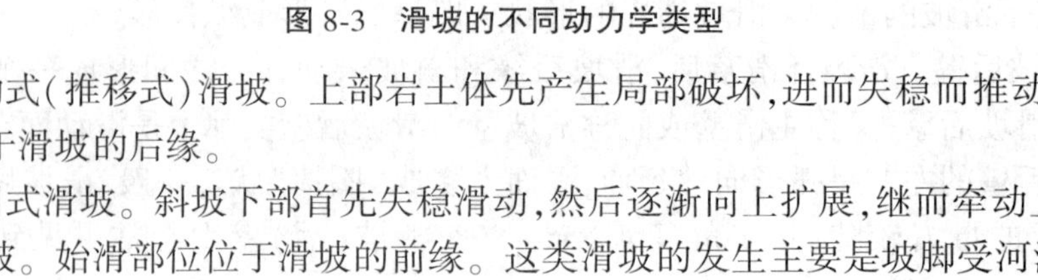

(a)均质滑坡 (b)顺层滑坡 (c)切层滑坡

图 8-4 滑坡滑面与岩层层面关系

(2)顺层滑坡。是沿着岩层面发生的滑坡[见图 8-4(b)]。

(3)切层滑坡。是滑动面切割了不同的岩层面发生的滑坡[见图 8-4(c)]。

8.1.2.4　**按滑坡体的规模分类**

(1)小型滑坡。滑坡体体积<3 万 m^3。

(2)中型滑坡。滑坡体体积=3 万~50 万 m^3。

(3)大型滑坡。滑坡体体积=50 万~300 万 m^3。

(4)巨型滑坡。滑坡体体积>300 万 m^3。

8.1.2.5　**按滑坡体厚度分类**

(1)浅层滑坡。滑坡体厚度<6 m。

(2)中层滑坡。滑坡体厚度=6~20 m。

(3)深层滑坡。滑坡体厚度=20~30 m。

(4)超深层滑坡。滑坡体厚度>30 m。

8.1.2.6　**按滑坡体形成年代分类**

(1)古滑坡。历史上发生的滑坡,可再分为以下两类:

①死滑坡:此时的斜坡处在稳定状态,没有再次发生滑坡的迹象。

②处于极限平衡状态的滑坡:根据受力分析计算,稳定系数≥1。

(2)活滑坡。目前仍然处在活动状态的滑坡,根据受力分析计算,稳定系数≤1。

8.1.2.7　**按滑动面的形态特征分类**

(1)平面型滑坡。滑动面为平面或近似平面,是岩土体沿某单一的结构面向下滑动产生的滑坡(见图 8-5)。此类滑坡多为岩质滑坡。

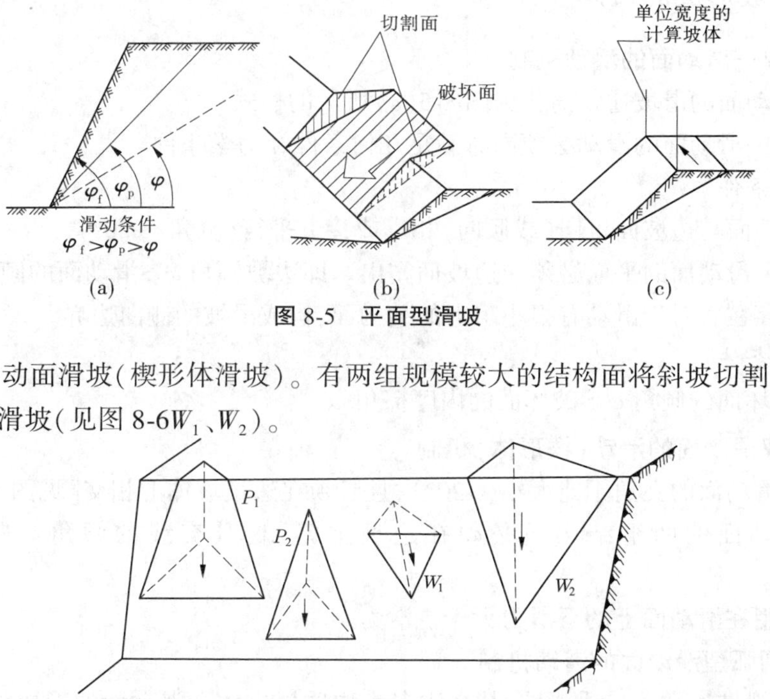

图 8-5　平面型滑坡

(2)双滑动面滑坡(楔形体滑坡)。有两组规模较大的结构面将斜坡切割成一个楔形体,进而产生滑坡(见图 8-6W_1、W_2)。

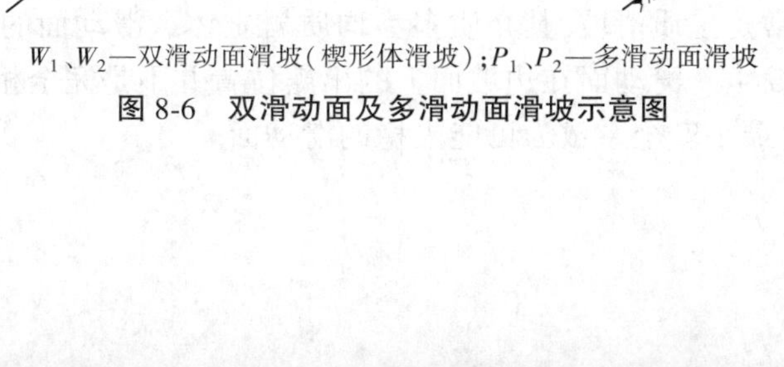

W_1、W_2—双滑动面滑坡(楔形体滑坡);P_1、P_2—多滑动面滑坡

图 8-6　双滑动面及多滑动面滑坡示意图

(3)多滑动面滑坡:滑动体受多组结构面切割而形成的滑坡(见图 8-6P_1、P_2)。在岩质边坡中常表现为折线型滑动面。

(4)圆弧滑动面滑坡。滑动面为圆弧型或近似圆弧型[见图 8-4(a)、(c)]。

(5)组合滑动面滑坡。

8.1.3　滑坡的变形特征

滑坡的变形特征可分为以下五个阶段:

(1)蠕动阶段。在一定的地质营力作用下,斜坡岩土体产生缓慢的塑性变形,即蠕动变形,简称蠕变。

(2)挤压阶段。滑坡后缘和中上部的岩土体向前移动共同推挤抗滑段滑体,逐步形成滑动面。

以上两阶段可延续几个月,甚至几年,这是预防和治理滑坡最佳的阶段。

(3)滑动阶段。滑动面形成贯通,滑坡真正形成,滑坡上、中、下部滑移速度基本一致。

(4)剧滑阶段。滑坡以较快速度整体滑移。

(5)稳定压密阶段。随着滑移距离增大,阻力加大,滑坡体减速,最终滑坡体停止滑动。完成了由加速、等速、减速、停止这一完整的滑动过程。

8.1.4　滑坡形成的机制

8.1.4.1　单一滑动面的滑动机制

单一滑动面的滑坡通常简化为图 8-5(a)所示的模式。

产生单一滑动面的滑动必须同时满足几何条件和力学条件。

1. 几何条件

(1)滑动面与边坡面走向(或倾向)相等或接近平行(夹角$<\pm20°$)。

(2)作为滑动面的平面必须在边坡面露出。即边坡倾角 $\varphi_f>$滑动面的倾角 φ_p。

(3)还存在着对于滑动有很小阻力的结构面,构成滑坡的侧向边界。

2. 力学条件

滑坡破坏面的倾角 $\varphi_p>$破坏面的内摩擦角 φ。

8.1.4.2　双滑动面的滑动(楔形体)机制

(1)两滑动面的夹角不能太小($>20°$),且必须在边坡坡体上相交[见图 8-7(a)]。

(2)滑动面的两组结构面必须在边坡上露出,其交线的倾角<坡面倾角[见图 8-7(b)]。

(3)作用在滑动面上的下滑力大于抗滑力。

8.1.4.3　圆弧型滑动面的滑动机制

圆弧型滑坡通常是土质滑坡,其介质多为均质岩土体。滑动面的形成将沿着岩土体中最弱的抗剪强度发生。滑动面在边坡面上的出露位置并不是完全相同的。

计算安全系数,最小安全系数为可能失稳的滑动面。

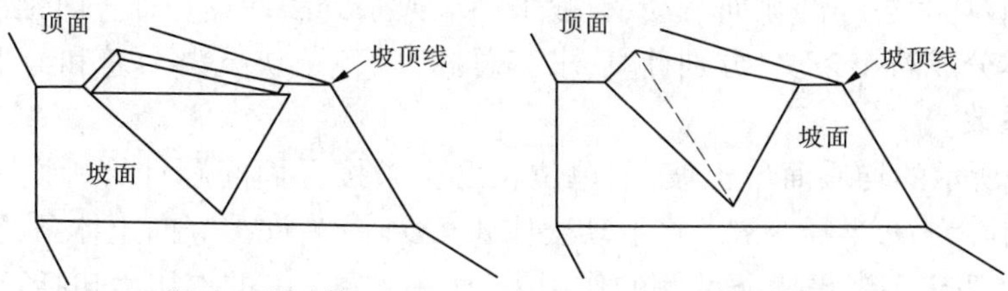

(a)双滑动面滑动体　(b)双滑动面组合交线

图 8-7　双滑动面滑动机制分析图

8.1.5　产生滑坡的主要影响因素分析

8.1.5.1　岩性

抗剪强度低的岩土体易产生滑坡。黏性土、黄土和黄土类土、山坡堆积碎石、风化岩以及与遇水易膨胀和软化的土层是最易发生滑坡的介质。此外，强度很低的软岩，如页岩、泥岩等都是易发生滑坡的岩性。

8.1.5.2　地质构造

(1)结构面。主要是节理、断层、片理、软弱夹层等一些力学上的不连续面。如果这些不连续面发育程度很严重，规模很大，往往会破坏岩体的完整性，使岩体破碎，很容易产生滑坡。

(2)褶皱。其形成过程中使岩体破碎，易产生滑动破坏。

(3)地震。岩质边坡受地震影响易松动破坏，土质边坡易产生粉砂层液化，从而降低岩土体的抗剪强度，使岩土体易产生滑动破坏。

8.1.5.3　地形地貌

斜坡愈陡、坡度愈大，以及斜坡中上部突起而下部凹进且坡角无抗滑地形时，易发生滑坡。

8.1.5.4　地下水和地表降雨

水的浸泡可使岩土软化，强度明显降低，而在水的侵蚀蒸发反复作用下岩土体加速风化，其强度降低。地表水作用下使坡脚遭受侵蚀冲刷，大雨量还会突然增加岩土体的自重，地下水位上升和下降还可软化岩土体，增大水力坡度，提高水压力促使滑坡发生。

8.1.5.5　人为因素

在工程建设中边坡稳定性还会受到人为因素的影响，主要是工程施工顺序和施工方法。

边坡工程首先从上部进行加固，开挖工程避免坡脚失稳，挡土墙的基础必须设置在滑动面下面，不要过多地破坏地表覆盖物，否则会引起地表水下渗增强等。

8.1.6　滑坡稳定性分析与评价

8.1.6.1　圆弧型滑坡稳定性分析

土质滑坡的滑动面多呈圆弧形，强风化或非常破碎的岩体中边坡破坏面也近似于圆弧形,以剪切破坏为主。圆弧面滑动,一般采用瑞典条分法计算。计算时把滑动面呈圆弧形的滑动土体分成若干条块,分别计算,求其总和,以各条块抗滑力总和与下滑力总和的比值为安全系数。

如图 8-8 所示的均质简单土坡,取单位长度土条按平面问题计算。设可能滑动面是一圆弧 AD,圆心为 O,半径为 R。将滑动土体 $ABCDA$ 分为许多竖向土体条,土条的宽度一般取 $b=0.1R$,假定不考虑土条两侧的作用力,任一土条 i 上的作用力包括:①该土条的重力及上覆荷载的重力 G_i,其大小、作用点位置均已知;②滑动面 ef 上的法向反力 N_i 和切向反力 T_i,它们的大小均未知;③土条两侧的法向力 E_i、E_{i+1} 及竖向剪切力 X_i、X_{i+1},假设 E_i 和 X_i 的合力等于 E_{i+1} 和 X_{i+1} 的合力,因此土条两侧的作用力相互抵消,可不考虑土条两侧的作用力。

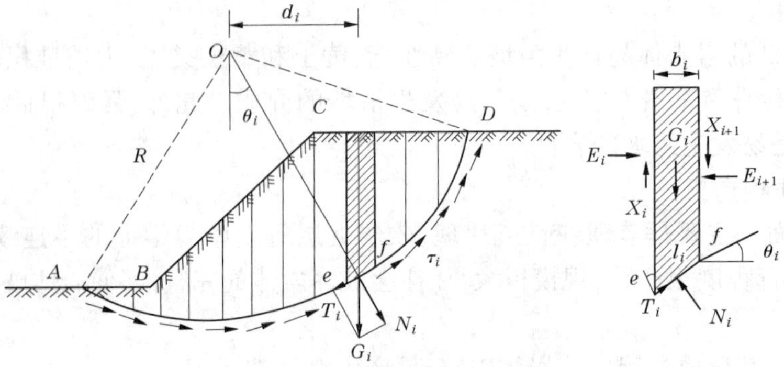

图 8-8　圆弧土坡稳定性分析的条分法

根据单块土体的平衡条件(见图 8-8)可得:

$$N_i = G_i\cos\theta_i \qquad T_i = G_i\sin\theta_i$$

上述切向力即为引起土条滑动的力,称为滑动力。

根据库仑定律,滑动面 ef 上土的抗剪强度(切向抗滑力)为

$$\tau_i = \sigma_i\tan\varphi_i + c_i = G_i\cos\theta_i\tan\varphi_i + c_i l_i$$

式中　θ_i——土条 i 滑动面的法线(或半径)与竖直线的夹角,亦即土条 i 的滑面倾角,(°);

l_i——土条 i 滑动面 ef 的弧长,m;

c_i——滑动面上土的黏聚力,kPa;

φ_i——滑动面上的内摩擦角,(°);

G_i——土条重力,kPa, $G_i = \gamma_i b_i H_i$,γ_i 为土的重度,b_i 为土条 i 的宽度,H_i 为土条的高度;

其余符号含义同前。

土条 i 上的作用力对滑弧(半径为 R)圆心 O 产生的滑动力矩 M_s 和抗滑力矩 M_r 分别为:

$$M_s = T_i R = G_i\sin\theta_i R$$

$$M_r = \tau_i R = (G_i\cos\theta_i\tan\varphi_i + c_i l_i)R$$

抗滑力矩与滑动力矩之比称为稳定安全系数 K_s，则整个土坡相应于滑动面 AD 的稳定性安全系数为各土条对弧心的总抗滑力矩与总滑动力矩之比，即

$$K_s = \frac{M_r}{M_s} = \frac{R\sum(G_i\cos\theta_i\tan\varphi_i + c_il_i)}{R\sum G_i\sin\theta_i} = \frac{\sum(G_i\cos\theta_i\tan\varphi_i + c_il_i)}{\sum G_i\sin\theta_i} \tag{8-1}$$

如果土坡中有地下水渗流，则对应的 c_i、φ_i、γ_i 均应取其有效值 c_i'、φ_i'、γ_i'（浮重度），并应考虑地下水动水压力的影响，不再赘述。

【例 8-1】　图 8-9 为一简单黏性土边坡，坡度 1∶2，坡高 7.5 m，$\gamma = 20\ \mathrm{kN/m^3}$，$c = 10$ kPa，$\varphi = 16°$，条块数量取 7，采用瑞典条分法，求图示指定滑动面的稳定安全系数。

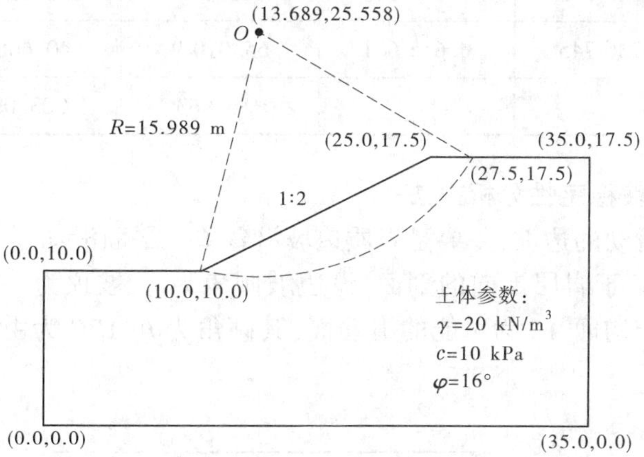

图 8-9　例 8-1 边坡示意图　（单位：m）

解：根据式(8-1)进行计算，计算结果如表 8-1、表 8-2 所示。

表 8-1　瑞典条分法计算基本数据

土条编号	b_i	H_i	θ_i	$G_i = b_iH_i\gamma$	$\sin\theta_i$
1	2.5	0.8	−9	40	−0.156 43
2	2.5	2.3	0.5	115	0.008 727
3	2.5	3.3	9	165	0.156 434
4	2.5	3.9	18.5	195	0.317 305
5	2.5	4.1	28	205	0.469 472
6	2.5	3.6	39	180	0.629 322
7	2.5	1.65	52	81.5	0.788 011

因此，指定滑面边坡的稳定安全系数为

$$K_s = \frac{\sum(G_i\cos\theta_i\tan\varphi_i + c_il_i)}{\sum G_i\sin\theta_i} = \frac{258.460\ 8 + 203.085}{356.963} = 1.293$$

根据计算结果，$K_s > 1.2$，所以边坡处于稳定状态。

表 8-2　瑞典条分法计算汇总

土条编号	$\tan\varphi_i$	$\cos\theta_i$	$G_i\sin\theta_i$	$c_i l_i$	$G_i\cos\theta_i\tan\varphi_i$
1	0. 286 745	0. 987 688	-6. 257 4	25. 311 6	11. 328 6
2	0. 286 745	0. 999 962	1. 003 55	25. 009 5	32. 974 4
3	0. 286 745	0. 987 688	25. 811 7	25. 311 6	46. 730 4
4	0. 286 745	0. 948 324	61. 874 4	26. 362 3	53. 025 8
5	0. 286 745	0. 882 948	96. 241 7	28. 314 2	59. 902 1
6	0. 286 745	0. 777 146	113. 278	32. 169 0	40. 111 7
7	0. 286 745	0. 615 661	65. 010 9	40. 606 8	14. 387 8
合计			356. 963	203. 085	258. 460 8

8. 1. 6. 2　平面型滑坡稳定性分析方法

可能产生平面滑动的边坡，主要是岩质边坡沿着单一平面滑动。

图 8-10 为一垂直于岩层走向的剖面，设边坡倾角为 α，坡顶为一水平面，坡高为 H。岩体中存在着软弱结构面 AC 为可能的滑动面，其倾角为 θ，ABC 为由其切割形成的可能滑动体。

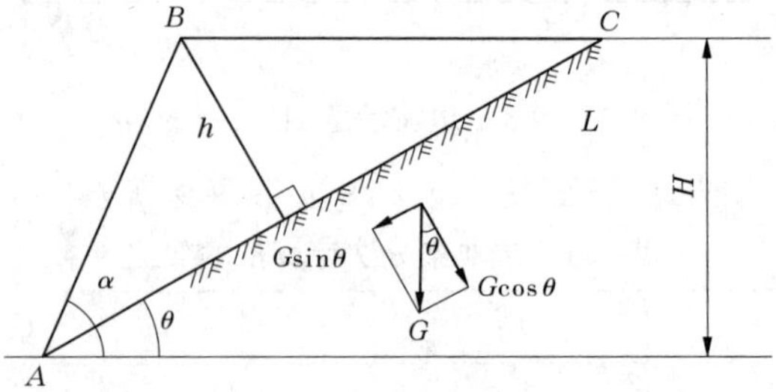

图 8-10　平面滑动法示意图

考虑岩体的受力平衡，当仅考虑重力作用下的稳定性时，设滑动体的重力为 G，则它对于滑动面的垂直分量为 $G\cos\theta$；平行分量即为下滑力，即

$$F_r = G\sin\theta$$

根据库仑定律，该滑动面上的抗滑力为

$$F_s = \sigma\tan\varphi + c = G\cos\theta\tan\varphi + c$$

边坡稳定系数等于该滑动面上的抗滑力与下滑力的比值，则

$$K_s = \frac{F_s}{F_r} = \frac{G\cos\theta\tan\varphi + c}{G\sin\theta} \tag{8-2}$$

或

$$K_s = \frac{\gamma V\cos\theta\tan\varphi + c_j A}{\gamma V\sin\theta} = \frac{\gamma A\cos\theta\tan\varphi + c_j L}{\gamma A\sin\theta} \tag{8-3}$$

式中　K_s——滑动面(滑坡)的稳定系数;

G——单位宽度滑动体的重力,kN,

γ——滑动体的重度,kN/m^3;

V——岩体的体积,m^3;

A——结构面的面积,m^2;

L——AC 的长度,m;

θ——滑动面倾角,(°);

φ——滑动面的内摩擦角,(°);

c——滑动面的黏聚力,kPa;

c_j——单位面积或单位长度滑动面的黏聚力。

式(8-3)为不计侧向切割阻力及仅有重力作用时单平面滑动稳定系数的计算公式。

【例 8-2】　某简单岩质边坡如图 8-11 所示,已知该岩体内存在单一软弱结构面 $ABCD$ 并可能沿该结构面发生滑动,岩体重度 $\gamma = 25\ kN/m^3$,体积为 3 180 m^3,面积 $A = 105\ m^2$,倾角 36°,内摩擦角 $\varphi = 30°$,黏聚力 $c = 100$ kPa,试用平面滑动法验算边坡的稳定安全系数。

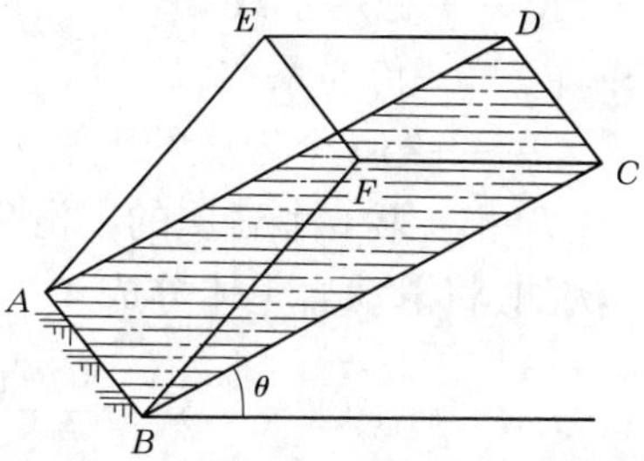

图 8-11　沿平面滑动的岩质边坡示意图

解:采用平面滑动法,将上述参数直接代入公式,可得:

$$K_s = \frac{\gamma V \cos\theta \tan\varphi + c_j A}{\gamma V \sin\theta} = \frac{25 \times 3\ 180 \times \cos 36° \times \tan 30° + 100 \times 105}{25 \times 3\ 180 \times \sin 36°} = 1.17$$

$K_s > 1.0$,因此目前该滑坡处于较为稳定的状态,不会沿软弱结构面滑动。

8.1.6.3　折线型滑坡稳定性分析

折线型滑坡稳定性分析又称传递系数法、不平衡推力传递法,它是在滑动面可能为折线形时广泛采用的一种经典计算方法。该法计算较为简单,还能为滑坡治理提供设计推力。

计算时,首先根据折线将边坡划分为 n 个条块,考虑单一条块中的受力平衡(见图 8-12)。

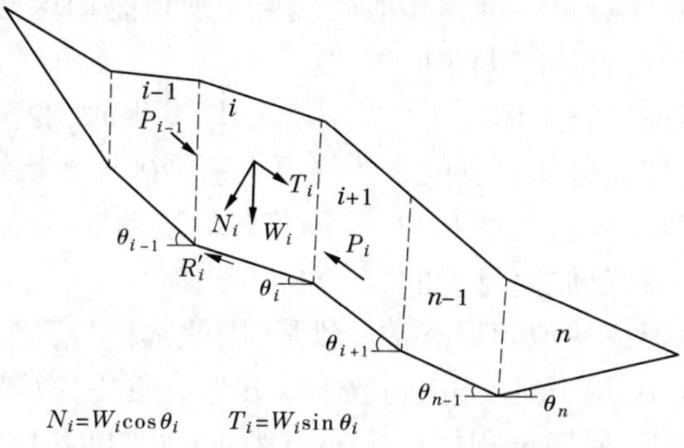

图 8-12　折线滑动法稳定系数计算示意图

由图 8-12 可知,第 i 条块上的作用力有:①条块的重量 W_i;②第 $i-1$ 条块的推力

P_{i-1},其平行于第 $i-1$ 条块的底面;③第 $i+1$ 条块的反力 P_i,其平行于第 i 条块的底面;④底面上抗剪力(抗滑力)R_i;⑤重力 W_i 产生的平行于底面的分力 T_i 和垂直于底面的分力 N_i,设 c_i 为滑体分块滑面上的黏聚力,φ_i 为某滑面岩土的内摩擦角。

由第 i 条块平行于底面方向力的平衡条件可得计算通式,再引入传递系数,并对级数进行展开,可得折线滑动法稳定系数 K_s 为

$$K_s = \frac{\sum_{i=1}^{n-1} R_i \prod_{j=i}^{n-1} \psi_j + R_n}{\sum_{i=1}^{n-1} T_i \prod_{j=i}^{n-1} \psi_j + T_n} \tag{8-4}$$

$$\psi_j = \cos(\theta_{i-1} - \theta_i) - \sin(\theta_{i-1} - \theta_i)\tan\varphi_i \tag{8-5}$$

$$R_i = N_i \tan\varphi_i + c_i L_i \tag{8-6}$$

式中　K_s——稳定系数;

ψ_j——传递系数;

T_i——第 i 个岩块的下滑力;

T_n——第 n 个岩块的下滑力。

例如,将滑动岩土体分成 4 个岩块或土条时,计算式为:

$$K_s = \frac{R_1\psi_1\psi_2\psi_3 + R_2\psi_2\psi_3 + R_3\psi_3 + R_4 + T_4}{T_1\psi_1\psi_2\psi_3 + T_2\psi_2\psi_3 + T_3\psi_3} \tag{8-7}$$

当第 n 段为反倾向段时,应按抗滑力考虑,式(8-4)中的 T_n 应在分子上。

当滑坡体内地下水已形成统一水面时,应计入浮托力和动水压力。

8.2 崩　塌

8.2.1 崩塌的概念和特征

崩塌是指陡崖或高陡斜坡前缘的部分岩土体在重力作用下失去稳定,突然与母体分离,崩落或翻滚坠入崖底或坡角的过程和地质现象。崩塌是山区陡崖和高陡斜坡上经常发生的地质现象,是一种危害性很大的地质灾害。

具有崩塌前兆的不稳定岩土体称为危岩体。崩塌发生时,脱离母体的岩土体会突然下落或翻滚,互相碰撞,使崩落体自身的整体性再次遭到破坏。崩塌的表现形式主要有散落、坠落、翻落和塌落四种情况(见图 8-13)。崩落体的运动形式主要有两种:一种是以自由落体的方式坠落,另一种是脱离母岩的岩土体顺坡滚动。

崩塌体堆积于坡脚形成的地貌形态常呈锥形,因此常称为岩锥、石锥或倒石锥。

崩塌的规模有大有小,从不足 1 m^3 到数千立方米。通常,崩塌的规模往往很大,有时成千上万方石块崩落而下,崩塌堆积体以大块石为主(见图 8-14),直径大于 0.5 m 者往往达 50%~70%。

通常,崩塌有以下主要特征:

(1)崩塌的破坏作用都是急剧、短促和强烈的,下落速度快,发生突然。

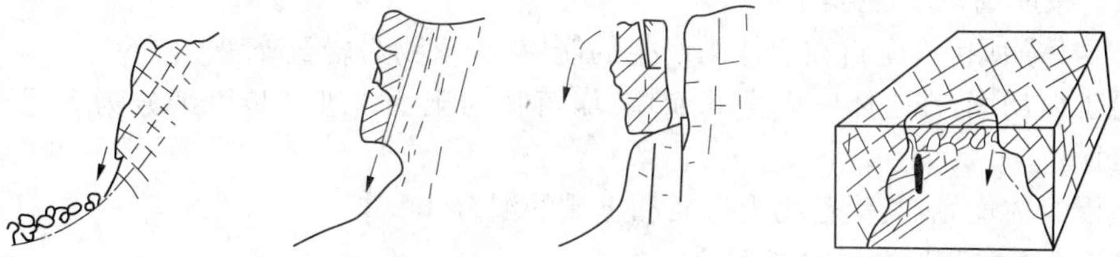

图 8-13　崩塌的四种表现形式

图 8-14　广西凤山崩塌现场

(2)崩塌体脱离母岩体而运动,无滑动面。

(3)下落过程中崩塌自身的整体性遭到破坏。

(4)崩塌以垂直运动为主,崩塌物的垂直位移大于水平位移。

(5)堆积物结构零乱,多呈锥形。

(6)崩塌一般都发生在地形坡度大于 50°,高度大于 30 m 的高陡斜坡上。

崩塌的发生具有突发性,难以准确预测,破坏性强,往往可以摧毁房屋建筑,阻断交通,造成严重的人员伤亡和财产损失,所以崩塌是一种危害严重的地质灾害。

自然界还存在着一种介于滑坡和崩塌之间的岩土体失稳现象——坍塌。坍塌是指边坡的坡度大于堆积岩体所能维持的天然休止角而产生的破坏现象。坍塌岩土体主要是顺着斜坡急剧地下推。坍塌和崩塌都有急剧变位的特点,且产生的原因和整治措施基本相同,故不再作为特殊的边坡灾害单独阐述。

8.2.2　崩塌的类型划分

8.2.2.1　按发生的地点划分

(1)山崩。又称山坡崩塌,主要发生在悬崖峭壁和高陡斜坡上,失稳的部分岩土体在重力作用下发生崩落。崩塌体规模巨大,涉及山体,破坏严重。

(2)岸崩(岸边崩塌、库岸崩塌)。主要是水流冲刷、浸润岩土体、淘空水库坡岸作用所造成。多发生在河岸或水库边岸带。在海边因海浪对陡立海岸的冲击淘蚀而破坏,也有可能发生崩塌。

8.2.2.2　按崩塌物岩性分类

(1)岩体崩塌(岩崩):在岩体中产生的崩塌,崩落物为岩石碎块。

(2)土体崩塌:在土体中产生的崩塌,崩落物为土块。进一步可细分为表层土崩塌、沉积土崩塌。

(3)混合体崩塌:其崩落物为岩质和土质的混合体。

8.2.2.3　按崩塌变形发展模式划分

按崩塌变形发展模式,把崩塌分为倾倒式崩塌、滑移式崩塌、鼓胀式崩塌、拉裂式崩塌、错断式崩塌五种类型,各类崩塌的特征见表 8-3。

表 8-3　崩塌分类特征

崩塌类型	崩塌模式示意图	地貌及结构面	岩性	受力状态	起始运动形式	失稳主要因素
倾倒式崩塌	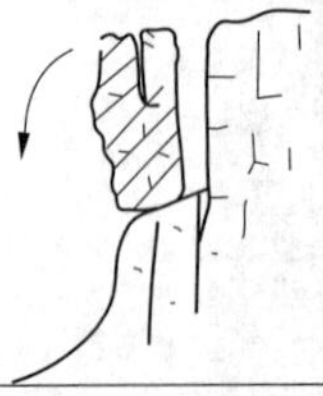	地貌多为峡谷、直立岸坡等。结构面多为垂直节理、柱状节理、直立岩层面	黄土、石灰岩及其他直立岩层	主要受倾覆力矩作用	倾倒	静水压力、动水压力、地震力、重力
滑移式崩塌		有倾向临空的结构面(可能是平面、楔形或弧形)	多为软硬相间的岩层,如石灰岩夹薄层页岩	滑移面主要受剪切力	滑移	重力、静水压力、动力压力
鼓胀式崩塌		地貌多为陡坡。上部垂直节理、柱状节理,下部为近水平的结构面	直立的黄土、黏土或坚硬岩石下有较厚软岩层	下部软岩受垂直挤压	膨胀,伴有下沉、滑移、倾倒	重力、水的软化作用
拉裂式崩塌	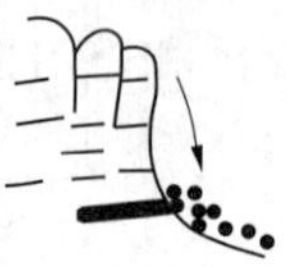	地貌上一般上部呈突出的悬崖。结构面多为风化裂隙和重力拉张裂隙	上部硬岩层以悬臂梁形式突出	拉张	拉裂	重力
错断式崩塌		地貌上一般为大于 45°的陡坡。垂直裂隙发育,通常无倾向临空面的结构面	坚硬岩石或黄土	自重引起的剪切力	错断	重力

8.2.2.4　按分离面的特性、形状及崩塌发生的原因分类

1. 沿断层或软弱夹层的崩塌

断层为岩层中的破裂面，且断裂两侧岩体产生明显位移，所以断层带附近由于强烈挤压或拉张，往往形成很宽的断层破碎带。断层破裂面若位于陡崖陡坡前缘，极易形成崩塌。当山坡陡峻，基岩面倾角较大，其上覆风化层或覆盖层的脚部遭到破坏时，易于形成碎裂体脱离较完整的基岩面产生崩塌。

2. 沿节理面、裂隙面的崩塌

裂隙面倾向与坡向一致，且倾角为 30°~65°的边坡往往由于开挖边坡切割了下部，形成所谓“断脚节理”破坏坡体平衡而产生崩塌。根据发育程度和组合特征，还可细分为 X 节理切割的 V 字形崩塌、多节理崩塌、沿垂直节理产生的崩塌等。

3. 覆盖层或风化层沿基岩面的崩塌

深切割的沟谷两岸山坡陡峻，且基岩面倾角较大，覆盖于新鲜岩层之上的强风化岩层或颗粒状的覆盖层，在坡脚处的支持失去平衡，易于形成疏松岩土体沿较完整的基岩面产生崩塌。

4. 探头崩塌

这类崩塌是因软硬岩层互层（如石灰岩夹页岩、砂岩夹页岩等），软岩层置于底层，因软岩层风化较快，被掏空（或人工开挖不当，形成探头），上部的硬岩层因为节理切割或其他原因，承受不了本身的自重而引起崩塌[见图 8-13(c)]。

8.2.2.5　根据崩塌发生的具体地貌部位分类

根据崩塌发生的具体地貌部位划分，将崩塌分为三种类型：

(1)坡体崩塌：沿松弛带以下未松弛的岩体内一组或两组结构面向临空面滑动产生崩塌。

(2)边坡崩塌：破坏范围限于岩体松弛带范围之内而产生的崩塌。

(3)坡面崩塌：在斜坡形状和各段坡度基本稳定的条件下，产生坡面岩土坍塌、局部松动掉石。

8.2.2.6　其他分类

(1)按动力成因分类。根据产生崩塌的动力来源不同，可把崩塌分为两种类型：①自然动力型：主要包括降雨型、冲蚀型、风化剥蚀型、地震型、堆积加载型等；②人工动力型：主要包括明挖型、洞掘型、爆破型、水库型、渗漏型、人工加载型。

(2)按崩塌体积规模分类。根据崩塌体或潜在崩塌体的体积大小，将崩塌分为五种类型：①巨型：崩塌体积或潜在崩塌体积大于 100 万 m^3；②大型：25 万~100 万 m^3；③中型：1 万~25 万 m^3；④小型：小于 1 万 m^3；⑤坠石：如仅有个别巨石崩落，称为坠石。

8.2.3　崩塌的形成机制

崩塌的形成有一定的孕育过程，遵循从量变到质变的发展规律。

8.2.3.1　潜在崩塌体的形成

潜在崩塌体结构面形成的基本条件大致有以下三种：

(1)结构面的发育及组合形态是潜在崩塌体形成的基础。如图 8-15 所示，岩体中发育着三种结构面，如果其中的垂直结构面和顺倾向结构面比较发育，且在后期的自重、风

化、地震、大气降雨和地下水等总综合因素作用下，结构面不断地张开，就会使得岩体逐渐演变成为潜在的崩塌体。

(2)重力和风化营力在崩塌体形成中的作用：如图8-15(b)所示，岩体中被结构面切割后所形成的块体*ABCD*，在自重的分量作用下，首先沿*AD*被拉开，之后*AD*面不断风化，被地表水侵蚀或浸泡、渗透，使得岩体强度降低，进而造成结构面*CD*贯通形成崩塌体。

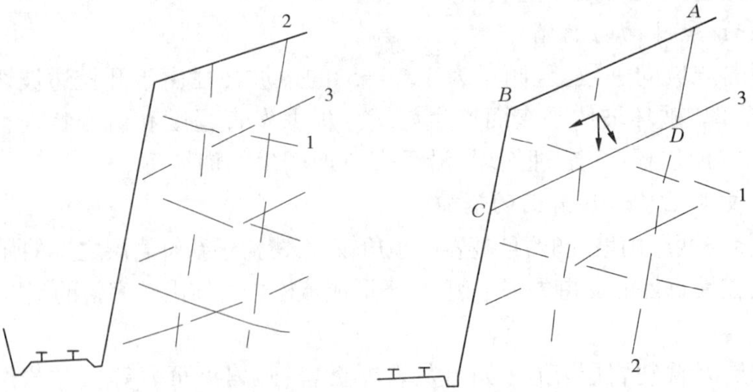

(a)结构面的发育状态　　(b)潜在崩塌体的形成

1—反倾向结构面；2—垂直结构面；3—顺结构面

图8-15　结构面的发育状态及潜在崩塌体的演变过程示意图

(3)地貌演变对崩塌体形成的促进作用：人为开挖山体和河流的冲刷使其失去原有的应力平衡，岩体向临空面产生变形，如果达到一定的量级，上部地表岩体就会出现拉张裂缝，此拉张裂缝被称作卸荷裂隙(见图8-16)，这种卸荷裂隙的出现也是崩塌体形成的重要原因之一。

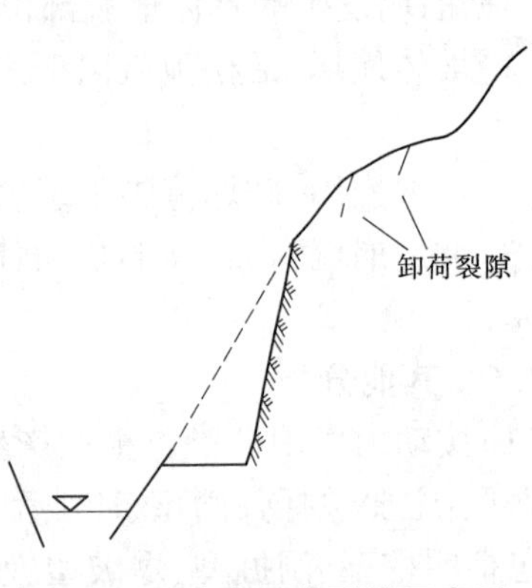

图8-16　产生卸荷裂隙示意图

8.2.3.2　潜在崩塌体的蠕动位移阶段

如果边坡岩土体存在着崩塌体的基本条件，在环境的影响和风化作用下，岩土体会发生蠕动位移。如图8-15(b)所示，由于*AD*面被拉断，使之成为各种影响因素(地表水、雨水、冰冻、根劈作用等)最易切入之处，当应力积累到一定状态，作用在*CD*面的下滑力大于其剪切抵抗力时，崩塌体会向下滑动，进而产生突然的崩塌。

8.2.3.3　突然崩塌阶段

当岩体蠕动位移和滑动发展到一定阶段，便会形成突然的崩塌。崩塌变形破坏的基本模式主要有以下五种：

(1)倾倒崩塌。崩塌体失稳时，以边坡上某个支撑点为转点发生转动性倾倒而崩塌(见图8-17)。

(2)滑移崩塌。先产生局部滑移，当块体中心偏出边坡，即刻产生崩塌(见图8-18)。

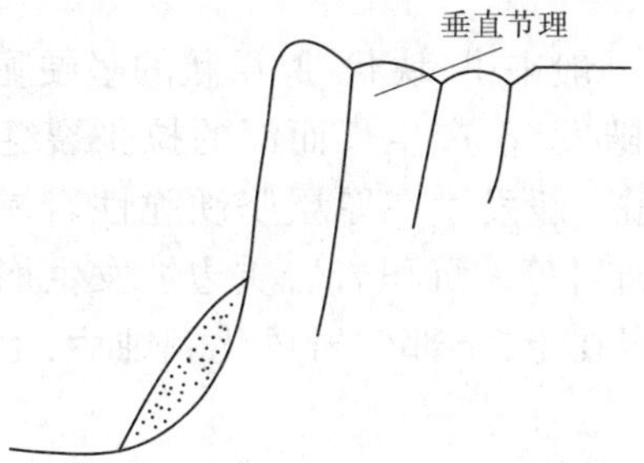

图 8-17　倾倒崩塌示意图

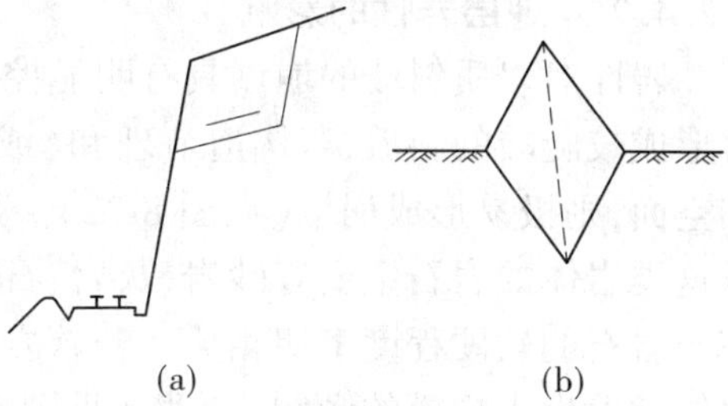

图 8-18　滑移崩塌示意图

(3)鼓胀崩塌。陡坡上的不稳定岩土体之下存在着一定厚度的软弱岩层,或不稳定岩土体本身是松软岩层,且被垂直结构面切割,在雨水或地下水的作用下,软弱岩层被软化,强度降低,产生挤压变形,并向外鼓胀,导致上部岩土体产生下沉和外移,形成崩塌(见图 8-19)。

(4)拉裂崩塌。边坡由软硬相间的岩层组成,下部软弱层易被风化或河流冲刷淘蚀,使得上部坚硬的岩体突出(见图 8-20),若上部垂直结构面发育,截面 *ACB* 承受较大的拉应力,若拉应力超出岩体的抗拉强度,就会沿 *AC* 产生裂缝,并不断发展,形成崩塌。

(5)错断崩塌:陡坡上的岩土体呈长柱状或长板状,下部岩土体截面较小或强度较低,使得下部岩土体被剪断而产生错断崩塌(见图 8-21)。

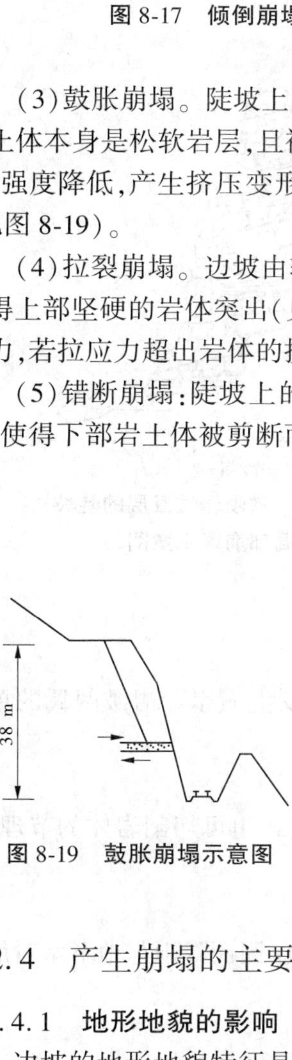

图 8-19　鼓胀崩塌示意图

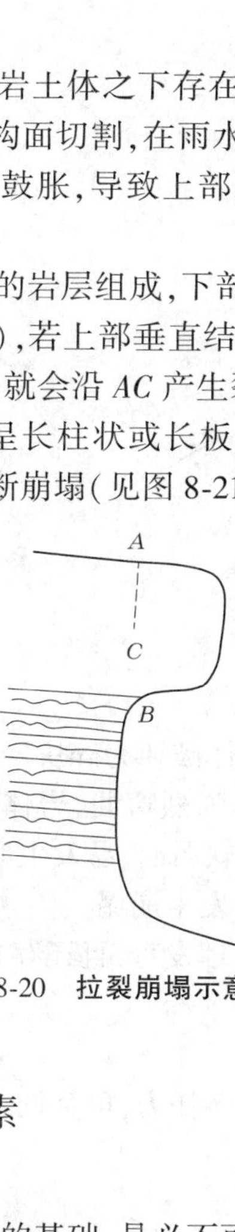

图 8-20　拉裂崩塌示意图

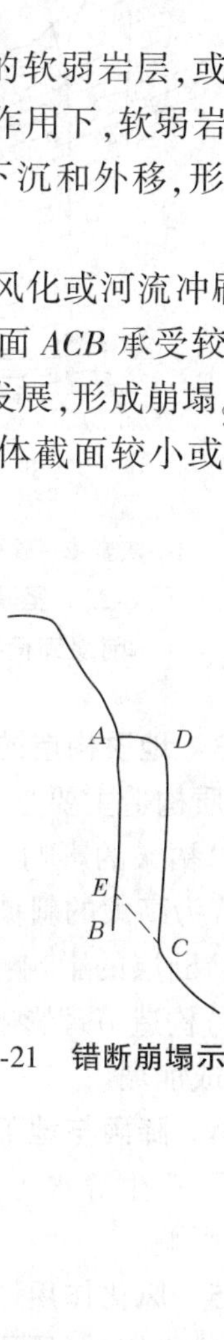

图 8-21　错断崩塌示意图

8.2.4　产生崩塌的主要影响因素

8.2.4.1　地形地貌的影响

边坡的地形地貌特征是发生崩塌的基础,是必不可少的条件。

(1)陡峻的斜坡地形:陡峻的斜坡越长、高度越高,发生崩塌的概率越大。

(2)岸坡地貌:许多崩塌都发生在河流的岸坡。陡峻的峡谷是发生崩塌灾害较多的区域。

8.2.4.2　地层岩性的影响

岩性对岩质斜坡的崩塌具有明显控制作用。一般来讲,块状、厚层状的坚硬脆性岩石常形成较陡峻的斜坡,若构造节理和(或)卸荷裂隙发育,产生长而深的拉张裂缝且存在临空面,则极易形成崩塌(见图8-22)。所以,崩塌一般发生在厚层坚硬脆性岩体中。组成这类岩体的岩石主要有砂岩、灰岩、石英岩、花岗岩等。沉积岩岩质边坡发生崩塌的概率与岩石的软硬程度密切相关。若软岩在下、硬岩在上,下部软岩风化剥蚀后,上部坚硬岩体常发生大规模的倾倒式崩塌(见图8-23)。

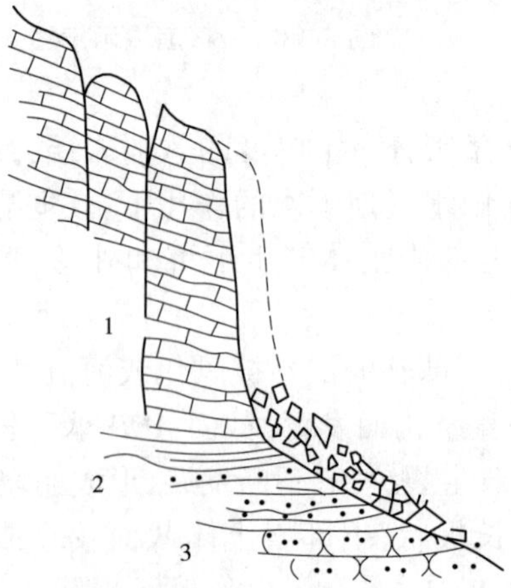

1—灰岩;2—砂页岩互层;3—石英岩

图8-22　坚硬岩石组成的斜坡前缘卸荷裂隙导致崩塌

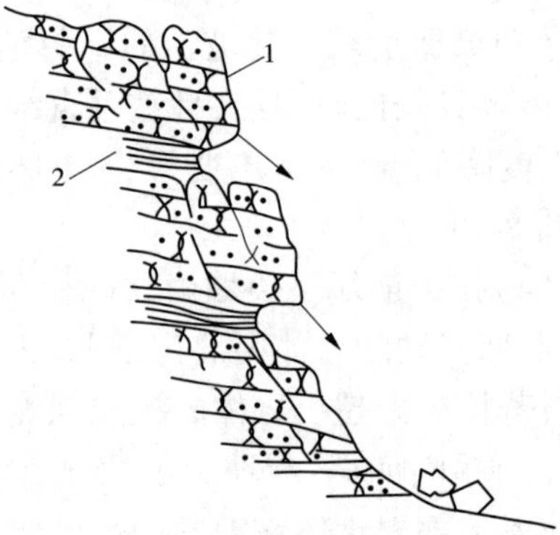

1—砂岩;2—页岩

图8-23　软硬岩性互层的陡坡局部崩塌示意图

8.2.4.3　地质构造的影响

地质构造主要是将相对完整岩体破坏为碎块岩体。

(1)褶皱的影响:褶皱核部岩体强烈弯曲,岩体破碎,易发生崩塌。褶皱两翼的单斜岩层,若为高大的斜坡,且岩层中有软弱面,易发生崩塌。

(2)断层的影响:断层破碎带易发生崩塌。

(3)构造节理影响:若顺坡向节理发育,且还存在另外一、二组可切割岩体的节理,很容易造成崩塌。

8.2.4.4　降雨与地下水的影响

水可产生静水压力、动水压力、浮托力,可降低岩体的强度,因而降雨与地下水对崩塌有重要影响。

8.2.4.5　风化作用

风化作用(日晒雨淋、温差、根系作用等)使岩体强度降低,是崩塌的重要影响因素。

8.2.4.6　人类活动产生的影响

主要是人们对崩塌灾害的发生认识不足造成的。如边坡高度过高,坡角过大,爆破,边坡开挖施工顺序不当等均可造成崩塌。

【实例】　湖北省远安县境内的盐池河磷矿灾难性山崩,是崩塌形成诸条件制约的典型实例。该磷矿位于一峡谷中。含磷矿层为薄至中厚层白云岩、白云质泥岩及砂质页岩。岩层中发育有两组垂直节理，使山顶部的厚层白云岩三面临空。地下采矿平巷使地表沿两组垂直节理追踪发育张裂缝。1980 年 6 月连续两天大雨的触发，使山体顶部前缘厚层白云岩沿层面滑出形成崩塌（见图 8-24），崩塌堆积体约 130 万 m^3，最大厚度 40 m，致死 307 人，整个矿山全部被摧毁，直接经济损失达 2 500 万元，酿成我国采矿史上的特大矿难。

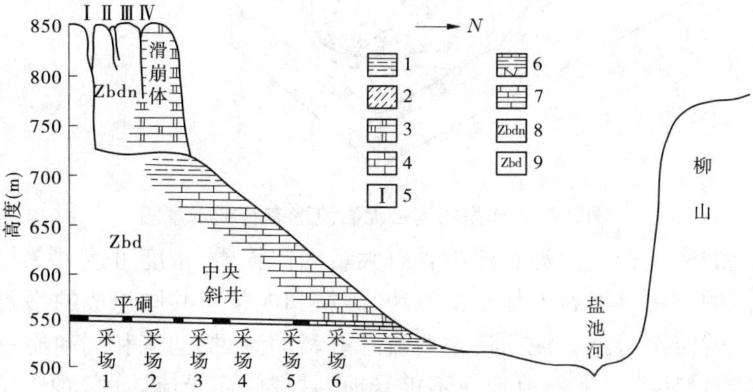

1—灰黑粉砂质页岩；2—磷矿层；3—厚层块状白云岩；4—薄至中厚层白云岩；5—裂缝编号；6—砂质泥岩及砂质页岩；7—薄至中厚层白云岩；8—震旦系上统灯影组；9—震旦系上统陡山沱组

图 8-24　湖北省远安县盐池河崩塌山体地质剖面图

8.3　泥石流

8.3.1　泥石流的概念和特征

泥石流是发生在山区沟谷或山坡上的一种含大量泥沙、石块等固体物质的暂时性洪流。泥石流由固体物质（泥沙、石块）和液体（水）两种物质组成，属固液两相颗粒流。泥石流是在松散的固体物质来源丰富和地形条件有利的前提下，经过暴雨、融雪、冰川、水体溃决等因素的激发而产生的。泥沙含量很少的泥石流，与一般的山洪差不多，甚至难以区分；而泥沙含量很多的泥石流，又与土石滑体非常相似，没有截然的界限。

由于泥石流含有大量泥沙和石块，所以泥石流能量巨大，其活动特点是：发生突然，来势凶猛，运动速度极快，历时短暂，大范围冲淤，破坏力极强，复发频繁且难以预测，往往在短时间内造成人民生命财产的重大损失。因而，泥石流是山区频发、突发、危害严重的地质灾害。

泥石流的形态，通常分为三个主要区段，即泥石流形成区（包括汇水动力区、物质供给区）、流通区、堆积区（包含沉积区和堆积扇）（见图 8-25）。

从运动角度来看，泥石流是水和泥沙、石块组成的特殊流体。因而，泥石流具有特殊的密度、流态、流速、流量及运动特征。

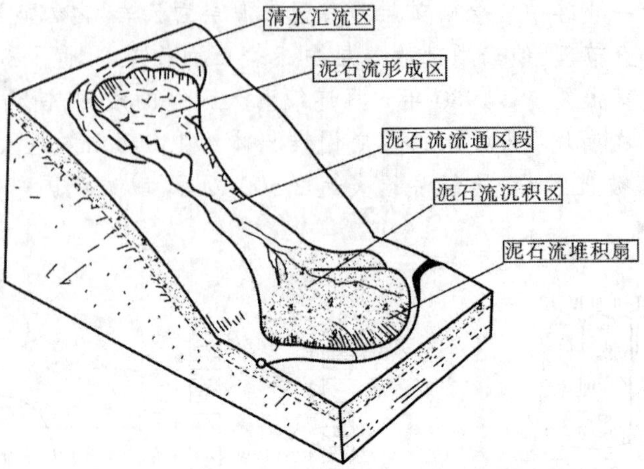

图 8-25　典型的沟谷泥石流形态特征示意图

(1)泥石流的密度较大。泥石流中含有大量固体物质,密度可达 1.2~2.4 t/m^3。

(2)泥石流的结构。泥石流体是由石块、砂粒和泥浆所共同组成的格架结构。

(3)泥石流的流态特征。泥石流主要流态有紊动流、扰动流和蠕动流三种类型。

(4)流速、流量特征。泥石流流速不仅受地形控制,还受流体内外阻力的影响。

(5)脉动性。泥石流不同于山区洪流的特征之一是脉动性或称阵发性。由于泥石流流通区沟道狭窄或弯曲,沟壁坍塌堵塞,泥石流运动时常有阻塞,而后又被冲溃等,故泥石流流动不均匀,往往形成阵流,这就是泥石流的脉动性。

(6)直进性和爬高性。与洪水相比,泥石流具有强烈的直进性和冲击力。由于泥石流体携带了大量固体物质,在流途上遇沟谷转弯处或障碍物时,因受阻而将部分物质堆积下来,使沟床迅速抬高,产生弯道超高或冲起爬高。

(7)漫流改道(漫流掩埋)。泥石流漫流淤积是一种普遍现象。

泥石流的发生特征:①常发性;②突发性;③群发性;④同发性;⑤转发性。

8.3.2　泥石流的类型划分

8.3.2.1　按泥石流的流域形态和地貌分类

(1)典型泥石流(标准泥石流)。流域呈扇形或哑铃状,流域面积较大,具有明显的泥石流形成区、流通区和堆积区(见图 8-26)。

(2)沟谷型泥石流(亦称河谷型泥石流)。一般发生在河流分支的低级别流域中。沟谷明显,沟长坡缓,流域呈狭长条形,其形成区多为河谷上游的沟谷,固体物质来源较分散,主要为分布在沟槽两岸和河床的堆积物或河谷中分散的坍滑体(见图 8-27)。

(3)山坡型(坡面型)泥石流。是指在山体的坡面上形成的泥石流,其特点是无恒定的发生地点,也无明显沟槽,往往又在活动时出现圈椅状的周界(见图 8-28)。

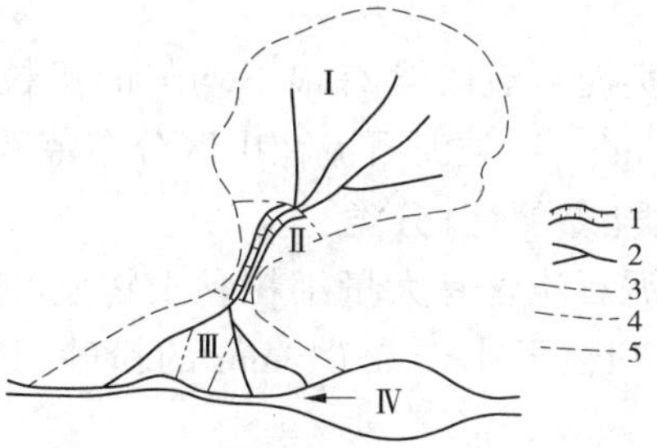

Ⅰ—泥石流形成区；Ⅱ—泥石流流通区；
Ⅲ—泥石流堆积区；Ⅳ—泥石流堵塞河流形成的湖泊；
1—峡谷；2—有水沟床；3—无水沟床；
4—分区界线；5—流域界线

图 8-26　典型(或标准)泥石流流域示意图

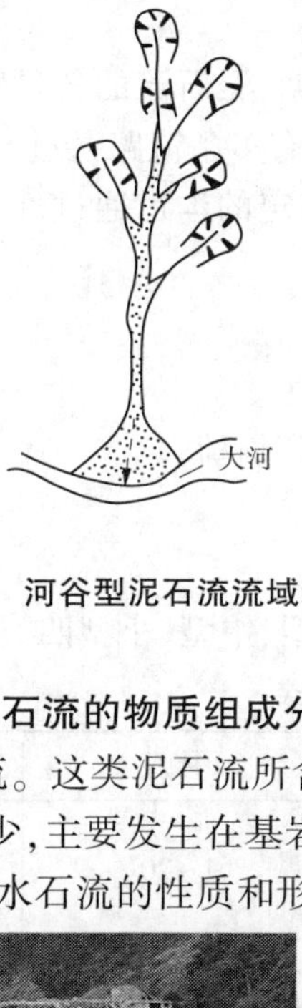

图 8-27　河谷型泥石流流域示意图

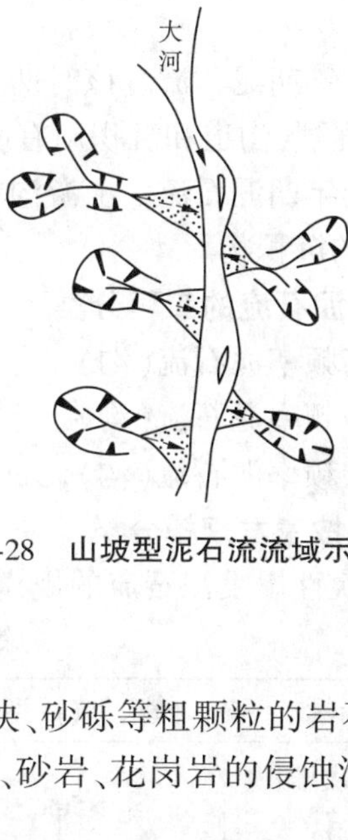

图 8-28　山坡型泥石流流域示意图

8.3.2.2　按泥石流的物质组成分类

(1)水石流。这类泥石流所含的固体物质主要为石块、砂砾等粗颗粒的岩石碎屑，黏土质细粒物较少，主要发生在基岩裸露的山区，如碳酸盐、砂岩、花岗岩的侵蚀河谷中[见图 8-29(a)]。水石流的性质和形成类似山洪。

(a)水石流　　　　(b)泥流　　　　(c)泥石型泥石流

图 8-29　不同物质组成形成的三种泥石流

(2)泥流(亦称泥水型泥石流)。主要由黏土和细碎屑组成，颗粒级配偏细。有稀性和稠性，呈稠黏泥状，如图 8-29(b)所示。密度≥1.60 t/m^3。我国黄土高原地区发生的泥石流多属这种类型。

(3)泥石型泥石流。这类泥石流既含有很不均匀的粗粒物质,又含有相当多的黏土质细粒物质。密度≥1.30 t/m^3。这类泥石流在山区分布范围比较广泛[见图 8-29(c)]。

8.3.2.3 按泥石流流体性质(黏稠性)分类

(1)黏性泥石流。这类泥石流含有大量细粒黏土物质,固体物质含量为 40%~60%,最高可达 80%,主要为黏土和粒径小于 0.01 mm 的粉砂,具有很大的黏性,流体密度>1.50 t/m^3,黏度值>0.3 Pa·s。

(2)稀性泥石流。主要成分是水,固体物质含量相对较小,一般小于 50%,且主要为粗粒碎屑和石块,黏土和粉土等细粒物质少,只占固体总量的 10%~40%,流体的密度<1.5 t/m^3,黏度值<0.3 Pa·s。

8.3.2.4 按发育阶段划分

(1)幼年期泥石流。上游侵蚀不太明显,沟道和沉积扇不明显,有零星的泥石流沉积。

(2)壮年期泥石流。该时期为泥石流发育的旺盛时期,泥石流的各种特征表现活跃,上游侵蚀强烈,沟道和沉积扇有明显的泥石流沉积物,并有多条流路通过。

(3)老年期泥石流。上游沟谷已侵蚀到分水岭,有固定的沟道通过冲积扇,沟内有近期泥石流的沉积物。

8.3.2.5 泥石流的工程分类

(1)高频率泥石流(沟)。基本上每年均有泥石流发生。

(2)中频率泥石流(沟)。十几年至几十年发生一次泥石流。

(3)低频率泥石流(沟)。百年以上发生一次泥石流。

8.3.2.6 按爆发规模分类

按一次性爆发泥石流的规模分为特大型(巨型)、大型、中型、小型四类(见表 8-4)。

表 8-4 泥石流按爆发规模分类

分类指标	特大型(巨型)	大型	中型	小型
泥石流一次堆积总量(万 m^3)	>50	20~50	1~20	<1
泥石流洪峰量(m^3/s)	>200	100~200	50~100	<50

8.3.3 按形成泥石流的机制分析

泥石流是在各种条件综合作用下形成的,主要有以下两种模式。

8.3.3.1 水动力模式

水动力模式所形成的泥石流过程可以分成以下六个阶段:

(1)当某一山地满足了泥石流发育的地质、地形条件和水源条件,即开始形成最初的泥沙运动。

(2)泥沙运动后,将形成推移质运动。推移质运动是指泥沙在河底的滚动、滑动或跳跃式运动。

(3)出现悬浮质运动。悬浮质运动是指泥沙颗粒在随水流做悬浮运动。

(4)悬移质运动与悬浮质运动共同存在。

(5)出现层移运动。

(6)整个流层做层移运动。

8.3.3.2　土动力模式

土动力模式形成泥石流的主要动力来自于土石的运动。其发展过程大致有以下四个阶段:

(1)土石流启动。

(2)土石体加速运动的初始阶段。

(3)随着土石体运动速度的增加,土石体的扰动和液化进一步加强,且向更深的层次发展。

(4)形成泥石流体。

8.3.4　泥石流的形成条件及影响因素

泥石流形成的三个基本条件是地质条件、地形条件和水源条件。

8.3.4.1　地质条件

地质条件反映在泥石流的物质组成和松散物质的来源及特征等方面。

1. 岩性

岩石是泥石流形成的物质基础。软质岩石(如泥岩、页岩等)易于风化破碎,由此成为泥石流固体介质的主要来源。

2. 地质构造、新构造运动及地震

断层使岩石破碎,易风化。

新构造最主要的特点就是垂直升降运动显著。构造断裂带通过的地段是地貌升降运动剧烈的区域,相对高度大,有利于形成泥石流。

地震现象是地质灾害的重要影响因素,具有突发性,其中强烈地震破坏斜坡的稳定性,造成山坡开裂,岩石体松动,甚至触发山体滑坡,容易形成大量的松散碎屑物质,这将成为易发泥石流的条件。地震对泥石流造成的影响按时间序列分为两类:①地震触发的泥石流,又称同发型;②震后泥石流,又称后发型。

3. 风化作用

风化作用中以物理风化对岩石的破坏程度最大,对泥石流的形成作用也最大。风化程度分为四级:全风化、强风化、弱风化、微风化。风化作用还与气候带关系密切,大陆性气候干季长,气温日差悬殊,受热胀冷缩和干湿交替强烈等因素的双重作用,加快了岩石的风化程度,增加松散物质的积累量,为泥石流的形成提供了必要的物质条件。

4. 重力地质作用

重力地质作用包括滑坡、崩塌、剥落等,这为泥石流的形成提供了基础条件。

8.3.4.2　地形条件

1. 相对高度

相对高度越高(>300 m),介质流动势能越大,形成泥石流的动力条件越充足。

2. 坡度与坡向

山坡<45°的斜坡,松散碎屑物质丰富,为泥石流的形成提供了理想的物质条件。

阳坡风化作用较强,泥石流的爆发程度较高。

3. 流域形状和沟谷形态

最有利于泥石流形成的流域是上部窄小且突然变宽的长条形,如漏斗形、桃叶形、柳叶形、长条形。

泥石流的沟谷横剖面有 V 形谷、U 形谷和槽形谷。泥石流的流域面积、沟长和沟床纵坡是表征沟谷形态的三个重要参数(见图 8-30)。

Ⅰ—形成区;Ⅱ—流通区;Ⅲ—堆积区

图 8-30　泥石流的地形地貌结构

8.3.4.3　水源条件

水是泥石流流动的介质和动力条件。通常,降水是诱发泥石流形成的主要条件。

1. 降雨

降雨诱发泥石流是我国绝大多数泥石流发生的主要原因。夏季暴雨成为泥石流的多发时段。

2. 冰雪水

西北青藏高原夏季冰雪消融是诱发泥石流的重要因素。

8.4　地面塌陷

8.4.1　地面塌陷的概念和类型

地面塌陷是指在自然因素或人为因素作用下,地下洞室上覆岩土体失稳突然向下陷落,导致地面瞬时急剧地变形破坏和失去连续性,并在地表形成塌陷坑(洞)的一种动力地质现象。

地面塌陷往往在地面形成圆锥形塌陷坑和凹陷的槽沟,以及局部地面下沉区。其影响范围一般接近或略大于地下洞体的面积,小者几平方米,大者可达数千平方米,所以地面塌陷常被视为点状的岩土体变形破坏问题。地面塌陷的形态在平面上多呈圆形、椭圆或不规则形状,剖面上呈圆锥形、漏斗状、井、坛等(见图 8-31)。

地面塌陷造成的地面变形量大,变形速度快,且具有隐蔽性、突发性的特点,事前往往很难准确判断发生的时间,加之,其发生过程可导致建筑物开裂、倒塌甚至陷落,公路、桥梁扭曲错断,农田破坏以及大量的人员伤亡,所以地面塌陷是一种危害性极大的地面变形破坏地质灾害,必须加以防治。

地下存在空洞是地面塌陷发生的先决条件。地下空洞可分为天然洞穴和人工洞室两类。天然洞穴是由自然地质作用形成的,包括岩溶洞穴、土洞(黄土洞穴、红土洞穴、冻胀

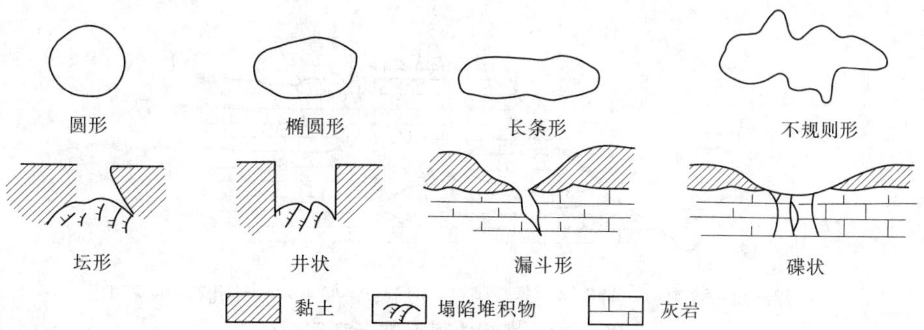

图 8-31　地表塌陷坑示意图

丘融化形成的土洞)和熔岩洞穴(主要为新生代玄武岩洞穴)。其中,岩溶洞穴特别是近地表的岩溶洞穴和洞顶开口处直接覆盖第四纪松散堆积物的隐伏洞穴,是引发地面塌陷最主要的天然洞穴类型。人工洞室是人工采掘活动形成的,包括采矿形成的地下采空区和巷道系统、人防工程、地铁、隧道、涵洞、地下商场、车库、窑洞等。据此,根据自然地质条件和作用因素,可把地面塌陷可为两大类:①天然地面塌陷:由天然洞穴形成的地面塌陷,根据地下洞穴性质又可分为三种类型,即岩溶地面塌陷、土洞地面塌陷(主要是黄土地面塌陷)和熔岩地面塌陷(主要是玄武岩地面塌陷);②人为诱发地面塌陷:人工洞室酿成的地面塌陷,主要是矿山采空区地面塌陷,还有人为事故造成的地面塌陷等。

岩溶地面塌陷和矿山采空区地面塌陷是分布最广、危害最大的两种地面塌陷,下面对这两种塌陷做进一步的阐述和讨论。

8.4.1.1　岩溶地面塌陷

1. 岩溶

岩溶又称喀斯特(Karst),是指可溶性岩层,如碳酸盐类岩层(石灰岩、白云岩)、硫酸盐类岩层(石膏)和卤素类岩层(岩盐)等受水的化学和物理作用产生的沟槽、裂隙和空洞,以及由于空洞顶板塌落使地表产生陷穴、洼地等特殊的地貌形态和水文地质现象作用的总称。岩溶是不断流动着的地表水、地下水与可溶岩相互作用的产物。可溶岩被水溶蚀、迁移、沉积的全过程称“岩溶作用”。由岩溶作用所产生的地质现象称“岩溶现象”,例如,可溶岩表面上的溶沟、溶槽和奇特的孤峰、石林、漏斗、落水洞、竖井以及地下的溶洞、暗河、钟乳石、石笋、石柱等皆是岩溶现象(见图 8-32)。“岩溶”这一术语是概括性的,是岩溶作用和岩溶现象的总称。

由于岩溶作用的结果,使可溶性岩体的结构发生变化,岩石的强度大为降低,岩石的透水性明显增大,并富含地下水。但是岩溶对工程建筑的兴建和使用往往造成不利的条件,对水工建筑的坝基稳定及坝库渗漏带来严重威胁,尤其是岩溶地面塌陷造成的危害更为严重。

2. 岩溶地面塌陷

按塌陷部位的岩性,岩溶塌陷可分为上覆土层岩溶塌陷和基岩岩溶塌陷两种形式。

(1)上覆土层岩溶塌陷。可溶岩上覆土层中的土洞顶板因自然或人为因素失去平衡而产生下陷或塌落形成的塌陷。我国 90%以上的岩溶塌陷发生在可溶岩上方有松散土

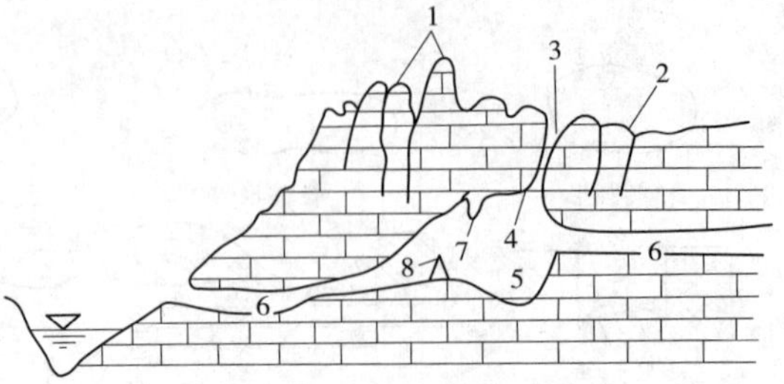

1—石林；2—溶沟；3—漏斗；4—落水洞；5—溶洞；6—暗河；7—钟乳石；8—石笋

图 8-32　岩溶主要形态示意图

层覆盖的覆盖型岩溶区，塌陷主要产生在土层中，属上覆土层岩溶塌陷。可形成深几米到几十米的圆锥形、筒状或其他形状的塌陷坑。

(2)基岩岩溶塌陷。是由于可溶岩下部岩体中的洞穴扩大而导致顶板岩体的塌落形成的塌陷，常产生深达十几米到数百米的井筒状塌陷漏斗。

岩溶地面塌陷是地面变形破坏的主要类型，多发生在碳酸盐岩、钙质碎屑岩和盐岩等可溶性岩石分布地区。造成塌陷活动的直接诱因除降雨、洪水、干旱、地震等自然因素外，往往与抽水、排水、蓄水和其他工程活动等人为因素密切相关。在各种类型塌陷中，以碳酸盐岩塌陷最为常见，因抽排水而引发人为塌陷的概率最大。自然条件下产生的岩溶地面塌陷一般规模小、发展速度慢，不会给人类生活带来太大的影响。但在人类工程活动中产生的岩溶地面塌陷不仅规模大、突发性强，且常出现在人口聚集地区，对地面建筑物和人身安全构成严重威胁。

岩溶地面塌陷可出现于岩溶发展历史的不同时期，既有古岩溶地面塌陷（形成于第四纪以前，如陷落柱）、老塌陷（形成于第四纪），也有现代岩溶地面塌陷（新塌陷）。

8.4.1.2　矿山采空区塌陷

处于地下深部的矿床，在上覆岩层的重力和矿体本身的抗力作用下，呈自然平衡状态。矿床开采破坏了该处的自然平衡，相应地产生了矿山压力，如不对采空区及巷道进行管理和保护，就会引起矿体顶部岩体的崩落和移动，在剖面上可分为三个带（见图 8-33），即冒（崩）落带、裂隙带和整体移动带。其中，整体移动带在地面上就形成塌陷区。通常，煤矿及金属矿山的地下采空区顶板陷落形成的地面塌陷，在我国分布较广泛，危害极大。

8.4.2　地面塌陷的分布与危害

8.4.2.1　我国地面塌陷的分布及特点

岩溶地面塌陷分布较广且非常严重。我国可溶岩分布面积约 363 万 km^2，是世界上岩溶地区塌陷范围最广、危害最严重的国家之一。我国岩溶地面塌陷主要集中在碳酸盐岩分布区，且主要分布在人类活动强烈的覆盖型岩溶区，以土层塌陷为主，岩溶塌陷坑总数超过 4 万个。岩溶塌陷集中分布在我国西南、华南、华中和华北地区，其他地区也有零星分布。我国岩溶塌陷高危险区面积约 60 万 km^2，大体可分为南方岩溶地面塌陷高发区（长江以南的地区，主要是云南、贵州、四川、广西、湖南等省区）和北方（长江以北）岩溶地面塌陷高发区。

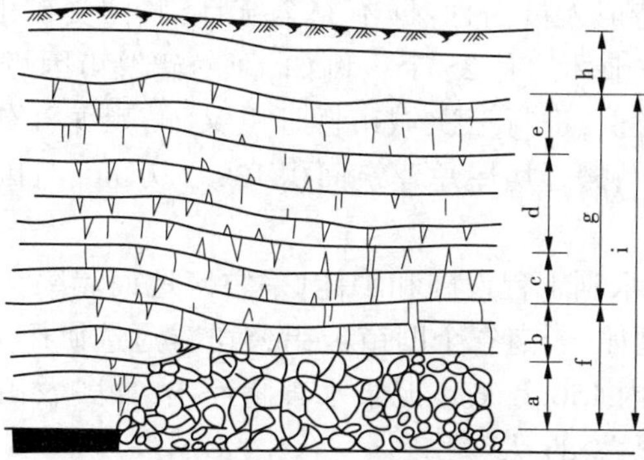

a—不规则冒落；b—规则冒落；c—严重断裂；d—一般开裂；
e—微小开裂；f—冒落带；g—裂隙带；h—整体移动带；i—破裂带

图 8-33　采空区顶板破坏分带示意图

岩溶地面塌陷的分布规律与表现主要有以下几个方面的特征：

(1)多产生在岩溶强烈发育区：我国南方许多岩溶区的资料说明，浅部岩溶愈发育，富水性愈强，地面塌陷愈多，规模愈大。岩溶地面塌陷与岩溶率具有较好的正相关关系。

(2)主要分布在第四系松散盖层较薄地段：研究表明，盖层薄且结构松散的地区，则易形成地面塌陷。

(3)多分布在河床两侧及地形低洼地段：在这些地区，地表水和地下水的水力联系密切，两者之间的相互转化比较频繁，在自然条件下就可能发生潜蚀作用，形成土洞，进而产生地面塌陷。

(4)常分布在降落漏斗中心附近：由采、排地下水而引起的地面塌陷，绝大部分发生在地下水降落漏斗影响半径范围以内，特别是在近降落漏斗中心的附近地区。

(5)岩溶地面塌陷分布往往受地质构造控制：覆盖层下可溶岩褶皱轴部、断裂破碎带、不整合接触部位和可溶岩与非可溶岩接触带附近等处都利于产生塌陷。

(6)在地下水排泄区附近，岩溶发育，盖层较薄，故易形成塌陷。

矿山采空区地面塌陷是我国地面塌陷中的另一种重要形式，其中煤矿开采造成的地面塌陷比例最大。

我国煤炭资源十分丰富，煤矿井下开采会形成面积巨大的采空区，按照传统自然放顶的生产流程，采空区的顶板会发生冒落(坍塌)，严重时可导致上覆岩层变形、破坏和位移(见图 8-33)，引起地面塌陷。据统计，目前，我国因采矿造成的地面塌陷面积累计达 1 150 km^2，分布在全国 20 个省(市、区)，占全国各类地面塌陷总数的 45%。山西、湖南、内蒙古、黑龙江、安徽、河南等采空区塌陷较多。据测算，我国每年因煤矿开采形成的塌陷土地约 20 000 hm^2，每生产 1 万 t 煤平均塌陷土地 0.2 hm^2，每采出 1 000 万 t 煤就将有 2 000 人因房屋毁损而被迫迁移。

8.4.2.2　地面塌陷的危害

地面塌陷会导致地面快速变形、陷落，同时伴随地面沉降、开裂、错动，从而严重破坏地面建筑物、农田，并造成人员伤亡的重大事故。主要危害有以下几个方面：

(1)破坏地面建筑,造成人员伤亡:据不完全统计,我国受矿山采空区地面塌陷危害的城市近 40 个,造成严重破坏的有 25 个。例如,河南鹤壁市因煤矿采空区地面塌陷,房屋、道路、公共设施损毁严重,进行三次城市搬迁。又如,黑龙江鹤岗煤矿,开采 70 多年来,已塌陷土地 41.97 km^2,搬迁房屋总建筑面积 139.7 万 m^2,且因危房倒塌,不断有人员伤亡。

(2)损毁铁路、公路、水利工程设施和坝体:采空区地面塌陷会对铁路、公路和水利工程设施造成严重损害。例如,云南省个旧市云锡公司新冠选矿厂火谷都尾矿坝因岩溶地面塌陷突然发生垮塌,坝内 150 万 km^3 泥浆水奔腾而出,冲毁农田 5.3 km^2 和部分村庄、公路、桥梁,造成 174 人死亡,89 人受伤。

(3)破坏农田:地面塌陷会造成地面的严重变形,而无法正常耕种。据统计,我国地面塌陷的土地中,有 30%是农田,每年为土地复耕投入的补偿费用就占总费用的 60%。

(4)对矿山造成危害,甚至引发矿井水患:地面塌陷形成的塌陷坑威胁矿山安全,甚至引发矿井水患。例如,广东凡口铅锌矿区,由于多年疏干排水采掘,地面塌陷区面积达 490 万 m^2 以上(见图 8-34),地面出现塌陷坑 1 923 个,造成建筑物开裂倒塌,1 000 多亩(1 亩 = 1/15 hm^2)农田受损,矿井突水,环境破坏。

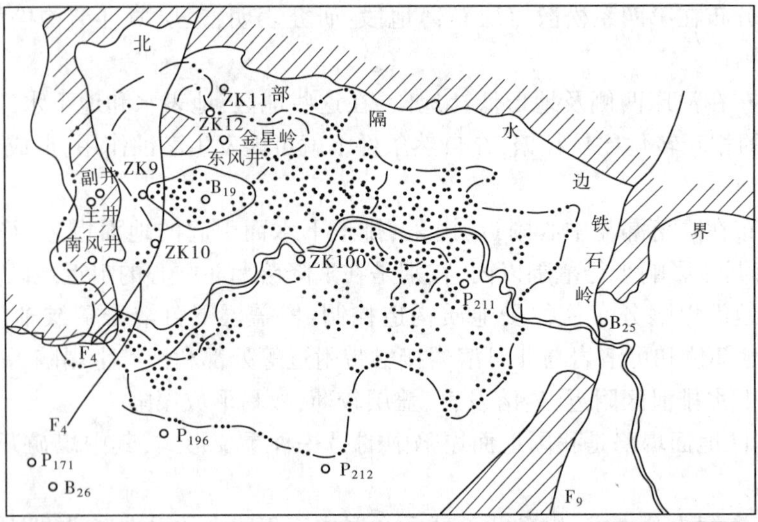

1—塌陷点;2—B_{19} 双主孔抽水时的塌陷影响范围;3—±50 m 坑道排水时的塌陷范围;
4—0 m 坑道突水时的塌陷范围;5—-40 m 坑道排水时塌陷范围(1973 年元旦前);
6—断层及编号;7—隔水层;8—凡口河

图 8-34　广东凡口铅锌矿地表岩溶塌陷图

8.4.3　地面塌陷的发生机制和形成条件

8.4.3.1　岩溶地面塌陷的发生机制

非采空区岩溶地面塌陷的发生机制主要有两种,即地下水潜蚀机制和真空吸蚀机制,这些机制主要是针对上覆土层岩溶塌陷。实际上,岩溶地面塌陷的形成,不一定是一种作用,而是多种作用的综合效应。

1. 潜蚀机制(潜蚀学说)

潜蚀机制大体可分为四个阶段:①在第四系沉积物覆盖的岩溶地区,碳酸盐中岩溶往往较发育,存在落水洞、暗河等地下水运动的良好通道;②在抽排水过程中,地下水位降低,对上覆土层的浮托力减小,在地下水流作用下,地下水对岩溶洞穴及上覆盖层第四系沉积物产生潜蚀、冲刷和淘空作用,岩溶洞穴或溶蚀裂隙中的充填物被水流带走,这时,在上覆盖层底部的洞穴或裂隙开口处产生空洞,或在土层中开始形成土洞;③土洞的形成改变了土层中的原始应力状态,引起洞顶的塌落,在地下水不断潜蚀及土体重力塌落作用下,土洞不断向上发展(一般为拱形),一直到达地表,形成地面沉降;④由于地下水位不断下降,上述垂向渗透潜蚀作用不断进行,促使土洞不断向上扩展,当上覆土体自重压力超过洞体的极限强度时,最终导致地面塌陷(见图 8-35)。

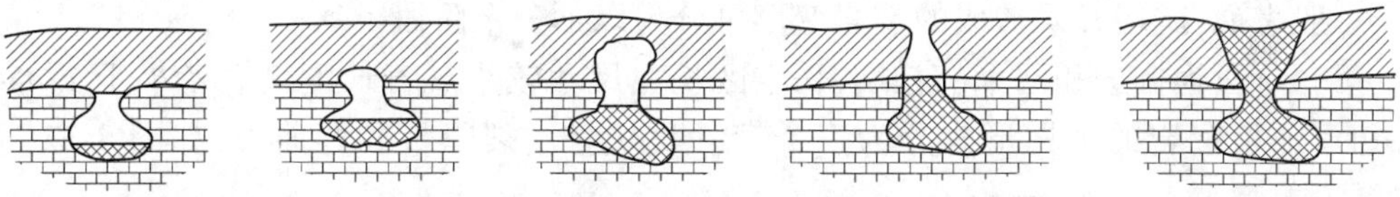

(a)土洞未形成以前 (b)土洞初步形成 (c)土洞向上发展 (d)地表塌陷 (e)形成碟成洼地

图 8-35　岩溶地面塌陷形成过程示意图

总之,岩溶洞穴或溶蚀裂隙的存在、上覆土层的不稳定是塌陷产生的物质基础,地下水对土层侵蚀搬运作用是引起塌陷的动力条件。自然条件下,地下水对岩溶洞穴或裂隙充填物质和上覆土层的潜蚀作用很缓慢,规模一般不大;人为抽取地下水,使地下水的侵蚀搬运作用大大加强,促进了地面塌陷的发生和发展。

2. 真空吸蚀机制(真空吸蚀学说)

根据气体体积与压力的关系定律,在密封条件下,当温度恒定时,随着气体体积的增大,气体压力不断减小。真空吸蚀引起地面塌陷必须具备三个条件:①下部基岩中需有一定体积被水或气所充满且埋深适当的各种空间(隐洞);②隐洞以上有适当厚度的松散沉积物;③抽排水(或其他自然因素改变)使地下水降低到隐洞以下一定深度(见图 8-36)。其形成机制是:在相对密闭的承压岩溶水中,由于抽排水或大量开采地下水,地下水位大幅度下降,当水位降至较大洞穴覆盖层的底面以下时,空洞内的地下水面与上覆洞穴顶板脱开,在地下水面与覆盖层底板之间形成无水充填的洞穴空腔,随着水位持续下降,空洞体积不断增大,空洞内的气体压力不断降低,从而导致空洞内形成低压“真空腔”(或负压腔)。腔内水面如同吸盘一样,强有力地抽吸着覆盖层底板的土颗粒,在溶洞内真空负压的吸蚀及土层自身重力的双重作用下,土体吸蚀塌落,逐渐掏空,形成土洞,最终形成地面塌陷。

真空吸蚀作用发生很快,有时发生于瞬间,因而形成突发性地面塌陷,矿山开采疏干排水引起的地面塌陷多属这种情况。

8.4.3.2　矿山采空区地面塌陷形成机制

矿山开采一般是在疏干地下水之后,才进行地下的掘进、回采工作。所以,采空区地

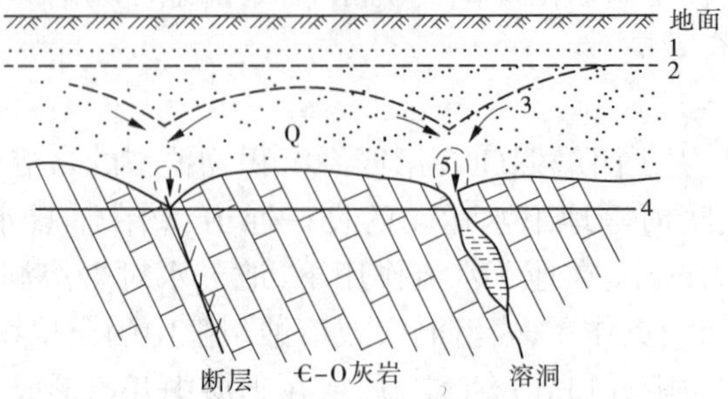

1—原始岩溶水压面;2—原始孔隙水位面;
3—渗漏后孔隙水位面;4—下降后的岩溶水位面;5—土洞

图 8-36　华北某地塌陷区土洞发育示意图

面塌陷的主要原因在于地下洞巷系统和围岩的结构变化。

一般来说,矿层开采造成的围岩变形可分为以下三个阶段。

第一阶段为掘进和回采的初期,采空区长宽尺寸较小。若长度最大者小于 1/4~1/3 采深时,顶板覆岩的破坏形式分为三个带,即冒落带、裂隙带和弯曲带,如图 8-37(a)所示。

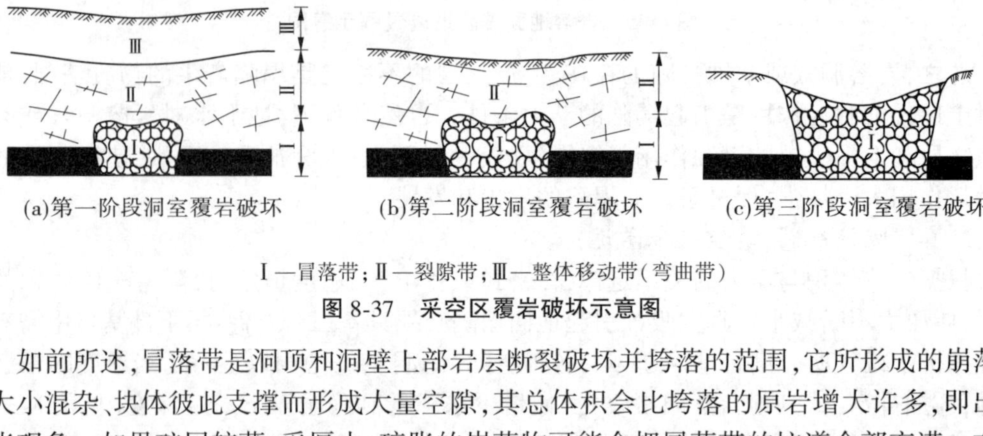

(a)第一阶段洞室覆岩破坏　(b)第二阶段洞室覆岩破坏　(c)第三阶段洞室覆岩破坏

Ⅰ—冒落带;Ⅱ—裂隙带;Ⅲ—整体移动带(弯曲带)

图 8-37　采空区覆岩破坏示意图

如前所述,冒落带是洞顶和洞壁上部岩层断裂破坏并垮落的范围,它所形成的崩落物因大小混杂、块体彼此支撑而形成大量空隙,其总体积会比垮落的原岩增大许多,即出现碎胀现象。如果矿层较薄,采厚小,碎胀的崩落物可能会把冒落带的坑道全部充满。在这种情形下,地面以沉降为主,但变形量较小,一般不会影响房屋的安全性。

如果崩落物不能全部充满冒落带和坑道,冒落物与裂隙之间存在"空腔"。随采空区扩大,围岩和地面变形进入第二个发展阶段,如图 8-37(b)所示。由于采空区长宽尺寸进一步变大,冒落带的厚度也会增大,其顶面会较第一阶段有所升高,宽度也有所加大。若采深/采厚比小于 25∶1,且采空区最大长度大于 1/2 采深时,裂隙带的顶面有可能已接近或达到地面,此时,弯曲带消失。这个阶段,洞室的顶板如同梁受力弯曲的极限状态,裂隙带不仅裂隙增多,整体弯曲下移量也急剧增大,地面会产生明显下沉并伴生大量的地裂缝,地裂缝的错动可形成一些塌陷槽沟。此时,地面建筑物也处于损毁较严重的阶段。

如果在第二阶段,洞室的崩落物与裂隙带之间存在空腔,随着回采的继续,围岩和地面变形则进入第三阶段,如图 8-37(c)所示。由于采空区范围的扩大,采空区中心距四周边界(非采空区)超过某一临界值时,中心点附近的上覆岩层将会全部折断,而外围地段覆岩的受力状况如同悬臂梁。此时,在上覆岩层全部折断的范围内,冒落带已发展到地表,地面会出现最为严重的塌陷变形,地面建筑损毁严重,地形基本改观。

对于一个特定矿区而言,是否会出现第三个阶段、何时出现、出现的范围有多大,这些问题都需要从开采深度、采厚、采空区扩大的时间过程以及岩层的组合、力学性质等多个方面的综合分析中获得答案。

8.4.3.3　地面塌陷的形成条件

地面塌陷是岩土体快速变形、向下坠落的动力学过程,其过程的发生必须具备一定的内、外条件。

1. 岩土体的内部条件

1) 地下存在空洞

地面塌陷必须具备一定规模的地下无岩土的空间,即空洞。地下空洞的存在有着两方面的意义:①它是洞体顶板、侧壁局部冒落物以及塌陷发生时坠落物的储容空间,地下空洞的存在是地面塌陷发生的先决条件;②地下空洞为具有多个临空面的空腔,空洞的顶、底板和侧壁在周围岩压的作用下极易发生应力集中,而处于稳定性很差的状态,一旦受到外力干扰,容易失稳而发生覆岩的冒落,甚至发生波及地表的塌陷。

地下空洞的形成,可以是自然力而为,也可以是人工挖掘的结果。

在可溶盐岩分布区,尤其是以碳酸盐岩为主的岩溶地区,石灰岩、白云岩中的裂隙在地下水流的溶蚀、冲刷作用下,可不断加宽、扩容,形成较大的地下空洞或洞穴系统。

岩溶发育愈强烈,岩溶洞隙数量愈多,其规模也愈大,愈有利于岩溶塌陷的形成。岩溶洞隙的发育一般受岩溶地下水排泄基准面的控制,多发育于浅部,向深部逐渐减弱。浅部岩溶洞隙由于地下水活动频繁,交替强烈,一般连通性较好,成为塌陷物质的储集空间和运移通道。塌陷坑与开口洞隙存在着密切的垂向对应关系。洞穴愈大,塌陷规模也愈大;洞隙开口愈大,塌陷速度愈快。洞隙的平面展布形态对塌陷平面形成有着决定性的影响,裂隙状洞隙往往形成长条状的塌陷坑,沿地下河管道往往产生链状或串珠状分布的塌陷坑群。

地下井巷系统是最易引发地面塌陷的一种人工洞室。

2) 洞穴围岩状况

地下洞穴的受力状况如同梁的受力,洞的顶板相当于承载上覆岩土体自重的梁,洞的两侧如同位于梁端的两个支点。若洞顶的直接顶板或间接顶板为坚硬完整的岩层,例如,许多发育在巨厚灰岩层中的溶洞,顶板和两侧壁均有足够的支撑力,则能保证洞穴的稳固。若洞体围岩缺失坚硬完整的岩层,或洞的跨度过大,围岩的稳定性就会降低,即使不发生全部覆岩的变形、垮塌,也会形成局部的失稳现象。一般而论,当洞穴埋藏深度与洞穴高度之比小于 25:1时,洞顶上部就会形成三个变形特点不同的带,即冒落带、裂隙带和整体移动带(弯曲带)(见图 8-37)。在某些条件下,上述三个变形带可能会缺失一个甚至两个。另外,洞顶变形的同时,洞壁也会变形,并形成大量裂隙。

3) 覆盖层条件

大量岩溶地面塌陷事件表明,塌陷主要发生在覆盖型岩溶和裸露型岩溶分布区,部分发育在埋藏型岩溶分布区。

目前已知塌陷中土层塌陷占96.7%，可见土层是塌陷的主要组成部分。发生于覆盖型岩溶分布区的塌陷与覆盖层岩土体的厚度、结构和性质存在着密切的关系。大量调查统计结果显示，覆盖层小于10 m发生塌陷的机会最多，覆盖层为10~30 m以上只有零星塌陷发生。当覆盖层中有土洞时，容易发生塌陷；土洞越发育，塌陷则越严重。

缺乏盖层、岩溶发育强烈地区，岩溶塌陷也较发育。

4）地下水运动

强烈的地下水运动，不但促进了可溶岩洞隙的形成和发展，而且是形成岩溶地面塌陷的重要动力因素，地下水运动的作用方式主要是：溶蚀作用、浮托作用、侵蚀及潜蚀作用，岩溶地下水位变化引起岩溶洞隙空间的负压效应、岩溶地下水位波动的散解作用、岩溶地下水的水击作用、搬运作用等。因此，岩溶地面塌陷多发育在地下水运动速度快的地区和地下水动力条件发生剧烈变化的时期。例如，大量开采（疏干）地下水而形成的降落漏斗地区极易发生岩溶地面塌陷。

2. 地面塌陷形成的外部条件

地面塌陷形成的外部条件主要是各种自然的或人为的动力条件。

1）自然影响因素

（1）大气降水：激发地面塌陷的各种自然因素中，大气降水的影响最普遍也最重要。无论是岩溶地面塌陷，还是矿山采空区地面塌陷，雨季都是其高发期。

首先，降水入渗可以使洞顶覆岩的含水层增大，自重加大，提高了对洞顶的垂向压力；其次，下渗水流会湿润裂隙面，降低岩石块体间的抗滑阻力，从而引起洞顶和洞壁的进一步变形而失稳。在岩溶地区，大气降水除上述作用外，还可起到另一种激发效果，即降水入渗对岩溶水的水量补给，会抬高岩溶水水位，若洞穴顶部开口被松散的黏土物质覆盖呈封闭状，快速上升的岩溶水会压缩洞内空气，形成上挤的压力，导致气爆发生，引发洞顶塌陷。

（2）河、湖近岸地带的侧向倒灌作用：河、湖近岸地带多有阶地发育，普遍分布着孔隙潜水与岩溶水组成的双层含水介质。一般，汛期洪水位较高，河、湖水会对地下水产生侧向倒灌，并通过洞隙开口处从潜水含水层向岩溶洞隙产生垂向的渗透潜蚀作用，在盖层中形成土洞进而扩展形成塌陷。

（3）地震：地震对塌陷起到两个作用：一是地震力可使洞顶覆岩以及洞壁的裂隙进一步扩大，引起岩层破裂、位移加剧；二是洞隙上覆松散饱水细粒物质发生“液化”，而形成地面塌陷。

2）人为活动的影响

（1）大量开采地下水、大降深抽水、疏干排水引发岩溶地面塌陷：例如，前述广东凡口铅锌矿区，由于多年大量疏干排水，出现大量岩溶地面塌陷，地面塌陷与地下水位降落漏斗区大体一致，塌陷区面积达490万 m^2 以上（见图8-34）。矿坑突水，地下水位迅速下降，也会引发地面塌陷。

（2）人为激发活动引发地面塌陷：对于矿山采空区，人为激发活动，例如地面施加荷载、人为爆破，车辆振动，水库蓄放水的人工调节、灌溉渗漏等，也会引发地面塌陷。

8.5　不良地质作用和地质灾害勘察要点

不良地质作用和地质灾害的地质勘察是岩土工程勘察的一项重要工作,其主要目的是查明不良地质作用所在地段的工程地质条件(自然地理、地形地貌、地层岩性、地质构造、水文地质、地震活动等)、气象水文及人类活动等重要因素,自然边坡的稳定状况,确定边坡的类型及可能的破坏模式,确定地面塌陷发生的可能性,为边坡稳定性分析和设计计算及地面塌陷防治提供必要的参数,同时给出不稳定边坡应采取的措施或方案建议。

根据不良地质作用和地质灾害的种类和勘察要求,一般可分为以下四种类型:

(1)可行性研究阶段的勘察:为大方案比选服务,要求和地面达到基本稳定。

(2)初步设计阶段的勘察:需查清基本的工程地质条件,且基本定量。

(3)施工图设计阶段的勘察:为施工图设计提供足够的资料和定量设计参数。

(4)施工阶段的补充勘察:根据开挖后地质情况的变化做必要的补充勘探,为变更设计提供依据。

不良地质作用和地质灾害主要发生在边坡和岩溶区、采空区,边坡勘察应符合《建筑边坡工程技术规范》(GB 50330—2013)的有关规定。在收集已有资料的基础上经过现场踏勘,应编制出边坡勘察大纲。其他勘察应符合《地质灾害危险性评估规范》(DZ/T 0286—2015)。

8.5.1　工程地质测绘和调查

不良地质作用和地质灾害的调查测绘是岩土工程勘察中最基本、最主要的工作之一。工程调查测绘的主要任务是在图上如实反映出调查区的地形、地貌、地质特征以及结构面的产状和性质等,判断边坡是否可能发生整体失稳还是局部失稳,地面变形和稳定情况,提出勘探线、点的布设位置、数量和深度,以及是否需要动态监测等。

不良地质作用和地质灾害调查测绘的主要内容包括:

(1)地形地貌调查。

(2)地层岩性调查。

(3)地质构造及岩体结构调查。

(4)水文地质条件调查。

不良地质作用和地质灾害调查测绘方法与普通的工程地质调查测绘方法相同,在此不再赘述。

拟建工程场地或附近存在对工程安全有影响的滑坡可能时,应进行专门的滑坡调查。通过调查、勘探和测试,了解滑坡的性质、规模和动态特征等,为评价滑坡稳定性和滑坡整治设计提供依据。其中地面调查测绘工作应在边坡调查测绘的基础上,注意滑坡造成的地表变动和地表植物的特点,近期滑坡往往会形成“醉汉林”(歪斜零乱、倾倒的树木),古老的滑坡往往会使树木下部歪斜上部顺直生长,称为“马刀树”(见图 8-38)。

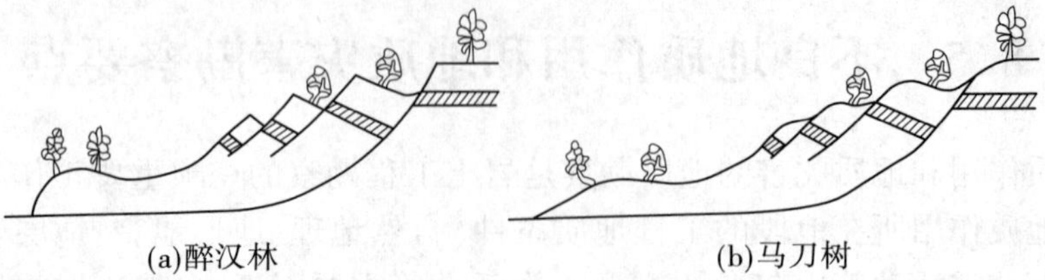

图 8-38　醉汉林与马刀树

8.5.2　工程勘探

一般,不良地质作用和地质灾害勘探应在地质调查测绘的基础上进行。

(1)勘探点、线的布置原则:勘探线应垂直边坡走向或平行于可能的滑动方向布置。勘探点一般应布置在坡顶、坡腰、坡脚处,每条勘探线不少于 3 个勘探点。

(2)勘探点的深度:穿过可能的滑动带或地面塌陷区。

(3)取样:对每一主要土层采集土试样。

勘探方法主要有以下几种:

(1)钻探:一般用汽车钻机勘探。

(2)探井:人工挖掘的有一定深度和较大直径的垂直圆筒。

(3)探槽:人工挖掘的有一定深度的长条状凹槽。

(4)地球物理勘探:多用电法仪器勘探。

在边坡勘探的基础上,如发现存在大型滑坡,则应进一步勘探,一般至少应布置纵横两条勘探线(见图 8-39),以查明滑坡的形态和类型。

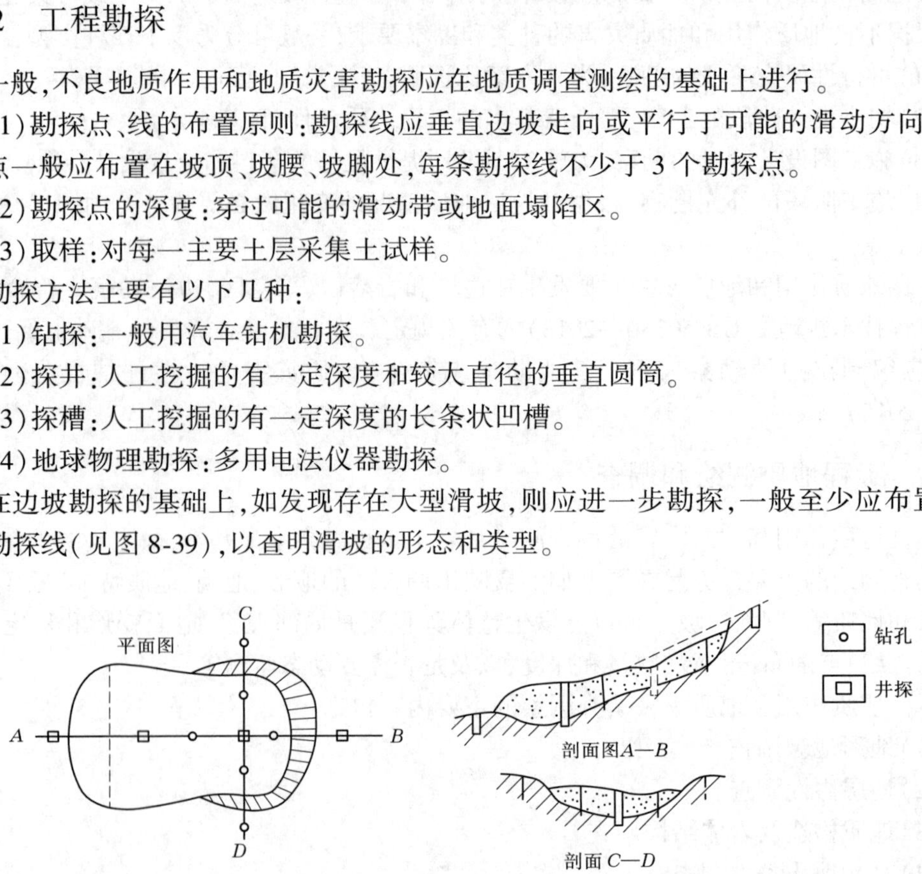

图 8-39　滑坡勘探线布置

8.5.3　边坡和滑坡的岩土试验与监测

8.5.3.1　岩土试验

边坡和滑坡试验可分为室内试验和野外试验。

室内试验主要是测定土的天然重度、天然含水量、相对密度、压缩性及抗剪强度;野外现场测试工作主要大致可分为岩土力学性质试验、岩土应力测量、水文地质试验等。岩土力学性质野外测定包括疏松土和坚硬岩石的强度及变形能力的野外测定等。

8.5.3.2　不良地质作用和地质灾害监测

通常,边坡已出现了下滑失稳的现象或滑坡初期的一些迹象,才进行监测,拟通过监测,做出相应预报。

边坡和滑坡监测应符合《建筑边坡工程技术规范》(GB 50330—2013)的有关规定。

边坡和滑坡监测方法一般包括:①地表大地变形监测;②地表裂缝错位监测;③地面倾斜监测;④裂缝多点位移监测;⑤边坡深部位移监测;⑥地下水监测;⑦孔隙水压力监测;⑧边坡地应力监测。

对已有明显迹象滑动的斜坡或滑坡,应及时进行观测。观测手段主要是简易观测和仪器观测。

边坡和滑坡监测常用仪器主要是:水准仪、经纬仪、全站仪、GPS 或北斗系统、测斜仪、伸长计、倾斜仪、激光测距仪、高精度电子经纬仪等。

8.5.4　边坡和滑坡的稳定性评价

通过调查测绘和研究,一般采用工程地质分析对比法对边坡的稳定性进行初步的定性评价,在此基础上,进行定量评价。边坡稳定性分析方法很多,目前在工程中广泛应用的是传统的极限平衡理论。如果资料较多,也可采用数值法进行评价。

边坡和滑坡稳定等级一般根据稳定系数划分。稳定系数(K_s)是斜坡上的抗滑力与斜坡滑动驱动力之比,即

$$K_s = \frac{N(\text{抗滑力})}{T(\text{滑动驱动力})} \tag{8-8}$$

根据稳定系数可把斜坡或滑坡的稳定性分为四级:

(1)稳定边坡:稳定系数 $K_s>1.2$。

(2)基本稳定边坡:稳定系数 $K_s=1.1\sim1.2$。

(3)欠稳定边坡:稳定系数 $K_s=1.0\sim1.1$。

(4)不稳定边坡:稳定系数 $K_s<1.0$。

8.5.5　不良地质作用和地质灾害勘察报告

通常,不良地质作用和地质灾害勘察报告由文字和图件两部分组成。文字部分的内容为:

(1)勘察目的、任务要求和依据的技术规范。

(2)拟建工程概况。

(3)勘察方法和勘察工作布置。

(4)场地地形、地貌、地层、地质构造、岩土性质。

(5)各项岩土性质指标,岩土的强度参数、变形参数的建议值。

(6)地下水埋藏情况、类型、水位及其变化。

(7)可能影响工程稳定性的不良地质作用的描述和对工程危害程度的评价。

(8)场地稳定性和适宜性的评价。

勘察报告还应对边坡整治和改造的方案进行分析论证,提出建议。

文字报告应包含必要的附图、附表。

勘察报告的主图主要是工程地质图,包括平面图和剖面图。

思考题与习题

1. 不良地质作用和地质灾害主要有哪些?

2. 试述滑坡的概念及分类。

3. 简述滑坡的成因机制。

4. 如何评定滑坡的稳定性?

5. 试述崩塌的概念及分类。

6. 简述崩塌的成因机制。

7. 试述泥石流的概念及分类。

8. 简述泥石流的成因机制。

9. 试述地面塌陷的概念及分类。

10. 简述地面塌陷的成因机制。

11. 试述不良地质作用和地质灾害的调查要点。

12. 在野外如何识别滑坡?

13. 例 8-1、图 8-9,如果黏聚力 $c=20$ kPa,,内摩擦角 $\varphi=20°$,其他数据不变。试采用瑞典条分法,条块数量取 7,求圆弧滑动面的稳定安全系数。

(参考答案:$K_s=2.029$,边坡处于稳定状态。)

14. 简单岩质边坡,已知该岩体内存在单一软弱结构面并可能沿该结构面发生滑动(见图 8-11),岩体重度 $\gamma=25\ kN/m^3$,体积 $V=3\ 000\ m^3$,该软弱结构面面积 $A=500\ m^2$,倾角 $\theta=40°$,内摩擦角 $\varphi=25°$,黏聚力 $c=100$ kPa,试用平面滑动法计算边坡的稳定安全系数。

(参考答案:$K_s=1.59>1.2$,边坡处于稳定状态。)

第 9 章　现场检验与监测

现场检验与监测主要包括地基基础的检验与监测、桩基础的检验与监测、基坑监测、不良地质作用和地质灾害监测、地下水监测等。

9.1　地基基础的检验与监测

地基基础的现场检验与监测的方法较多,常用的现场测试方法如图 9-1 所示。

9.1.1　天然地基的基槽检验与监测

9.1.1.1　现场检验

天然地基的基坑(基槽)开挖后,应检验开挖揭露的地基条件是否与勘察报告一致。这是必须做的常规工作,通常由勘察人员会同建设、设计、施工、监理及质量监督部门共同进行。为了做好此项工作,要求熟悉勘察报告的内容,掌握地基持力层的空间分布和工程性质,并了解拟建建筑物的类型和工作方式,研究基础设计图纸及环境监测资料等。

现场检验内容主要包括:

(1)岩土分布及其性质。

(2)地下水情况。

(3)对土质地基,可采用轻型圆锥动力触探或其他机具进行检查。

存在下列情况时应着重检验:

(1)天然地基持力层的岩性、厚度变化较大时;桩基持力层顶面标高起伏较大时。

(2)基础平面范围内存在两种或两种以上不同地层时。

(3)基础平面范围内存在异常土质,或有坑穴、古墓、古遗址、古井、旧基础等。

(4)场地存在破碎带、岩脉及淹没废弃的河、湖、沟等。

(5)在雨季、冬季等不良气候条件下施工,土质可能受到影响时。

现场检验时,一般首先核对基础或基槽的位置、平面尺寸和坑底标高,是否与图纸相符。对土质地基,可用肉眼、微型贯入仪、轻型圆锥动力触探等简易方法,检验土的密实度和均匀性,必要时可在槽底普遍进行轻型圆锥动力触探。但坑底下埋有砂层且承压水头高于坑底时,应特别慎重,以免造成冒水涌砂。

如果基坑(基槽)开挖揭露后发现有异常情况,应提出处理措施或修改设计的建议。若岩土条件与勘察报告出入较大,或设计有较大变动,应建议进行施工勘察。

9.1.1.2　现场监测

当重要建筑物基坑开挖较深或地基土层较软弱时,可根据需要布置监测工作。现场监测内容有基坑底部回弹观测、建筑物基础沉降及各土层的分层沉降观测、地下水控制措施的效果及影响观测、基坑支护系统工作状态的监测。

图 9-1　常用的现场测试方法

高层建筑在采用箱形基础时，由于基坑开挖面积大而深，卸除了土层较大的自重应力后，普遍存在基坑面的回弹。基坑的回弹再压缩量一般占建筑物完工时沉降量的 1/2~1/3，最大可达 1 倍以上；地基土质越硬则回弹所占比例越大。由此说明基坑回弹不可忽视，应予以监测，并将实测沉降量减去回弹量，才是真正的地基土沉降量，否则实际观测的沉降量偏大。

除卸荷回弹外，在基坑暴露期间，土中黏土矿物吸水膨胀、基坑开挖接近临界速度导致土体产生剪切位移以及基坑底部存在承压水时，皆可引起基坑底部隆起，观测时也应予以注意。

基底回弹监测应在开挖完工后立即进行，在坑底的不同部位设置固定测点，用水准仪观测，且继续进行建筑物施工过程中直至竣工之后的地基沉降监测，最终可绘制基底的回弹、沉降与卸载、加载关系曲线。

9.1.2　桩基工程检验与监测

桩基础是一种应用十分广泛的基础形式，桩基础的质量直接关系到整个建筑物的安危。桩的施工具有高度的隐蔽性，发现质量问题难，事故处理更难。因此，桩基础检测工作是整个桩基工程中不可缺少的重要环节。

桩的功能主要是承受轴向垂直荷载、水平荷载或者两者兼而有之。桩身材料、成桩方式以及场地岩土层条件等影响桩的承载力和桩身稳定性。

桩基工程检验与监测主要有三种检验试验方法：①单桩竖向抗压静载荷检验试验；②单桩竖向抗拔静载荷试验；③单桩水平静载荷试验。

在工程实践中，桩基础以承受竖向下压荷载为主，因此应用多且价值较大的检验试验的是单桩竖向抗压静载荷检验试验，下面仅介绍该种检验试验。

9.1.2.1　单桩竖向抗压静载荷试验设备

单桩竖向抗压静载荷试验，就是采用接近于竖向抗压桩实际工作条件的试验方法，确定单桩的竖向抗压承载力。当桩身中埋设有量测原件时，还可以实测桩周各土层的侧阻力和桩端阻力。通常，一个工程测桩数量不少于 2 根。

竖向抗压静载荷试验的试验装置与地基土静载荷试验的试验装置基本相同，如图 9-2 所示。

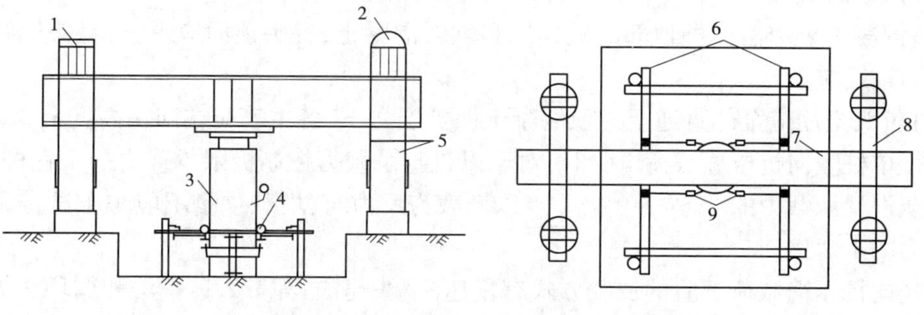

1—厚钢板；2—硬木包钢皮；3—千斤顶；4、9—百分表；5—锚筋；6—基准桩；7—主梁；8—次梁

图 9-2　单桩竖向抗压静载荷试验装置

(1)加载装置：加载反力装置根据场地条件可选择锚桩横梁反力装置、压重平台反力装置、锚桩压重联合反力装置。

①锚桩横梁反力装置：如图 9-2 所示，一般锚桩至少要 4 根，锚桩可为灌注桩、预制长桩或工程桩，锚桩的设计参数应按抗拔桩的规定计算确定。

②压重平台反力装置：如图 9-3 所示，堆载材料一般为铁锭、混凝土块或沙袋。

堆载在检测前应一次加足，加重施加地基的压应力不宜大于地基承载力特征的 1.5 倍。

该法的优点是可以对试桩随机抽样，不足之处是压重材料运输吊装费时费力。

(2)测量仪表：荷载可用放置于千斤顶上的应力环、应变式压力传感器直接测定。沉

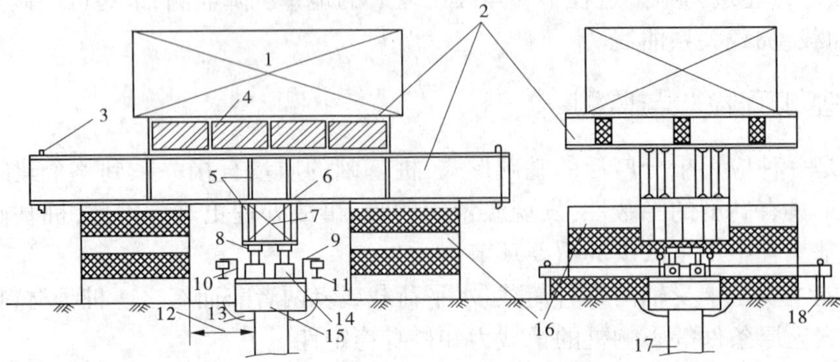

1—堆载;2—堆载平台;3—连接螺杆;4—木垫块;5—通用梁;6、7—十字撑;7—主梁;8—测力环;9—支架;10—千分表;11—槽钢;12—最小距离;13—空隙;14—液压千斤顶;15—桩帽;16—土梁;17—试桩;18—千分表支架

图 9-3　压重平台反力装置示意图

降测量一般采用位移传感器或大量程百分表,测量误差≤1%,分辨率≤0.01 mm。

(3)桩身量测原件:为了比较准确地了解桩顶荷载作用下桩侧土的阻力及桩端土阻力的变化情况,需要在桩身中土层变化部位和桩端埋设量测原件。这些原件主要有振弦式钢筋应力计、电阻应变片和测杆式应变计。

9.1.2.2　试验方法

为了保证试验能够最大限度地模拟实际工作条件,具有代表性,进行载荷试验的试桩必须满足以下要求:

(1)试桩的成桩工艺和质量控制标准应与工程桩一致。

(2)混凝土桩应凿掉桩顶部的破碎层和软弱混凝土,桩头顶面应平整,桩头轴线与桩身上部的轴线应重合。

(3)桩头主筋应全部直通至桩顶混凝土保护层之下,各主筋应在同一高度上。

进行单桩竖向抗压静载荷试验时,对于以桩身承载力控制极限承载力的工程桩试验,应加荷至设计承载力的 1.5~2.0 倍。当以堆载为反力时,堆载重量不应小于试桩预估极限承载力的 1.2 倍。

桩竖向抗压静载荷试验的加载方式有慢速法、快速法、等贯入速率法和循环法等。

慢速法是最常用的方法。慢速法是慢速维持荷载法的简称,即先逐级加载,待该级荷载达到相对稳定后,再加下一级荷载,直到试验破坏,然后按每级加载量的 2 倍卸载荷载到零。

慢速法载荷试验的加载分级,一般是按试桩的最大预估极限承载力将荷载等分成 10~15 级逐级加压。

(4)慢速法载荷试验的测读、稳定标准和卸载规定每级加载后按第 5 min、15 min、30 min、45 min、60 min 测读沉降量,以后每隔 30 min 测读一次。

每一小时内桩顶的沉降量不超过 0.1 mm,并连续出现两次,即为相对稳定。当桩顶沉降速率达到相对稳定标准时,再施加下一级荷载。

卸载时,每级荷载维持 1 h,按 15 min、30 min、60 min 测读桩顶沉降量后,即可卸下一级荷载。卸载至零后,应测读桩顶残余沉降量,维持时间为 3 h。

9.1.2.3　试验资料的整理

(1)填写试验记录表。为了便于实际应用和统计,一般把单桩竖向抗压静载荷试验成果整理成表格形式,见表 9-1、表 9-2。

表 9-1　单桩竖向抗压静载荷试验概况

<table>
<tr><td colspan="2">工程名称</td><td></td><td colspan="3">地点</td><td></td><td colspan="3">试验单位</td><td></td></tr>
<tr><td colspan="2">试桩编号</td><td></td><td colspan="3">桩型</td><td></td><td colspan="3">试验起止时间</td><td></td></tr>
<tr><td colspan="2">成桩工艺</td><td></td><td colspan="3">桩截面尺寸</td><td></td><td colspan="3">桩长</td><td></td></tr>
<tr><td rowspan="2">混凝土强度等级</td><td>设计</td><td></td><td colspan="3">灌注桩沉渣厚度</td><td></td><td rowspan="2">配筋情况</td><td rowspan="2">规格长度</td><td rowspan="2">配筋率</td><td></td></tr>
<tr><td>实际</td><td></td><td colspan="3">灌注桩充盈系数</td><td></td><td></td></tr>
<tr><td colspan="7">综合柱状图</td><td colspan="4">试验平面布置示意图</td></tr>
<tr><td>层次</td><td>土层名称</td><td colspan="2">土层描述</td><td>相对标高</td><td colspan="2">桩身剖面</td><td colspan="4" rowspan="6"></td></tr>
<tr><td>1</td><td></td><td colspan="2"></td><td colspan="3" rowspan="5"></td></tr>
<tr><td>2</td><td></td><td colspan="2"></td></tr>
<tr><td>3</td><td></td><td colspan="2"></td></tr>
<tr><td>4</td><td></td><td colspan="2"></td></tr>
<tr><td>5</td><td></td><td colspan="2"></td></tr>
</table>

表 9-2　单桩竖向抗压静载荷试验记录

<table>
<tr><td colspan="2">工程名称</td><td colspan="4"></td><td>桩号</td><td></td><td>日期</td><td colspan="2"></td></tr>
<tr><td rowspan="2">加载级</td><td rowspan="2">油压(MPa)</td><td rowspan="2">荷载(kN)</td><td rowspan="2">测读时间</td><td colspan="4">位移计(百分表)读数</td><td rowspan="2">本级沉降(mm)</td><td rowspan="2">累计沉降(mm)</td><td rowspan="2">备注</td></tr>
<tr><td>1 号</td><td>2 号</td><td>3 号</td><td>4 号</td></tr>
<tr><td></td><td></td><td></td><td></td><td></td><td></td><td></td><td></td><td></td><td></td><td></td></tr>
<tr><td></td><td></td><td></td><td></td><td></td><td></td><td></td><td></td><td></td><td></td><td></td></tr>
<tr><td></td><td></td><td></td><td></td><td></td><td></td><td></td><td></td><td></td><td></td><td></td></tr>
<tr><td></td><td></td><td></td><td></td><td></td><td></td><td></td><td></td><td></td><td></td><td></td></tr>
<tr><td></td><td></td><td></td><td></td><td></td><td></td><td></td><td></td><td></td><td></td><td></td></tr>
<tr><td></td><td></td><td></td><td></td><td></td><td></td><td></td><td></td><td></td><td></td><td></td></tr>
<tr><td colspan="4">检测单位：</td><td colspan="4">校核：</td><td colspan="3">记录：</td></tr>
</table>

(2)绘制有关试验成果曲线。为了确定单桩竖向抗压强度极限承载力,一般应绘制竖向荷载-沉降(Q-S)曲线、沉降-时间对数(S-lg$t$)曲线、沉降-载荷对数(S-lg$Q$)曲线及其他进行分析所需的曲线。在单桩竖向抗压静载荷试验的各种曲线中,不同地基上、不同桩型的 Q-S 曲线具有不同的特征,图 9-4 是几种典型的 Q-S 曲线。

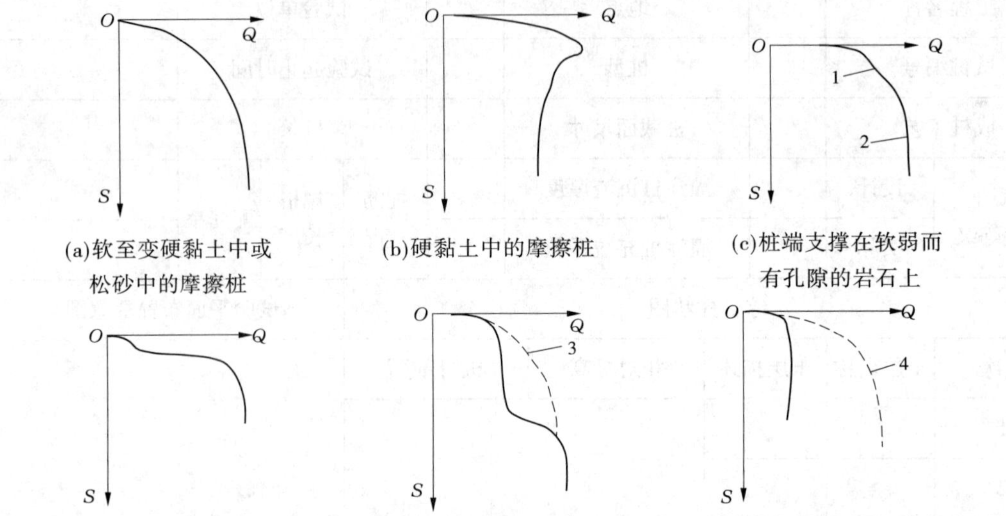

(a)软至变硬黏土中或松砂中的摩擦桩　(b)硬黏土中的摩擦桩　(c)桩端支撑在软弱而有孔隙的岩石上

(d)桩端离开坚硬岩石,被试验荷载压下后又重新支撑在岩石上　(e)桩身的裂缝被试验的下压荷闭合　(f)桩身混凝土被试验载荷剪断

1—桩端下岩石结构的破损;2—岩石的总剪切破坏;3、4—正常曲线

图 9-4　典型的单桩竖向抗压静载荷试验曲线

同理,在进行桩身应力、应变和桩端阻力测定时,尚应整理出以偶观数据和绘制桩身轴力分布、桩侧阻力分布、桩端阻力分布等有关曲线。

(3)单桩竖向抗压承载力的确定。据《建筑基桩监测技术规范》(JGJ 106—2014),单桩竖向抗压极限承载力按下列方法确定。

①根据沉降随载荷变化的特征确定:对于陡降型的 Q-S 曲线,取其发生明显陡降的起始点对应的荷载值。

②根据沉降随时间变化的特征确定:取 S-lg$t$ 曲线尾部出现明显向下弯曲的前一级荷载值(见图 9-5)。

③某级荷载作用下,桩顶沉降量大于前一级荷载作用下沉降的 2 倍,且经过 24 h 尚未达到相对稳定标准,则取前一级荷载值。

④对于缓变型 Q-S 曲线,可根据沉降量确定,宜取 $S=40$ mm 对应的荷载值;对桩长大于 40 m 时,宜考虑桩身弹性压缩

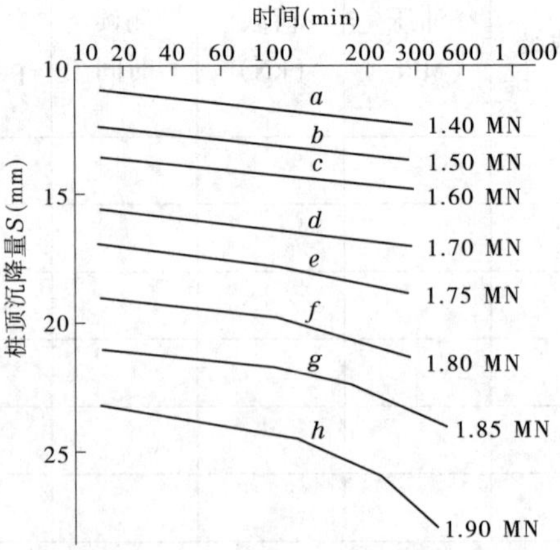

图 9-5　单桩竖向抗压试验 S-lg$t$ 曲线

量;对于直径大于或等于 800 mm 的桩,可取 $S=0.05D$(D 为桩端直径)对应的荷载值。

⑤当按上述四条判定桩的竖向抗压承载力未达到极限时,桩的竖向抗压极限承载力应取最大试验荷载值。

(4)单桩竖向抗压承载力特征值的确定。《建筑地基基础设计规范》(GB 50007—2011)规定:单桩竖向抗压承载力特征值等于单桩竖向抗压极限承载力除以安全系数。

9.2　基坑工程的监测

9.2.1　基坑监测的目的和内容

由于基坑工程的复杂性和不确定性,现场监测已成为基坑施工过程中必不可少的手段。

基坑监测的目的是:

(1)确保支护结构的稳定和安全,确保基坑周围建筑物、道路及地下管线等的安全与正常使用。

(2)指导基坑工程的施工。

(3)验证基坑工程设计方法,完善基坑工程设计理论。

基坑工程现场监测的内容分为两大部分:

(1)支护体系监测。包括围护桩墙的变形和内力、支撑轴力、立柱变形和内力、围护墙侧向土压力、地下水位等。

(2)周围环境监测。包括邻近道路位移、地下管线位移、建筑物位移、地面沉降、地下水位等项目。

根据基坑开挖的深度等因素,基坑工程安全等级分为以下三级:

(1)基坑开挖深度≥12 m 或基坑支护结构与主体结构相结合时,属于一级安全等级基坑工程。

(2)基坑开挖深度<7 m 时,属于三级安全等级基坑工程。

(3)除一级和三级外的基坑工程,均属于二级安全等级基坑工程。

根据基坑周围环境的重要性程度及其与基坑的距离,基坑工程环境保护等级分为三级,见表 9-3。

表 9-3　基坑工程的环境保护等级

环境保护对象	保护对象与基坑距离关系	基坑工程环境保护等级
优秀历史建筑、有精密仪器与设备的厂房、其他采用天然地基和短桩基础的重要建筑物、轨道交通设施、隧道、防汛墙、原水管、自来水总管、燃气总管、共同沟等重要建(构)筑物或设施	$s \leqslant H$	一级
	$H<s \leqslant 2H$	二级
	$2H<s \leqslant 4H$	三级

续表 9-3

环境保护对象	保护对象与基坑距离关系	基坑工程环境保护等级
较重要的自来水管、燃气管、污水管等市政管线、采用天然地基或短桩基础的建筑物等	$s \leqslant H$	二级
	$H<s \leqslant 2H$	三级

注：H 为基坑开挖深度，s 为保护对象与基坑开挖边线的净距。

根据基坑工程安全等级和基坑工程环境保护等级给出的基坑支护体系的监测项目和周边环境的监测项目分别如表 9-4 和表 9-5 所示。在制订实际监测方案时，监测项目可根据支护形式、施工阶段、基坑工程和环境保护等级分类等因素选定。

表 9-4　基坑支护体系监测项目

序号	监测项目	支护形式	放坡开挖	复合土钉支护	水泥土重力式围护结构		板式支护体系		
		基坑安全等级	三级	三级	二级	三级	一级	二级	三级
		支护体系施工、预降水段	基坑开挖阶段						
1	支护体系观察	—	☆	☆	☆	☆	☆	☆	☆
2	围护墙(边坡)顶部竖向位移、水平位移	○	☆	☆	☆	☆	☆	☆	☆
3	围护体系裂缝	—	—	☆	☆	☆	☆	☆	☆
4	围护墙侧向变形	○		○	☆	○	☆	☆	☆
5	围护墙侧向土压力	—	—	—	—	—	○	○	—
6	围护墙内力	—	—	—	—	—	○	○	—
7	冠梁及围檩内力	—	—	—	—	—	☆	○	—
8	支撑轴力	—	—	—	—	—	☆	☆	○
9	锚杆拉力	—	—	—	—	—	☆	☆	○
10	立柱竖向位移	—	—	—	—	—	☆	☆	○
11	立柱内力	—	—	—	—	—	○	○	—
12	坑底隆起(回弹)	—	—	—	○	—	☆	○	—
13	坑内、外地下水位	☆	☆	☆	☆	☆	☆	☆	☆

注：☆为应测项目，○为选测项目。

表 9-5　周边环境监测项目

序号	监测项目	基坑环境保护等级					
		土方开挖前			基坑开挖阶段		
		一级	二级	三级	一级	二级	三级
1	基坑外地下水位	☆	☆	☆	☆	☆	☆
2	孔隙水压力	○	—	—	○	○	—
3	坑外土体深层侧向变形	☆	○	—	☆	○	—
4	坑外土体竖向位移	○	—	—	○	○	—
5	地表竖向位移	☆	☆	○	☆	☆	☆
6	基坑外侧地面裂缝	☆	☆	☆	☆	☆	☆
7	邻近建(构)筑物水平及竖向位移	☆	☆	☆	☆	☆	☆
8	邻近建(构)筑物倾斜	☆	○	○	☆	○	○
9	邻近建(构)筑物裂缝	☆	☆	☆	☆	☆	☆
10	邻近地下管线水平及竖向位移	☆	☆	☆	☆	☆	☆

注：☆为应测项目，○为选测项目。

9.2.2　变形监测

基坑开挖导致土中应力释放，必定会引起邻近基坑周围土体的变形，过量的变形将影响邻近建筑物和地下管线的正常使用，甚至导致破坏。因此，必须在基坑施工期间对支护结构、土体、邻近建筑物和地下管线的变形进行监测，以便及时采取防范措施。

9.2.2.1　沉降监测

沉降监测主要采用精密水准仪，监测的范围宜从基坑边线起到开挖深度的 1～3 倍的距离。

1. 基准点设置

基准点设置以保证其稳定可靠为原则，在监测基坑的四周适当的位置，必须埋设 3 个沉降监测基准点。沉降基准点必须设置在基坑开挖影响范围之外的（至少大于 5 倍基坑开挖深度）基岩或原状土层上，也可设置在沉降稳定的建筑物或构筑物基础上。基准点可根据不同情况进行设置，见图 9-6。

2. 邻近建筑物沉降监测

基坑开挖引起相邻房屋沉降的现场监测具有测点数量多、监测频度高（通常每天一次）、监测周期较短（一般为数月）等特点。监测点尽量设置在监测建筑物有代表性的部位，布点范围应能全面反映监测建筑物的不均匀沉降，每栋建筑物的变形监测点不宜少于 3 个，同时监测点的设置必须便于监测，且不宜遭到破坏。

建筑物监测标志构造通常有以下几种形式：

（1）设备基础监测点。一般利用锚钉和钢筋来制作。标志形式有垫板式、弯钩式、燕

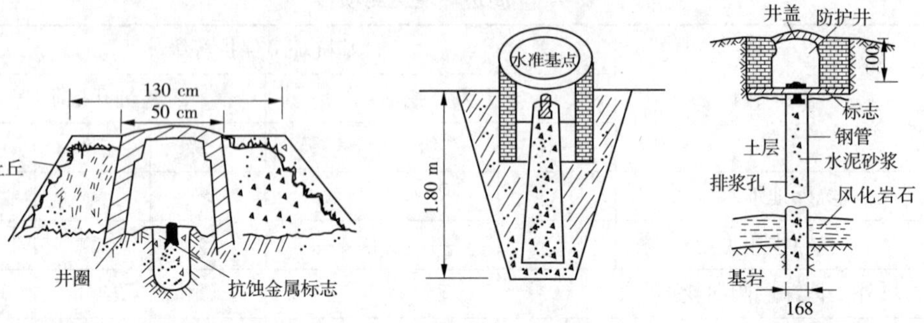

(a)岩石基准点　(b)混凝土基准点　(c)深埋钢管基准点

图 9-6　基准点设置　（单位:mm）

尾式、U 字式,尺寸及形状如图 9-7 所示。

(2)桩基础监测点。对于钢筋混凝土柱,在标高±0.000 以上 10~50 cm 处凿洞,将弯钩形监测标志水平向插入,或用角铁呈 60°角斜向插入,再以 1∶2水平砂浆充填,如图 9-8 所示。

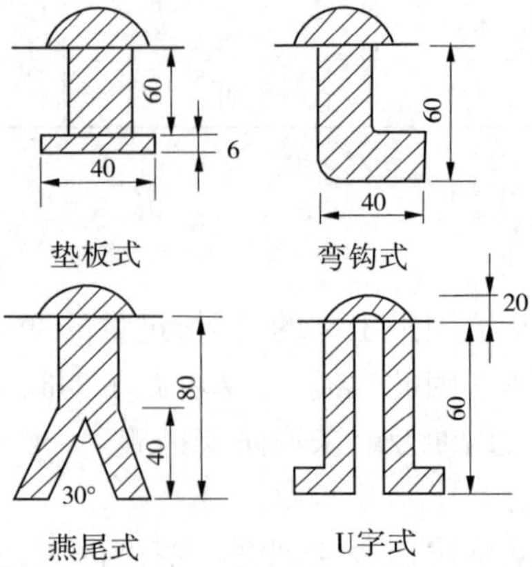

图 9-7　设备基础监测点构造　（单位:mm）

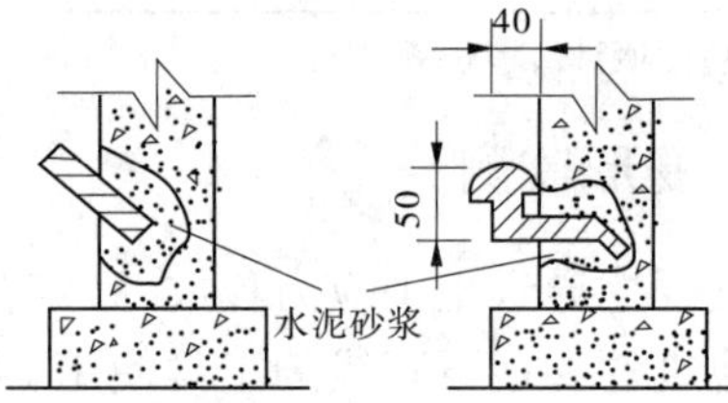

图 9-8　桩基础监测点构造　（单位:mm）

(3)钢柱监测标志。用铆钉或钢筋焊在钢柱上,如图 9-9 所示。

3. 地表沉降监测

地面沉降监测方法主要采用精密水准测量(二等水准测量)。在一个测区内,应设置 3 个以上基准点,基准点要设置在距离基坑开挖深度 5 倍距离以外的稳定地方。在基坑开挖前可采用 ϕ 15 mm 左右,长 1~1.5 m 的钢筋打入地下,地面用混凝土加固,作为基准点。

4. 地下管线沉降监测

查明管线距基坑的距离,并考虑管线的重要性及对变形的敏感性来确定监测点设置。

管线监测点可用抱箍直接固定在管道上,抱箍形式如图 9-10 所示,标志外可砌筑窨井。

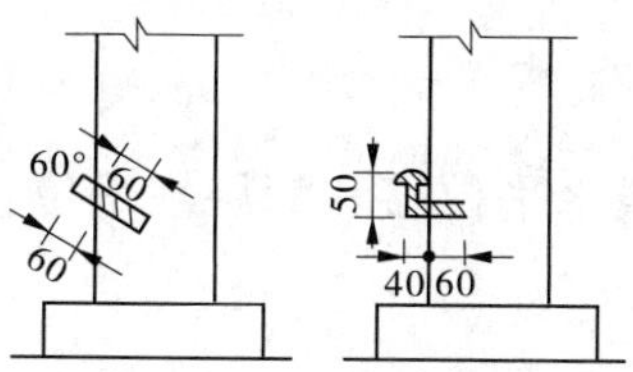

图 9-9　钢柱监测点构造　（单位:mm）

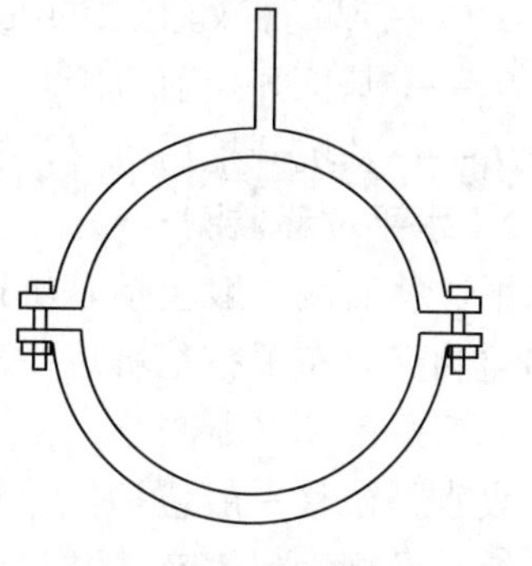

图 9-10　抱箍式监测点

上水、燃气、暖气等压力管线应将监测点直接设置在管线上,也可以利用阀门开关、抽气孔及检查井等管线设备作为监测点。

5. 土体分层沉降监测

土体分层沉降是指离地面不同深度处土层的沉降或隆起,通常用磁性分层沉降仪测量。通过在钻孔中埋设一根硬塑料管作为引导管,再根据需要分层埋入磁性沉降环,用测头测出各磁性沉降环的初始位置。在基坑施工过程中分别测出各沉降环的位置,便可算出各层土的压缩量。

（1）监测设备:为磁性分层沉降仪。该仪器由沉降管、磁性沉降环、测头、测尺和输出信号指示器组成（见图 9-11）。

（2）基本原理:埋设于土中的磁性沉降环随土层沉降而同步下降。探头从引导管中缓慢下放遇到预埋的磁性沉降环时,干簧管的触点便在沉降环的磁场力作用下吸合,接通指示器电路,电感探测装置上的蜂鸣器就发出叫声,这时根据测量导线上标尺在孔口的刻度以及孔口的标高,就可以计算出沉降环所在位置的标高,测量精度可达 1 mm。

$$H = H_1 - L \tag{9-1}$$

式中　H——沉降环标高,mm;

H_1——基准点标高,mm,可将沉降管管顶作为测量的基准点;

L——测头至基准点的距离,mm。

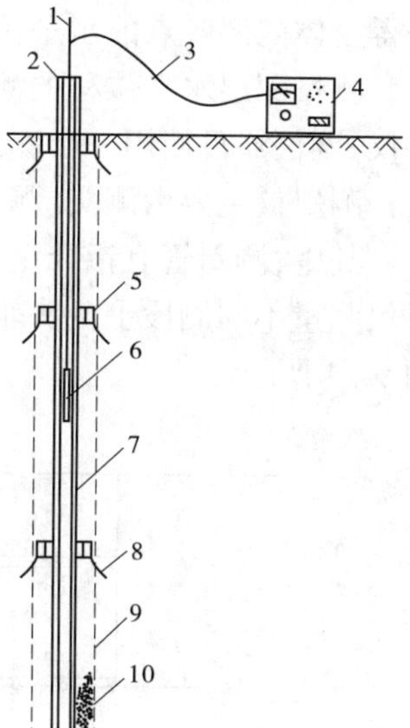

1—测尺;2—基点;3—导线;4—指示器;
5—磁性沉降环;6—测头;7—沉降管;
8—弹性爪;9—钻孔;10—回填土球

图 9-11　磁性分层沉降仪

在基坑开挖前通过预埋分层沉降管和沉降环,并测读各沉降环的起始标高,与其在基坑开挖施工过程中测得的相应标高的差值,即为各土层在施工过程中的沉降或隆起。

$$\Delta H = H_0 - H_1 \tag{9-2}$$

式中　ΔH——某高程处土层的沉降,mm;

H_0——基坑开挖前沉降环标高,mm;

H_1——基坑开挖后沉降环标高,mm。

9.2.2.2　**水平位移监测**

水平位移监测一般包括基坑边坡顶部、地下管线水平位移和深层水平位移监测。水平位移监测点宜布置在基坑边中部和阳角处。

1. 地表水平位移监测

地表水平位移一般包括挡墙顶面、地表面及地下管线等的水平位移。水平位移通常采用经纬仪及觇牌或带有读数尺的觇牌测量。

水平位移的观测方法很多,可根据现场条件及观测仪器而定,常用的方法有视准线法、小角度法、前方交会法、三角测量法等。用经纬仪测角、钢尺或电磁波测距仪测距离。

例如,视准线法是沿基坑边设置一条视准线,并在视准线的两端埋设两个永久工作基点 A、B,如图 9-12 所示,沿基坑边线按照需要设置若干测点,定期观测这排点偏离固定方向的距离,并加以比较,即可求出这些测点的水平位移量。视准线法是基坑水平位移监测常用的方法,其优点是精度较高、直观性强、操作简易、确定位移量迅速。

2. 深层水平位移监测

土体和维护结构的深层水平位移通常采用钻孔测斜仪测定,当被测土体产生水平变形时,测斜管轴线产生挠度,用测斜仪测量测斜管轴线与铅垂线之间夹角的变化量,从而获得土体内部各点的水平位移。

测量深层水平位移的测斜仪,可分为固定式和活动式两种。目前通常使用活动式测斜仪,该仪器只使用一个测头,即可连续测量,测点数量可以任选。

测斜仪主要由测头、测读仪、电缆和测斜管四部分组成。

其中,测斜管有铝合金管和塑料管两种(见图 9-13)。将测斜管划分成若干段,由测斜仪测量不同测段上测头轴线与垂线之间的夹角 θ,进而计算各测段位置的水平位移,如图 9-14 所示。

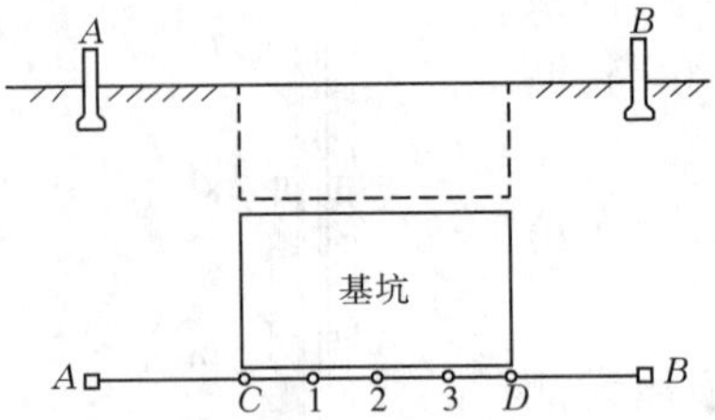

图 9-12　视准线法测水平位移

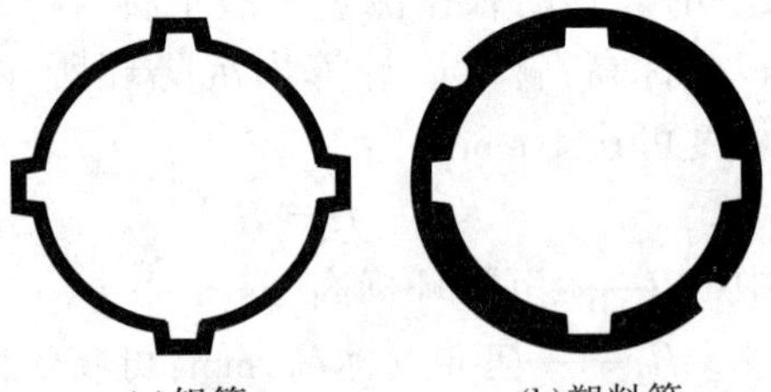

图 9-13　测斜管断面

由测斜仪测得第 i 测段的应变差 $\Delta\varepsilon_i$,换算得该测段的测斜管倾角 θ_i,则该测段的水平位移 δ_i 为:

$$\sin\theta_i = f\Delta\varepsilon_i \tag{9-3}$$

$$\delta_i = l_i\sin\theta_i = l_i f\Delta\varepsilon_i \tag{9-4}$$

式中　δ_i——第 i 测段的水平位移,mm;

l_i——第 i 测段的管长,通常取为 0.5 m、1.0 m;

θ_i——第 i 测段的倾角值,(°);

f——测斜仪率定常数;

$\Delta\varepsilon_i$——测头在第 i 测段正、反两次测得的应变读数差之半,$\Delta\varepsilon_i = (\varepsilon_i^+ - \varepsilon_i^-)/2$。

利用式(9-4)求得各测段处的水平位移,并绘制水平位移随深度的分布曲线,可将不同时间的监测结果绘于同一图中,以便于分析水平位移发展的趋势,如图 9-15 所示。

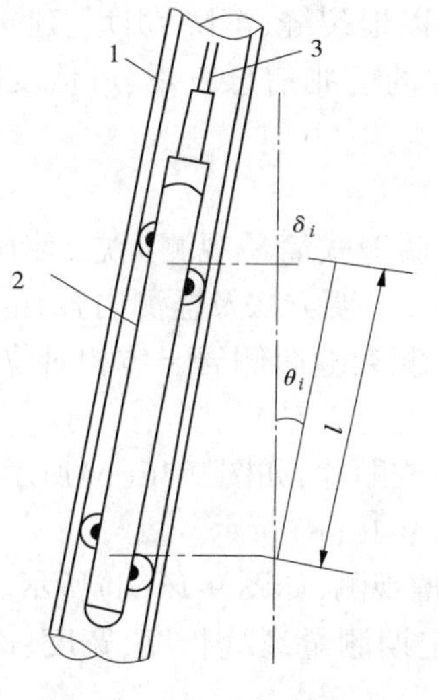

1—导管;2—测头;3—电缆

图 9-14　倾斜角与区间水平变位

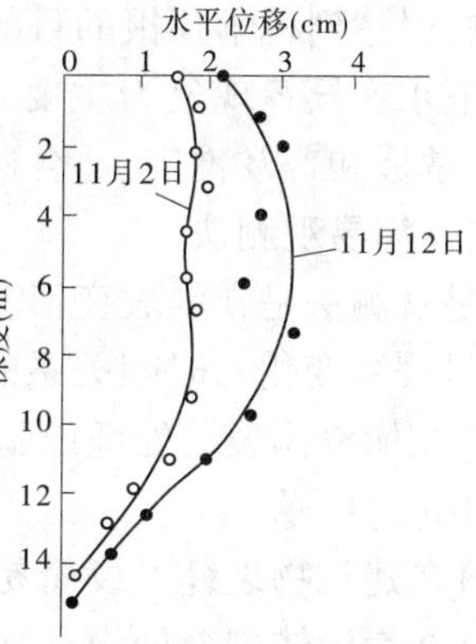

图 9-15　深层水平位移曲线

9.3　不良地质作用和地质灾害监测

9.3.1　概述

不良地质作用和地质灾害监测的主要目的是了解和掌握滑坡等斜坡地质灾害的演变过程,及时捕捉滑坡等斜坡地质灾害的特征信息,为滑坡等斜坡地质灾害的分析评价、预测预报及治理工程提供可靠的资料和科学依据。同时,监测结果也是分析评价滑坡等斜坡地质灾害防治工程效果的尺度。因此,监测既是斜坡地质灾害调查、研究和防治的重要组成部分,又是获取滑坡等斜坡地质灾害预测预报的有效方法手段之一。

不良地质作用和地质灾害监测对象主要是极少数大型或威胁较大的滑坡、泥石流、地面塌陷等地质灾害。

监测内容主要包括以下三个方面:①位移和变形监测;②应力、应变、地声等特征参数的监测;③地震、降水量、气温、地表水和地下水动态、水质变化以及水温、孔隙水压力等环境因素和爆破、灌溉渗水等人类活动的监测。

监测仪器类型较多,按仪器的适用范围可分为位移测量仪器、倾斜测量仪器、应力测量仪器和环境要素测量仪器等四大类。随着科学技术的发展,斜坡地质灾害的监测仪器也正在向精度高、性能佳、适应范围广、监测内容丰富、自动化程度高的方向发展。电子摄像、激光技术和计算机技术的发展,以及各种先进的高精度电子经纬仪、激光测距仪的相继问世,为滑坡等斜坡地质灾害的监测提供了精密准确的现代化手段。

9.3.2　监测方法

9.3.2.1　宏观地质观测法

地质观测法就是利用常规地质调查方法对滑坡的宏观变形迹象及其发展趋势进行调查、观测,以达到科学预报的目的。宏观地质观测法以地裂缝、沉降、坍塌、建筑物变形特征及地下水变异等现象为主要观测对象。该法获取的前兆信息直观、可信度高、简易经济,便于掌握和普及推广,适合群测群防。

9.3.2.2　简易观测法

简易观测法是在斜坡变形及建筑物裂缝处设置骑缝式简易观测标志,使用长度量具直接测量裂缝变化与时间关系的一种简易观测方法。主要方法及监测内容有:

(1)在崩滑体裂缝处埋设骑缝式简易观测桩,监测裂缝两侧岩土体相对位移的变化,如图 9-16(a)所示。

(2)在建筑物裂缝上设简易玻璃条、水泥砂浆片或贴片,如图 9-16(b)所示。

(3)在崩滑体裂缝处设立观测尺进行观测,如图 9-16(c)所示。

(4)在岩石裂缝面上用红油漆画线做标记或刻槽观测,如图 9-16(d)所示。

(5)在陡壁软弱夹层出露处设简易观测桩等,定期测量裂缝长度、宽度、深度和延伸的方向。

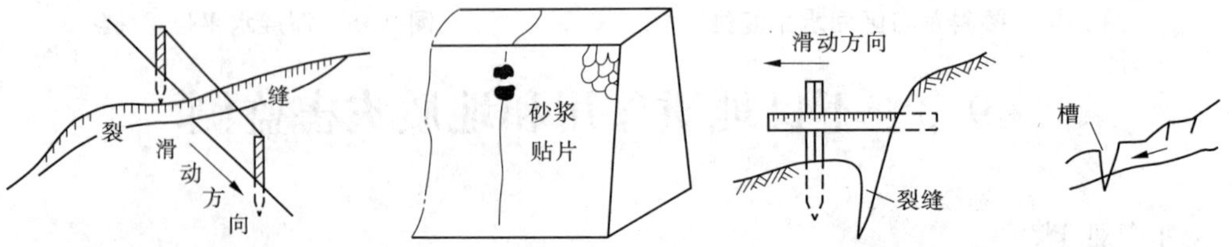

(a)设桩观测　(b)设片观测　(c)设尺观测　(d)刻槽观测

图 9-16　滑坡简易观测装置

9.3.2.3　设站观测法

设站观测法是在斜坡地质灾害调查与勘探的基础上,在可能造成严重灾害的危岩、滑坡变形区设立线状或网状分布的变形观测站点。同时,在变形区影响范围以外的稳定地区设置固定观测站,利用经纬仪、水准仪、摄影仪及全站型电子速测仪、GPS 接收机等定期监测变形区内网点的三维位移变化。设站观测是一种行之有效的监测方法。

9.3.2.4　仪器仪表观测法

仪器仪表观测法主要有测缝法、测斜法、重锤法、电感电阻位移法、电桥测量法、应力应变测量法、地声法、声波法等,该法主要用以监测危岩体滑坡的变形位移、应力应变、地声变化等。用精密仪器仪表可对变形斜坡进行地表及深部的位移、倾斜、裂缝变化及地声、应力应变等物理参数与环境影响因素进行监测。

例如,准确地确定滑动面位置是进行滑坡稳定性分析和整治的前提条件,它对于正处于蠕滑阶段的滑坡效果显著。目前常用的监测方法有管式应变计、倾斜仪和位移计(见图 9-17)等,它们皆借助于钻孔进行监测。

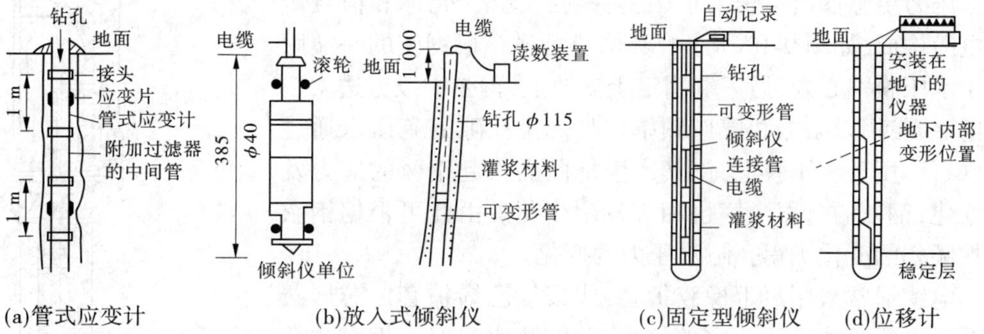

图 9-17　滑坡及滑动面测量　(单位:mm)

(1)管式应变计是将应变片正对滑动方向贴在聚氯乙烯套管上,置于钻孔中,用于测量滑动引起的套管弯曲变形,可用于测定滑动面深度。

(2)倾斜仪是测量滑坡引起钻孔弯曲的装置,可有效地了解滑动面的深度。倾斜仪有两种形式:一种是由地面悬挂一个传感器放到钻孔中,测量预定深度的弯曲;另一种是在钻孔中按深度放置固定的传感器。

(3)位移计是一种靠测量金属线伸长来确定滑坡位移的装置,其末端固定于滑动面的下部。

9.3.2.5　自动遥测法

自动遥控监测系统可进行远距离无线传输观测,它自动化程度高,可全天候连续观测,省时、省力、安全,是今后滑坡监测技术的发展方向。例如:自 2003 年,我国已实现对长江三峡库区滑坡等斜坡地质灾害的自动遥测,中心站设在湖北武汉。

实际工作中,应科学合理地选择监测技术和方法,确定合适的监测方案,正确地布置监测点,并且要充分考虑各种监测方法的有机结合、互相补充、校核,以获得最佳监测效果。

9.4　地下水的监测

9.4.1　孔隙水压力监测

土体的变形和强度与土中有效应力有关,但目前尚无直接的方法测量土中的有效压力,因此只能通过测定土中的总应力 σ 和相应的孔隙水压力 u 来求得有效应力($\sigma'=\sigma-u$),孔隙水压力常作为工程施工中的一个关键监控参数。

孔隙水压力计可分为水管式、钢弦式、差动电阻式和电阻应变片式等多种类型。其中,钢弦式结构牢固,长期稳定性好,不受埋设深度的影响,施工干扰小,埋设和操作简单,是一种性能稳定、监测数据可靠的较为理想的孔隙水压力计,下面对钢弦式孔隙水压力计进行简要介绍。

9.4.1.1　**监测设备**

钢弦式孔隙水压力计由测头和电缆组成。

钢弦式测头主要由透水石、压力传感器构成。

压力传感器由不锈钢承压膜、钢弦、支架、壳体和信号传输电缆构成,如图 9-18 所示。其构造是将一根钢弦的一端固定于承压膜中心处,另一端固定于支架上,钢弦中段旁边安装一电磁圈,用以激振和感应频率信号。土孔隙的有压水通过透水石作用于承压膜上,使其产生挠曲而引起钢弦的应力发生变化,钢弦的自振频率也相应发生变化。由此可根据钢弦自振频率的变化测得孔隙水压力的变化。

电缆通常采用氯丁橡胶护套,或聚氯乙烯护套二芯屏蔽电缆。电缆要能承受一定的拉力,并能防水绝缘。钢弦式孔隙水压力计的频率用频率仪测定,根据测得频率推算出作用在薄膜上的压力大小,即为孔隙水压力。

孔隙水压力与钢弦频率间有如下关系:

$$u = k(f_0^2 - f^2) \tag{9-5}$$

式中　u——孔隙水压力,kPa;

k——孔隙水压力计率定常数,kPa/Hz^2;

f_0——压力计零压力(大气压)下的频率,Hz;

f——测头受压后的频率,Hz。

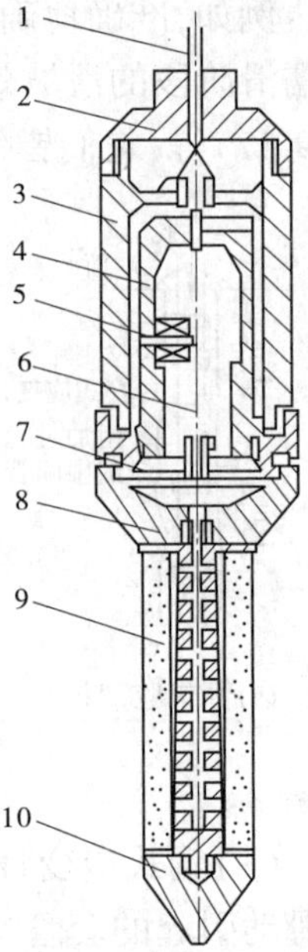

1—屏蔽电缆;2—盖帽;3—壳体;4—支架;5—线圈;6—钢弦;7—承压膜;8—底盖;9—透水体;10—锥头

图 9-18　钢弦式孔隙水压力计构造

9.4.1.2　**孔隙水压力计埋设方法**

孔隙水压力计埋设前应首先将透水石放入纯净的清水中煮沸 2 h,以排除其孔隙内的气泡和油污。煮沸后的透水石需浸泡在冷开水中,测头埋设前,应量测孔隙水压力计在大气中的初始频率,然后将透水石在水中装在测头上,在埋设时应将测头置于有水的塑料袋中连接于钻杆上,避免与大气接触。

现场埋设方法有钻孔法和压入法。

(1)钻孔埋入法。在埋设位置用钻机成孔,达到要求深度后,先向孔底填入部分干净砂,将测头放入孔内,再在测头周围填砂,然后用膨胀性黏土将钻孔全部封严即可。原则上一个钻孔只能埋设一个探头。钻孔埋设法使得土体中原有孔隙水压力降低为零。此外,周围填砂不可能达到原有土的密度,势必影响孔隙水压力的量测精度。

(2)压入埋设法。若地基土质较软,可将测头缓慢压入土中的要求深度,或先成孔到预埋深度以上 1.0 m 左右,然后将测头向下压入至埋设深度,钻孔用膨胀性黏土密封。采用压入埋设法,土体局部仍有扰动,引起超孔隙水压力较大,也影响孔隙水压力的量测精度。

9.4.2　地下水位监测

地下水位监测主要是用来观测地下水位(水头)及其变化。可采用钢尺或电测水位计监测。电测水位计的工作原理是在已埋设好的水管中放入水位计测头,当测头接触地下水水面时启动讯响器(音响水位计)或指针摆动(指针式水位计),此时读取导线测绳与管顶的距离,即为水位埋深(见图 9-19),管顶高程减去水位埋深,就是水位标高 H。

9.4.2.1　**基坑内地下水位监测点布置**

当采用深井降水时,水位监测点宜布置在基坑中央和两相邻降水井的中间部位;当采用轻型井点、喷射井点降水时,水位监测点宜布置在基坑中央和周边拐角处。

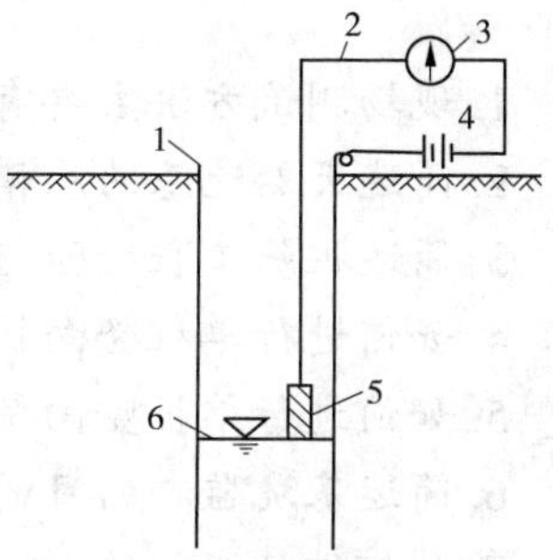

1—套管;2—导线;3—电流计;4—电池;5—探头;6—水位

图 9-19　电测水位计工作示意

9.4.2.2　**基坑外地下水位监测点布置**

水位监测点应沿基坑周边、被保护对象(如邻近建筑物、地下管线等)周边或在两者之间布置,如有止水帷幕,宜在止水帷幕的外侧布置监测点。

水位管由 PVC 工程塑料制成,在 PVC 管上打竖排小孔做成过滤管(俗称花管),开孔直径 5 mm 左右,间距 50 cm,梅花形布置。过滤管长度根据土层厚度布置,一般不应小于 2 m。过滤管面包裹滤网和无纺土工布,主要起过滤作用,防止细颗粒进入井管内。水位管的埋置深度(管底标高)应在控制地下水位之下 3~5 m。对于需要降低承压水位的基坑工程,水位监测管埋置深度应满足设计要求。

9.4.2.3　**水位管埋置方法**

用钻机钻孔到设计要求的深度后,在孔内放入管底加盖的水位管。套管与孔壁间用干净细砂填实,然后用清水冲洗孔底,以防泥浆堵塞测孔,保证水路畅通,测管高出地面约 200 mm,管顶加盖,不让雨水进入,并做好观测井的保护装置。

9.4.2.4　**地下水位时程曲线**

地下水位时程曲线(历时曲线)见图 9-20。

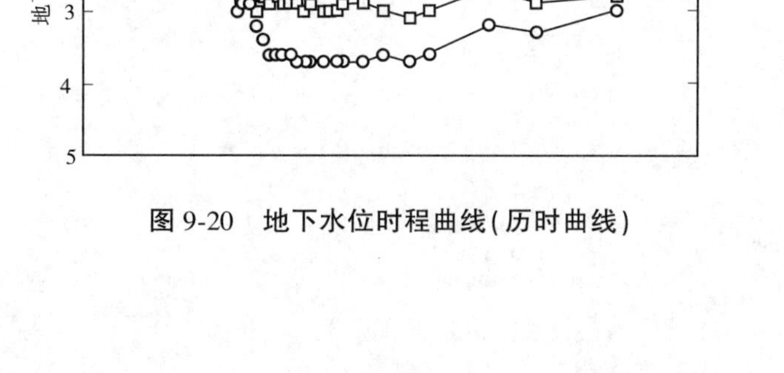

图 9-20　地下水位时程曲线(历时曲线)

思考题与习题

1. 现场测试方法主要有哪些?
2. 简述天然地基的基槽检验与监测。
3. 简述桩基工程检验与监测内容。
4. 如何进行单桩竖向抗压静载荷试验?
5. 如何进行单桩竖向抗压静载荷试验的资料整理?
6. 简述基坑监测的目的和内容。
7. 如何进行沉降监测?
8. 如何进行水平位移监测?
9. 简述不良地质作用和地质灾害监测的对象和内容。
10. 试述不良地质作用和地质灾害的简易观测方法。
11. 如何进行土体孔隙水压力监测?
12. 如何进行地下水监测?
13. 某场地进行土压力监测,已知土压力计率定系数 $k=0.7$,压力计零压时的频率 $H_0=85$ Hz,受压后的频率为 $f=45$ Hz,试求作用在土压力计上的土压力(kPa)。

(参考答案:3 640 kPa。)

14. 某场地进行地下水位监测(见图 9-19),已知地面标高 100 m,井台高度 1 m,测得地下水位埋深 10 m,地下水位标高为多大?

第 10 章　岩土工程分析评价与勘察报告

岩土工程分析评价与勘察报告是岩土工程勘察最后的综合性工作，是岩土工程勘察的最终成果。岩土工程勘察报告是工程设计、工程施工及工程治理的基本依据。因此，必须对收集的已有资料、前期野外工作资料（包括工程地质测绘调查、勘探、原位试验、现场检验与监测）和室内试验获取的资料进行认真、系统、全面的整理和分析研究，得出总结性结论，最后形成高质量的、科学的岩土工程勘察报告。

10.1　岩土参数的统计和选用

由于岩土体的非均匀性和各向异性，空间各点岩土的物理力学性质是不同的，由试验得到的岩土参数也是不同的，尤其是不同岩土层的岩土参数变化很大。因此，岩土性质指标统计应按工程地质单元和层位进行。所谓工程地质单元，是指具有相似的地质条件或在某方面有相似的地质特征的单元体。在同一工程地质单元中，物理力学性质指标或其他地质数据大体是相同的，但又不是完全一致的。

进行统计的指标一般包括土的物理性质和力学指标、各种原位测试指标等。对以上指标在岩土工程勘察报告中应提供最小值、最大值、平均值、标准差、变异系数等。当统计样本的数量小于 6 个时，统计标准差和变异系数意义不大，可不进行统计，只提供指标的范围值。

10.1.1　统计方法

一般常用统计特征值来反映试验或测试数据的集中或离散规律。

10.1.1.1　平均值

主要反映某批数据的集中情况或中心趋势，计算式为：

$$\varphi_{\mathrm{m}} = \frac{1}{n}\sum_{i=1}^{n}\varphi_i \tag{10-1}$$

式中　φ_{m}——岩土参数的平均值；

φ_i——某个岩土参数的值；

n——统计样本数。

10.1.1.2　标准差（亦称均方差）和变异系数

为反映数据分布的离散程度，常用以下两个参数。

（1）标准差（亦称均方差）σ_{f}：

$$\sigma_{\mathrm{f}} = \sqrt{\frac{1}{n-1}\sum_{i=1}^{n}(\varphi_i-\varphi_{\mathrm{m}})^2} = \sqrt{\frac{1}{n-1}\left[\sum_{i=1}^{n}\varphi_i^{\,2}-\frac{\left(\sum\varphi_i\right)^2}{n}\right]} \tag{10-2a}$$

或写成

$$\sigma_{\mathrm{f}} = \sqrt{\frac{1}{n-1}\left(\sum_{i=1}^{n}\varphi_i{}^2 - n\varphi_{\mathrm{m}}^2\right)} \tag{10-2b}$$

(2)变异系数(亦称离差系数)δ:即标准差与平均数的比值。

$$\delta = \frac{\sigma_{\mathrm{f}}}{\varphi_{\mathrm{m}}} \tag{10-3}$$

岩土参数的标准差可以作为参数离散性的尺度,但由于标准差是有量纲的,不能用于不同参数离散性的比较,为了评价岩土参数的离散特点引入了变异系数(离差系数)的概念。变异系数是无量纲系数,使用上比较方便。

【例 10-1】 设有甲、乙、丙 3 个系列。甲系列为 100、200、300、400、500,乙系列为 200、250、300、350、400,丙系列为 1 000、1 500、2 000、2 500、3 000。求它们的变异系数(离差系数),并比较其离散程度。

解: 甲系列均值:$\varphi_{\mathrm{m甲}} = \frac{1}{n}\sum_{i=1}^{5} x_i = \frac{100+200+300+400+500}{5} = 300$

标准差:$\sigma_{\mathrm{f甲}} = \sqrt{\frac{1}{n-1}\sum_{i=1}^{n}(\varphi_i - \varphi_{\mathrm{m}})^2} = \sqrt{\frac{(100-300)^2 + \cdots + (500-300)^2}{5-1}}$

$= 158.11$

变异系数(离差系数):$\delta_{甲} = \frac{\sigma_{\mathrm{f甲}}}{\varphi_{\mathrm{m甲}}} = \frac{158.11}{300} = 0.572$

按上面同样的方法计算乙、丙系列的均值和变异系数(离差系数):

乙系列:
$$\varphi_{\mathrm{m乙}} = \frac{1}{n}\sum_{i=1}^{5} x_i = 300$$

$$\sigma_{\mathrm{f乙}} = \sqrt{\frac{1}{n-1}\sum_{i=1}^{5}(x_i - \bar{x}_{乙})^2} = 70.06$$

$$\delta_{乙} = \frac{\sigma_{\mathrm{f乙}}}{\varphi_{\mathrm{m乙}}} = 0.236$$

同理得丙系列:$\varphi_{\mathrm{m丙}} = 2\,000$,$\sigma_{\mathrm{f丙}} = 790.56$,$\delta_{丙} = 0.395$

由此可见,甲、乙两系列比较:$\varphi_{\mathrm{m甲}} = \varphi_{\mathrm{m乙}}$,$\sigma_{\mathrm{f甲}} > \sigma_{\mathrm{f乙}}$,则乙系列较甲系列离散程度小。甲、丙系列因均值不同,不能用标准差(均方差)比较,只能用变异系数(离差系数)比较。因 $\delta_{丙} < \delta_{甲}$,说明丙系列离散程度较甲系列小。

计算误差可用剩余标准差表示:

$$\sigma_{\mathrm{r}} = \sigma_{\mathrm{f}}\sqrt{1 - r^2} \tag{10-4}$$

式中 σ_{r}——剩余标准差;

σ_{f}——岩土的标准差;

r——相关系数,对非相关型 $r=0$。

10.1.1.3 岩土参数的标准值

岩土参数的标准值 φ_{k} 可以按下列方法确定:

$$\varphi_k = \gamma_s \varphi_m \tag{10-5}$$

$$\gamma_s = 1 \pm \left(\frac{1.704}{\sqrt{n}} + \frac{4.678}{n^2}\right)\delta \tag{10-6}$$

式中　φ_k——岩土参数的标准值；

γ_s——统计修正系数，根据工程的类型和重要性、参数的变异性和统计数据个数等选用；

式中的正负号按不利组合考虑。

10.1.2　分析评价的要求

岩土工程分析评价应符合下列要求：

(1)充分了解工程结构的类型、特点、载荷情况和变形控制要求。

(2)掌握场地的背景、考虑岩土参数的非均质性、各向异性，评估其最佳估值。

(3)充分考虑当地经验和类似工程的经验。

(4)对实测数据应进行综合分析。

(5)按承载能力极限状态计算，可用于评价岩土地基承载力；按正常使用极限状态要求进行验算控制，可用于评价岩土体的变形。

10.2　岩土工程勘察报告的编写

10.2.1　基本要求

岩土工程勘察报告是岩土工程勘察的最终成果，必须认真、全面、高质量地完成。

编写岩土工程勘察报告之前，应对原始资料进行整理、检查、分析，确认无误后方可使用。岩土工程勘察报告应资料完整，客观真实，数据准确，图表清晰，结论明确，建议合理，便于使用，并应因地制宜，重点突出，有明确的工程针对性。勘察报告的文字、术语、符号、计量单位等均应符合国家有关标准的要求。

10.2.2　报告内容

岩土工程勘察报告应根据任务要求、勘察阶段、工程特点和地质条件等具体情况编写。报告应包括以下内容：

(1)勘察目的、任务要求和依据的技术标准。

(2)拟建工程概况。

(3)勘察工作方法和勘察工作布置。

(4)场地地形、地貌、地层、地质构造、岩土性质及其均匀性。

(5)各项岩土性质指标、岩土的强度参数、变形参数、地基承载力的建议值。

(6)地下水埋藏情况、类型、水位及其变化。

(7)土和水对建筑物材料的腐蚀性。

(8)可能影响工程稳定性的不良地质作用和地质灾害及其评价。

(9)场地稳定性和适宜性评价。

(10)对岩土利用、整治和改造的方案进行分析,进行不同方案的技术经济论证,对工程施工期间可能发生的岩土工程问题进行预测,提出对设计、施工和现场检测的要求、监控及预防措施的建议。

(11)任务需要时,可提交专题报告或编写专门章节;对丙级岩土工程勘察的成果可适当简化,以图表为主,辅以必要的文字说明。

(12)成果报告应附主要图件:勘探点平面布置图、工程地质柱状图、工程地质剖面图、原位测试成果图表、室内试验成果图表等。

10.3 岩土工程勘察报告图表

通常,岩土工程勘察报告应有必要的图件和分析试验、测试数据表格,简要说明如下。

10.3.1 平面图

10.3.1.1 拟建工程位置图

拟建工程位置图的比例尺,可根据具体情况选定;拟建工程的位置选取应详略恰当。当建筑物与勘探点平面位置图已能明确拟建工程的位置时,可省去该图。

10.3.1.2 建筑物与勘探点平面位置图

该图主要内容为:拟建建筑物的轮廓线、轮廓尺寸,层数(或高度)及其名称或编号;已有建筑物的轮廓线及名称;勘探点的位置、类型和编号;剖面线的位置和编号;原位测试点的位置和编号;方向标;必要的文字说明等。尚未确定拟建建筑物平面位置时,可不绘制拟建建筑物的轮廓线,并将图名改为勘探点平面布置图(见图10-1)。

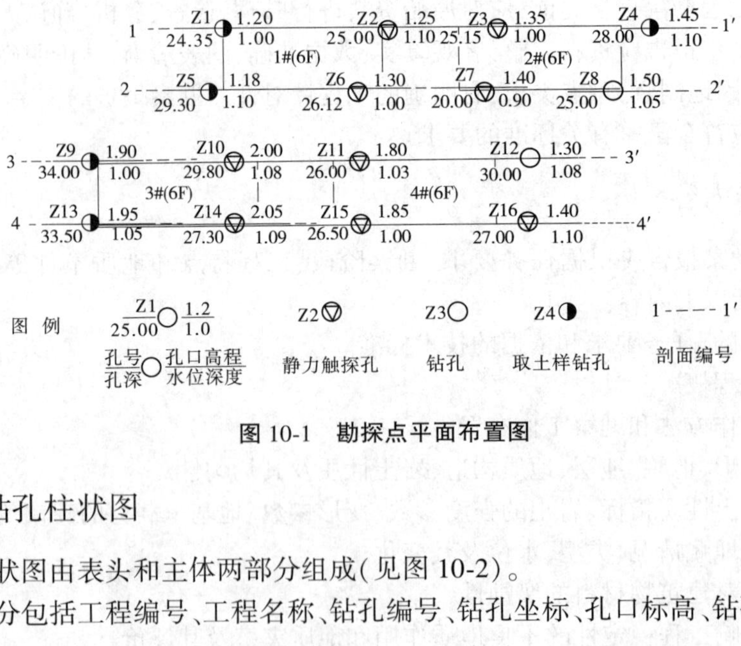

图 10-1 勘探点平面布置图

10.3.2 钻孔柱状图

钻孔柱状图由表头和主体两部分组成(见图10-2)。

表头部分包括工程编号、工程名称、钻孔编号、钻孔坐标、孔口标高、钻孔直径、钻孔深

工程名称	庆春路工程勘察			工程编号	2001-10-8	终孔深度	44.5(m)	地下水位	初见	稳定
钻孔编号	Z1	坐标	X=158	开孔直径	110 mm	开孔日期	2004.6.2	深度(m)		0.7
孔口高程	8.56(m)		Y=400	终孔直径	65 mm	终孔日期	2004.6.8	高程(m)		

成因、时代	层号	深度/高程 (m)	层厚 (m)	柱状图比例 1:200	岩土名称及性质描述	取芯率 (%)	取试样或测试编号/深度(m)	圆锥动力触探 $N_{63.5}$ 击/10 cm	标准贯入试验 N 击/30 cm
Q_4	1-1	4.80/3.76	4.80		素填土：褐灰色、灰黄色，干，松散，以粉土为主，含碎石及植物根茎		1-1/2.50	12	8
Q_3	2	8.00/0.56	3.20		砂质粉土：灰黄色，中密，湿，含云母碎屑。摇振反应中等，无光泽反应		1-3/6.80	13	9
Q_3	4	13.8/-5.24	5.80		淤泥质粉质黏土：灰色，流塑，含有机质及贝壳。略有光泽，无摇振反应		1-5/11.36	14	12
K	5	15.7/-7.14	1.90		粉质黏土：灰色、饱和，可塑。中低韧性				12

图 10-2　钻孔地质柱状图

度、勘探日期等。

主体部分包括地层编号，地质年代和成因，层底深度，层底标高，层厚，柱状图（图例与剖面图相同），取样及原位测试位置、岩土描述、地下水位、测试成果，岩芯采取率，附注。

10.3.3　工程地质剖面图

工程地质剖面图主要包括以下内容：

(1) 勘探孔在剖面上的位置、编号、地面标高、勘探深度、勘探孔间距，剖面方向。

(2) 岩土图例符号、岩土分层编号、分层界线、接触关系界线、地层产状。

(3) 断层等地质构造的位置、产状及性质。

(4) 探洞、土洞、塌陷、滑坡、地裂缝等。

(5) 地下水稳定水位。

(6) 取样位置。

(7) 静力触探、动力触探曲线或标志，标准贯入等原位测试位置及测试结果。

(8) 标尺：根据情况可位于左边或两边都有。

分层编号的顺序从上到下，由小到大，需要时可标明地层年代和成因的代号。比例尺根据地质条件、勘探孔的疏密、深度等具体情况确定。水平比例尺宜采用 1∶500、1∶1 000 等，垂直比例尺宜采用 1∶100、1∶200 等。水平与垂直之比值不宜大于 1/10。

绘制剖面图上的岩层倾角时，应将真倾角换算成视倾角。

某两地区工程地质剖面见图 10-3～图 10-5。

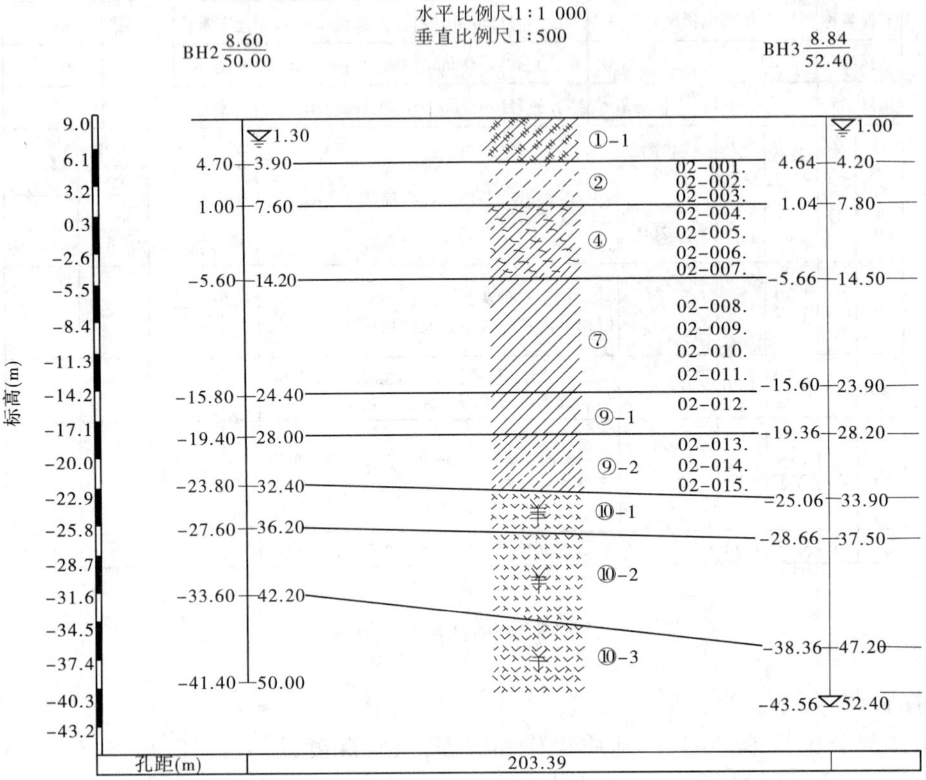

①-1 杂填土；②砂质粉土；④淤泥质粉质黏土；⑦黏土；⑩-1 全风化基岩；⑩-2 强风化基岩；⑩中等风化基岩

图 10-3　工程地质地质剖面图(一)

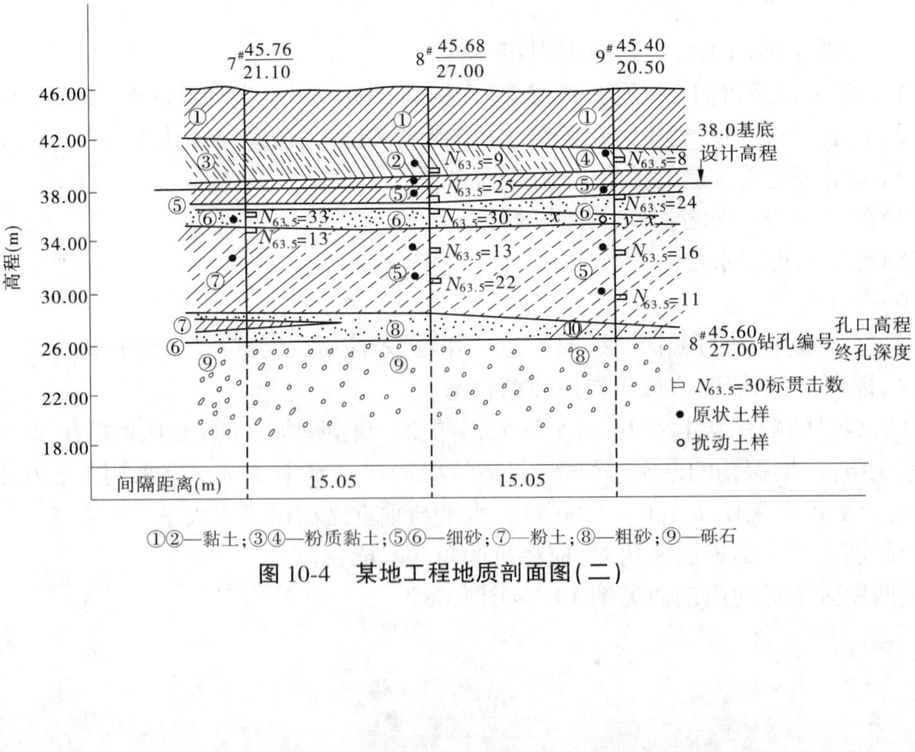

①②—黏土；③④—粉质黏土；⑤⑥—细砂；⑦—粉土；⑧—粗砂；⑨—砾石

图 10-4　某地工程地质剖面图(二)

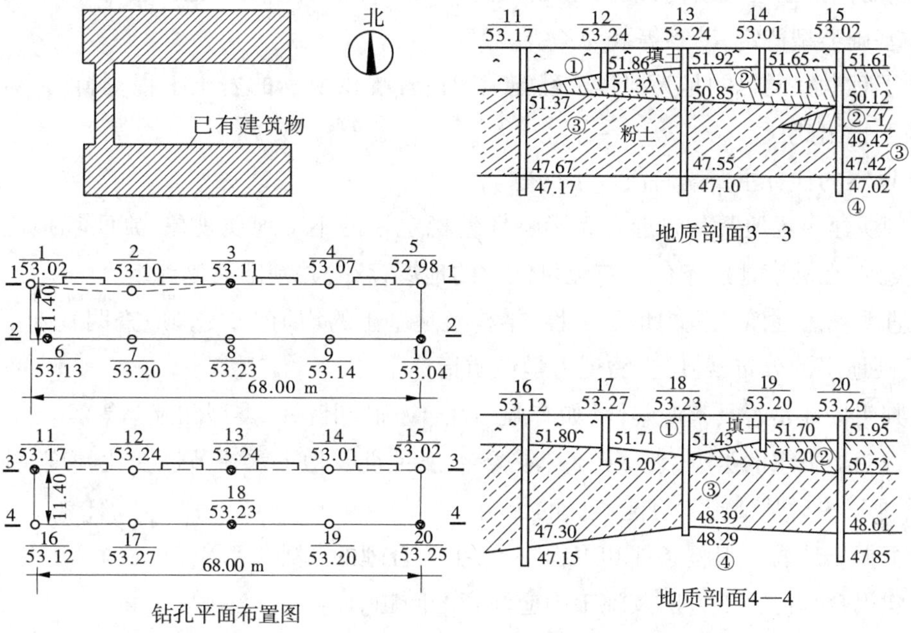

图 10-5　钻孔平面布置图和工程地质剖面图

10.3.4　试验与测试成果表

10.3.4.1　土工试验成果表

土工试验成果表汇总了室内土工试验的主要成果数据,包括钻孔及土样编号、取样深度、土的名称、颗粒级配百分数、天然含水量、天然密度、饱和度、天然孔隙比、液限、塑限、液性指数、塑性指数、压缩系数、压缩模量、内摩擦角、黏聚力等。

10.3.4.2　原位测试成果图表

原位测试成果图表包括载荷试验成果图表、静力触探成果图表、动力触探成果图表、标准贯入试验成果、钻孔抽水试验成果图表等,可根据工程情况确定。

10.4　岩土工程勘察报告实例

为了进一步增进和加深理解对岩土工程勘察报告的编制,现摘录郑州岩土工程勘察院在郑州市某六层教学楼的勘察报告。

10 4.1　概述

10.4.1.1　工程概况、勘察目的与任务

拟建场地位于郑州市中原路 31 号,拟建教学楼高 6 层,东西长 69.9 m,南北宽 20.0~

27.5 m,钢筋混凝土框架结构,最大柱网间距 6.6 m×7.8 m,最大单位荷载为 4 500 kN,基础埋深和基础类型待定,勘察等级为乙级。

岩土工程勘察的目的是为拟建工程施工图设计提供所需的岩土工程资料,并对基础设计与施工提出建议。

本次勘察的任务主要是解决以下问题:

(1)判明建筑场地及其附近有无影响场地稳定性的不良地质现象,判明场地土的类型、场地类别,在Ⅶ度地震条件下有无可液化的地层存在,并判定液化等级。

(2)查明场地建筑范围内地层岩性、结构及地基土的均匀性,尤其应查明基础下软弱地层和坚硬地层的分布、各层土物理力学性质指标。

(3)判明场地是否具有湿陷性,如有湿陷性,应确定其湿陷类型和湿陷等级。

(4)查明地下水的类型、埋藏条件、渗透性、腐蚀性及地下水季节性变化幅度、补给条件。评价地下水对基础施工可能产生的影响。

(5)根据场地岩土工程条件和工程特点,提出合理的基础类型。

(6)建议合理的施工方法及施工中应注意的问题。

10.4.1.2　勘察工作布置

(1)勘察点间距。根据现行《岩土工程勘察规范》(GB 50021—2001)的规定,本场地勘探点间距要求为 15.0~30.0 m,因此本工程的勘探点间距采用 22.2~27.7 m,沿建筑物周边及角点布置,共布置勘探点 8 个,其中探井 3 个,取样和标贯孔综合孔 2 个,静力触探孔 3 个,各孔平面布置图见勘探点平面布置图。

(2)勘探点深度。根据上部结构特点、地层条件和可能采用的地基基础方案,勘探孔深度以控制地基主要受力层为原则,一般性孔深为 15.0 m,控制性孔深为 20.0 m。

(3)勘探方法手段和完成的工作量。根据本工程的勘察要求,为综合评价地基土物理力学性质和各种岩土工程参数,并做好基础方案的对比论证,除采用常规的钻探、取土、进行室内土工试验、测定有关参数外,还采用了挖探井、原位测试等手段,具体勘探方法和技术要求按有关规范执行。本次勘察共施工完成各类勘探孔(井)8 个,总进尺 145.6 m,取原状土样 70 件,标贯试验 23 次,静探测试 59.1 m,室内常规土工试验 70 组,湿陷性试验 44 组,黏粒含量分析 28 组,孔口标高测量 8 个。本项勘察工作野外作业于 2007 年 1 月 18 日开始,当日完成,室内土工试验及整理工作自 1 月 19 日开始,23 日结束。

10.4.2　场地地质、工程地质条件

10.4.2.1　地形、地貌

本场地处在豫西丘陵向黄河冲积平原过渡的山前冲洪积缓倾斜平原地貌之中。地形较为平坦,场地西高东低,微向东南倾斜,场地内最大高差为 0.45 m。场地内各孔的孔口标高是以场地南侧校内道路中心三角点为其准点而测得的相对标高(三角点的标高为

100.0 m)。

10.4.2.2 地层岩性

根据钻探揭露,校内场地在勘探度范围内(20.0 m)岩性自上而下分为五层,各层岩性及特征如下:

(1)填土(Q_4^{ml})。灰黄色或杂色,稍湿,多为素填土,局部为杂填土,岩性以粉土为主,含大量砖屑、煤渣和砖块,结构不均,分布不均,本层层底埋深 0.8~1.5 m,层厚 0.8~1.5 m。

(2)灰褐色粉土(Q_3^{al-pl})。灰褐色或褐色,稍湿,稍密—中密,黏粒含量偏高,有白色网纹,有孔隙,干强度低,韧性低,无光泽反应。本层层底埋深 2.0~3.0 m,层厚 1.0~1.7 m。

(3)黄褐色粉土(Q_3^{al-pl})。褐黄色,颜色较上层变浅,中密—密实,黏粒含量变小,含有灰色斑块,见有零星小姜石及白色蜗牛壳,干强度低,韧性低,无光泽反应。本层层底埋深 5.2~5.5 m,层厚 2.2~2.3 m。

(4)灰黄色粉土(Q_3^{al-pl})。灰黄—褐黄色,黏性偏小,砂感明显,8.0~10.0 m 处有一层 0.5 m 厚的粉砂薄层或透镜体,稍湿,密实,干强度低,韧性低,无光泽反应,见铁锰质斑点,含蜗牛壳片和大量姜石。本层层底埋深 11.6~16.0 m,层厚 6.3~10.8 m。

(5)粉质黏土(Q_2^{al-pl})。棕黄—棕褐色,硬塑,干强度高,韧性高,刀切面光滑,摇振无反应,含零星小姜石,见黑色斑点及铁锰质结核。本层未揭穿,最大揭厚度 8.4 m。

10.4.2.3 水文地质条件

勘探期间,勘探深度内未见地下水,该场地地下水埋深大于 20 m,因此可不考虑地下水对建筑物的影响。

10.4.2.4 不良地质作用

经勘查未发现影响校内场地稳定性的不良地质作用和对工程不利的其他作用。

10.4.2.5 各层土土工试验及原位测试成果统计

(1)各层土物理力学性质指标统计:各层土室内土工试验结果见表 10-1。

(2)原位测试成果:

①静力触探。先分孔分层测算锥尖阻力和侧壁摩阻力,再分别进行厚度加权平均,并按经验公式换算出比贯入阻力 p_s 值,结果见表 10-2。

②标贯。各土层的标准贯入试验击数(N)统计结果见表 10-3。

10.4.3 场地岩土工程分析与评价

(1)场地环境条件分析。场地交通方便,开阔平坦,便于施工。

(2)场地稳定性评价。拟建场地位于地质构造相对稳定地段,场地附近未发现断裂与活动断裂,因而场地稳定性好,适宜建筑。

表 10-1　岩土物理力学指标统计

岩土编号	岩土名称	统计项目	天然含水量 ω(%)	土粒比重 G_s	天然空隙比 e	重力密度 γ (kN/m^3)	饱和度 S_r(%)	干重度 γ_d (kN/m^3)	液限 ω_L (%)	塑限 ω_P (%)	液性指数 I_L	塑性指数 I_P	直剪 内摩擦角 φ_q(°)(快剪)	直剪 黏聚力 c_q(kPa)(快剪)	黏粒含量 (%)	湿陷系数 δ_s	自重湿陷系数 δ_{Zs}	湿陷起始压力 P_{sh} (kPa)	压缩系数 a (MPa^{-1})	压缩模量 E_s (MPa)
2	粉土	统计个数	4	4	4	4	4	4	4	4	4	4	3	3	4	4	4	4	4	4
		最大值	13.4	2.70	0.914	16.5	42.3	14.6	26.2	16.8	-0.29	9.7	22.0	27.0	11.7	0.028	0.004	182	0.43	11.89
		最小值	11.3	2.70	0.856	15.9	34.3	14.1	25.5	16.1	-0.53	9.4	18.8	25.0	11.8	0.017	0.002	98	0.16	4.45
		平均值	12.9	2.70	0.891	16.1	39.1	14.3	25.9	16.4	-0.37	9.5	20.0	25.8	11.4	0.022	0.003	125	0.24	9.48
3	粉土	统计个数	10	10	10	10	10	10	10	10	10	10	7	7	10	10	10		10	10
		最大值	16.4	2.70	0.875	17.9	55.1	15.6	27.0	17.3	0.05	9.7	25.5	25.0	11.5	0.014	0.008		0.14	14.42
		最小值	11.1	2.70	0.735	16.0	34.3	14.4	24.2	16.0	-0.68	8.1	20.0	18.0	9.8	0.003	0.002		0.13	13.00
		平均值	14.1	2.70	0.831	16.8	46.2	14.8	25.0	16.6	-0.28	8.5	23.6	20.5	10.2	0.009	0.005		0.13	13.70
		标准差	2.008	0	0.047	0.620	7.913	0.046	0.818	0.460	0.265	0.497	1.796	2.179	0.491	0.003	0.002		0.005	0.526
		变异系数	0.142	0	0.057	0.037	0.171	0.028	0.033	0.028	0.954	0.059	0.076	0.106	0.048	0.342	0.372		0.036	0.038
4	粉土	统计个数	24	24	24	24	24	24	24	24	24	24	16	16	3	24	24		24	24
		最大值	17.5	2.70	0.902	18.2	62.8	15.7	26.3	18.1	0.43	24.1	31.4	20.0	9.8	0.040	0.008		0.12	26.67
		最小值	7.8	2.70	0.720	15.6	24.3	14.2	24.0	1.6	-1.20	7.6	24.7	6.9	9.0	0.002	0.001		0.01	14.44
		平均值	13.3	2.70	0.799	17.0	45.6	15.0	25.0	16.1	-0.37	8.9	29.4	15.5	9.4	0.007	0.003		0.10	18.05
		标准差	2.340	0	0.056	0.772	9.870	0.458	0.547	3.141	0.337	3.260	1.961	3.227		0.008	0.002		0.023	2.963
		变异系数	0.175	0	0.070	0.045	0.217	0.030	0.022	0.195	0.914	0.365	0.067	0.208		1.031	0.742		0.239	0.164

续表 10-1

岩土编号	岩土名称	统计项目	天然含水量 ω(%)	土粒比重 G_s	天然空隙比 e	重力密度 γ (kN/m^3)	饱和度 S_r(%)	干重度 γ_d (kN/m^3)	液限 ω_L (%)	塑限 ω_P (%)	液性指数 I_L	塑性指数 I_P	直剪 内摩擦角 φ_q(°)(快剪)	直剪 黏聚力 c_q(kPa)(快剪)	黏粒含量 (%)	湿陷系数 δ_s	自重湿陷系数 δ_{Zs}	湿陷起始压力 P_{sh} (kPa)	压缩系数 a (MPa^{-1})	压缩模量 E_s (MPa)
5	粉土	统计个数	6	6	6	6	6	6	6	6	6	6	6	6		6	6		6	6
		最大值	18.6	2.72	0.880	19.2	74.4	16.2	32.7	20.6	0.17	12.1	23.7	43.5		0.008	0.003		0.19	19.78
		最小值	13.1	2.71	0.680	16.3	40.3	14.4	26.6	16.3	-0.39	10.1	18.5	32.5		0.003	0.001		0.09	9.80
		平均值	16.3	2.71	0.801	17.6	56.2	15.1	29.0	18.4	-0.20	10.6	21.4	38.9		0.004	0.002		0.15	12.27
		标准差	1.946	0.004	0.080	1.082	12.246	0.701	2.505	2.059	0.222	0.745	1.936	3.744		0.002	0		0.039	3.770
		变异系数	0.119	0.002	0.100	0.062	0.218	0.046	0.086	0.112	1.119	0.070	0.091	0.096		0.430	0		0.263	0.307

表 10-2　静力触探指标统计

项目	②		③		④		⑤	
	q_c(MPa)	f_s(kPa)	q_c(MPa)	f_s(kPa)	q_c(MPa)	f_s(kPa)	q_c(MPa)	f_s(kPa)
n	3	3	3	3	3	3	3	3
max	22.8	58.8	4.94	146.2	9.44	360.9	4.40	243.5
min	1.88	41.3	4.54	133.2	8.37	222.2	2.83	106.4
f_m	2.08	47.6	4.80	138.4	8.77	269.5	3.60	168.3
换算 p_s(MPa)	2.38		5.68		10.49		4.35	

表 10-3　标准贯入试验成果统计

层号	②	③	④	⑤
n	2	6	12	3
min~max	8~11	18~28	20~37	19~22
N(击数)	9.5	20.2	29.4	20.3

(3)地基土层的均匀性评价。拟建场地地层层位稳定,持力层和主要受力层最大层面坡度为 2.2%,地基主要受力层承载力特征值 f_{ak}>130 kPa,拟建筑物高 6 层,框架结构,按《建筑地基基础设计规范》(GB 50007—2012)的规定,可不做地基变形计算,地基土均匀。

(4)各层土的天然地基承载力和压缩模量。根据屋内土工试验结果,结合静力触探和标准贯入试验成果,经综合计算分析(剪切理论指标计算、查有关规程规范承载力表、经验公式计算),确定本场地各层岩土的天然地基承载力特征值和压缩性评价,见表 10-4。

表 10-4　天然地基承载力特征值及压缩性评价

层号	②	③	④	⑤
承载力特征值 f_{ak}(kPa)	145	180	260	230
$E_{s\,1-2}$(MPa)	9.5	13.5	17.5	9.0
压缩性评价	中	中	低	中

(5)地基土湿陷性评价。根据湿陷性试验资料,仅第②层粉土有湿陷性,湿陷性系数 δ_s 最大值为 0.028,其余土层的湿陷系数均小于 0.015,不具湿陷性。各土层均为非自重湿陷性黄土。第②层土的湿陷系数起始压力 P_{sh} = 125 Pa。根据《湿陷性黄土地区建筑规

范》(GB 50025—2004),自地面下 1.5 m 算起,计算各孔的总湿陷量(Δ_S)见表 10-5,由表可知 Δ_S = 17.85~30.60 mm<50 mm,据规范,地基湿陷等级属Ⅰ级(经微),可按一般地区的规定设计。

表 10-5　地基土湿陷性评价

孔号	层号	深度(m)	湿陷系数 δ_s	β	h_i(m)	Δ_{S_i}(m)	Δ_S(mm)
3	②	2.0	0.017	1.5	1.2	30.6	30.6
	③	3.0	0.011		1.1	0	
		4.0	0.010		1.0	0	
5	②	1.0	0.027		0.5	20.25	20.25
	③	2.0	0.008		0.5	0	
		3.0	0.009		1.0	0	
		4.0	0.006		1.0	0	
7	②	1.0	0.028				17.85
		2.0	0.017		0.7	17.85	
	③	3.0	0.014		1.3	0	
		4.0	0.003		1.0	0	

(6)场地地震效应评价。据《建筑抗震设计规范》(GB 50011—2001),本场地地震设防烈度为Ⅶ度,设计基本地震加速度为 0.15g,属第一组,故本场地属于对建筑抗震有利地段。依据场地岩土名称和性状,场地剪切波速 v_s 分别为第②层 180 m/s,第③层 220 m/s,第④层 300 m/s,第⑤层 270 m/s。估算场地等效剪切波速 v_{se} = 271 m/s,场地覆盖厚度大于 5 m,故确定场地土为中硬土,场地类别为Ⅱ类,场地特征周期值为 0.355。另外,本场地勘探深度 20.0 m 内未见地下水。地层岩性为第四纪上更新世(Q_3)和中更新世(Q_2)形成的冲洪积物,在Ⅶ度地震条件下,根据《建筑抗震设计规范》(GB 50011—2001),场地各层土不会产生液化。

10.4.4　地基基础方案工程设计与施工中应注意的问题

(1)荷载估算:根据框架结构建筑荷载设计经验,拟建教学楼高 6 层,每层竖向荷载取 18 kPa,当基础埋深 1.5 m,作用在基础底面处的平均压力值 P_k = 138 kPa。

(2)天然地基可行性分析与基础方案:根据场地岩土工程条件、建筑特点,拟建建筑基础埋深可选用 2.2 m,以第③层粉土作为持力层,该层土的承载力特征值为 180 kPa,经深度修正后承载力特征值 f_a = 220.8 kPa,$f_a > P_k$,故可采用天然地基上的浅基础方案。建议采用钢筋混凝土独立基础。拟建教学楼为框架结构,最大单柱荷载(不含基础自重)F = 4 500 kN。当采用独立基础,基础埋深 D = 2.2 m 时,计算独立基础底面面积 A:

$$A \geqslant 25.5\ \text{m}^2$$

若基底形状按方形考虑,基础底面尺寸 5.0 m×5.0 m,小于设计柱网尺寸,满足要求。

建筑设计时,应注意场地土具有轻微湿陷性,可采用基本防水措施和结构措施。地基基础施工时,基坑较浅,可采用直立边坡开挖。采用机械开挖基槽时,应预留 30 cm,最好采取人工开挖,以免超挖。施工过程中应严禁基坑内进水浸泡地基。

10.4.5 结论与建议

根据以上调查、勘探和分析研究资料,结论与建议如下:

(1)根据荷载与承载力验算分析,从技术、经济、安全角度考虑,建议拟建建筑物采用天然地基上的浅基础方案,基础可采用钢筋混凝土独立基础,建议基础埋深 2.2 m,以第③层粉土作为设计持力层。当基础埋深 2.2 m 时,场地东部部分独立基础底面仍有 0.5~0.8 m 厚②层粉土,建议彻底清除后回填 2∶8灰土处理至设计基底标高,2∶8灰土回填的技术要求应严格按照《建筑地基处理技术规范》(JGJ 79—2012)中规定执行,压实系数应控制在 0.95 以上。

(2)基坑开挖后应及时通知勘探、设计、施工三方共同验槽,确定无不良问题后方能施工,遇到填土应彻底清除后回填 2∶8灰土,并应严禁各种水体进入基坑,以防基底软化而使承载力降低。

(3)建议甲方收集人防工程资料落实拟建工程场地下是否有人防通道分布,如有,应进一步查明分布和特征,采取相应的处理措施,确保工程安全。

10.4.6 附图与附表

(1)勘探孔平面布置图(见图 10-6)。

(2)工程地质钻孔柱状图(3 号探井):见图 10-7。

(3)单孔静力触探曲线(1 号孔):见图 10-8。

(4)工程地质剖面图(1—1′剖面图):见图 10-9。

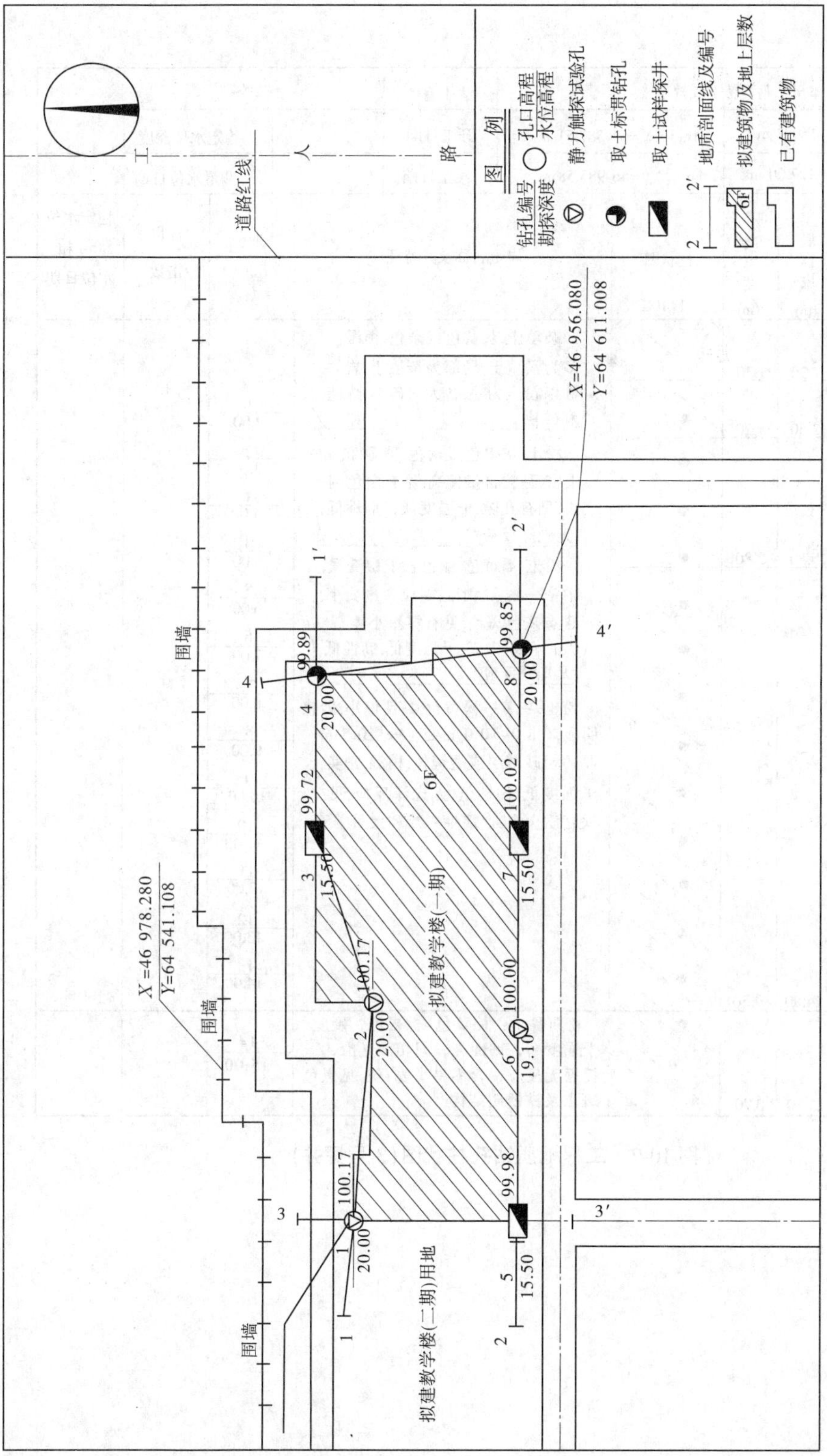

图 10-6　某六层教学楼勘探孔平面布置图

工程名称	郑州工业贸易学校教学楼			钻孔编号	3	
孔口高程	99.72 m	坐标	x =64 587.51 m	开工日期		稳定水位深度
孔口直径	127.00 m		y =46 983.58 m	竣工日期		测量水位日期

地层编号	层底高程 (m)	层底深度 (m)	分层厚度 (m)	柱状图 1:100	岩土名称及其特征	取样	标贯击数 (击)	稳定水位 (m) 和水位日期
①	98.42	1.30	1.30		杂填土:灰黄色或杂色,稍湿,多为素填土,局部为杂填土,岩性以粉土为主,含大量砖屑,煤渣和砖块			
②	97.22	2.50	1.20			1 2.00		
③	94.42	5.30	2.80		粉土:灰褐色或褐色,稍湿,稍密—中密,黏粒含量偏高,见有白色网纹,见有孔隙,干强度低,韧性低,无光泽反应	2 3.00 3 4.00 4 5.00		
④	84.92	14.80	9.50		粉土:褐黄色,颜色较上层变浅,中密—密实,稍湿,黏粒含量变小,含有灰色斑块,见有零星小姜石及白色蜗牛壳,干强度低,韧性低,无光泽反应 粉土:灰黄—褐黄色,黏性偏小,砂感明显,在8.0~10.0 m处有一层0.5 m厚的粉砂薄层或透镜体,稍湿,密实,干强度低,韧性低,无光泽反应,见铁锰质斑点,含蜗牛壳片和大量姜石	5 6.00 6 7.00 7 8.00 8 9.00 9 10.00 10 11.00 11 12.00 12 13.00 13 14.00		
⑤	84.22	15.50	0.70		粉质黏土：棕黄色~棕褐色，硬度，干强度高，韧性高，刀切面光滑，摇振无反应，含零星小姜石，见黑色斑点及铁锈质结构	14 15.00		

图 10-7　工程地质钻孔柱状图(3 号探井)

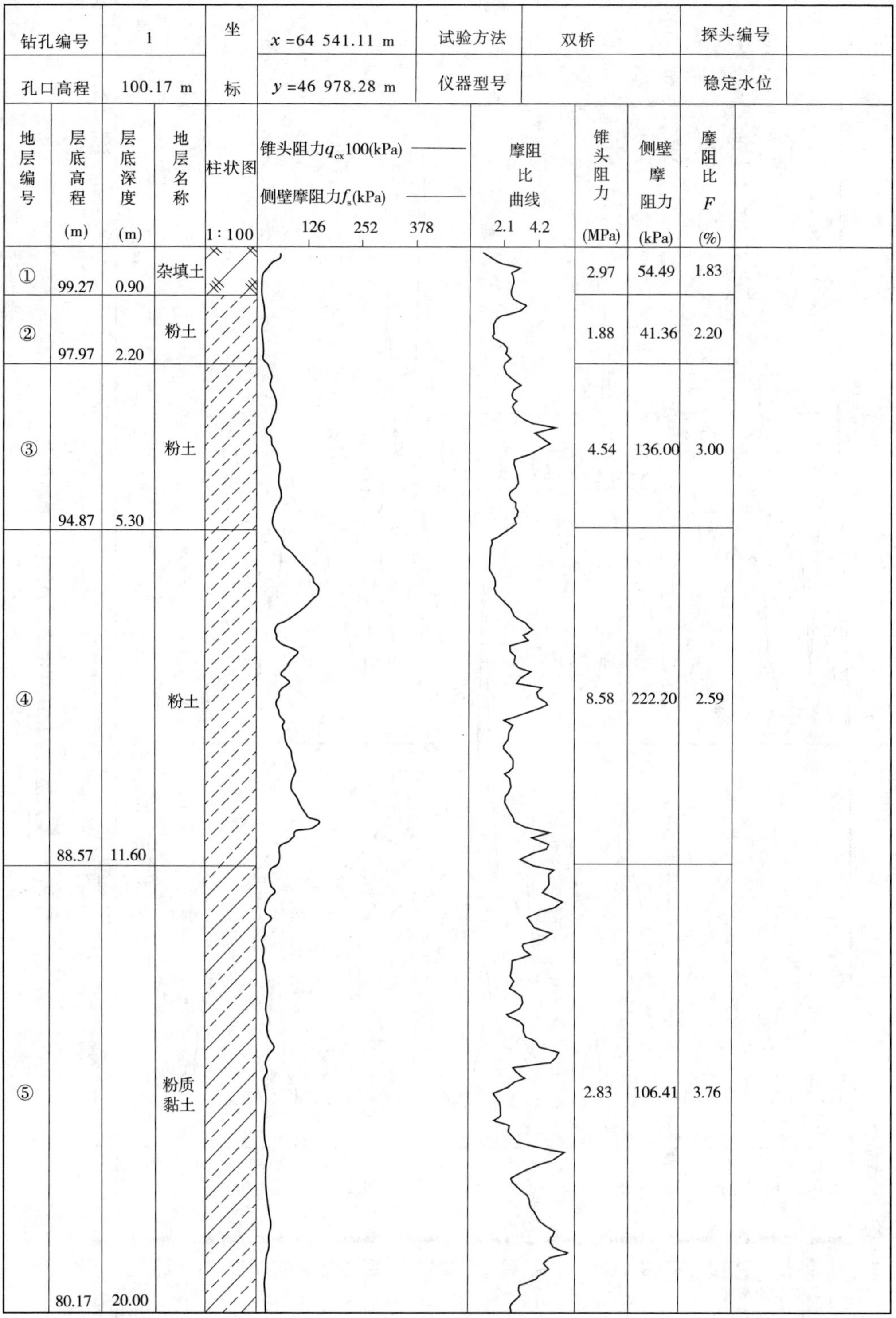

图 10-8　单孔静力触探曲线(1 号孔)

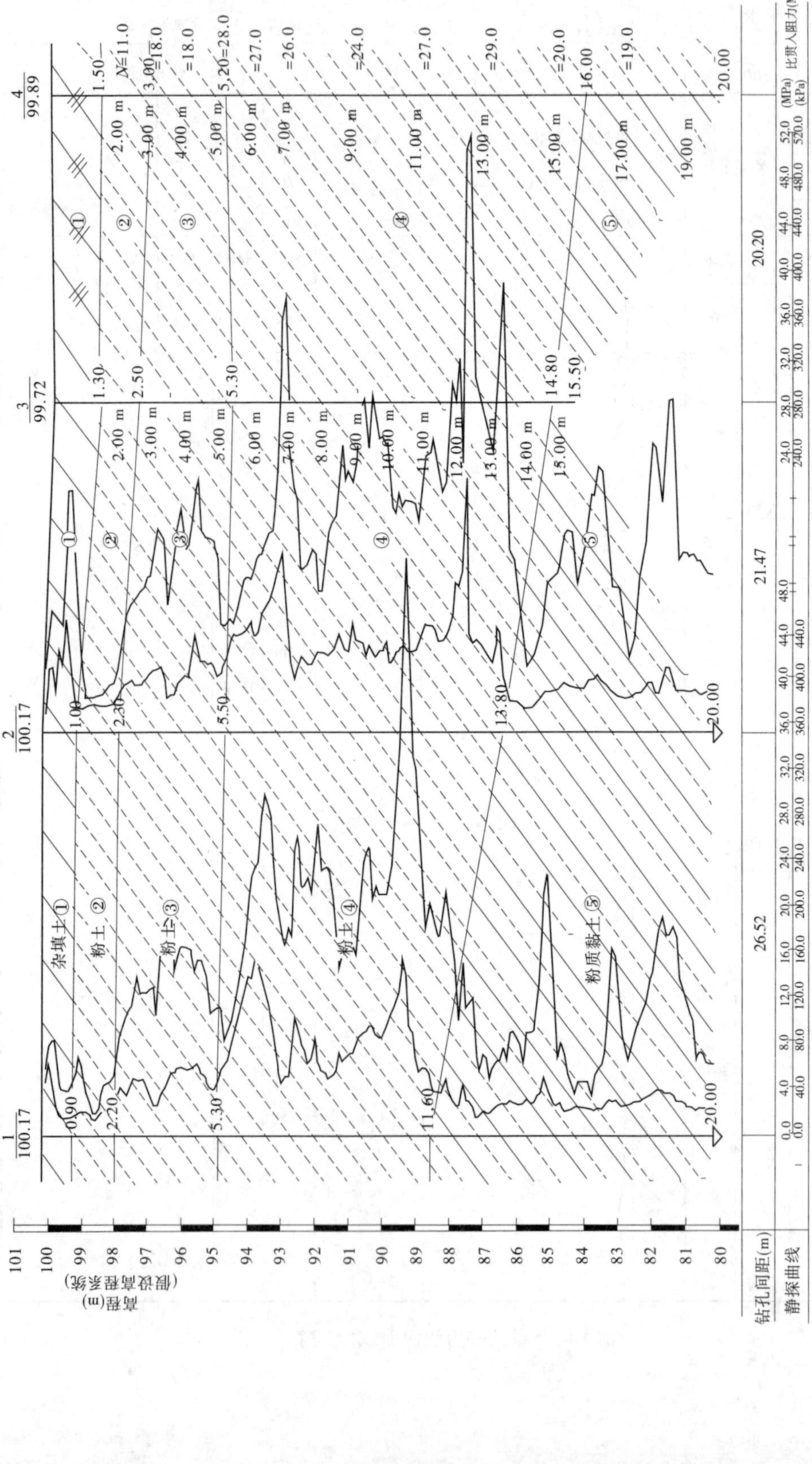

图 10-9　某六层教学楼工程地质剖面图(1—1′剖面图)

思考题与习题

1. 试述岩土参数的统计和选用的意义。
2. 简述平均值、标准差(亦称均方差)和变异系数的概念和意义。
3. 试推导证明式(10-2a)、式(10-2b)三式相等。
4. 试述岩土参数的标准值,即式(10-5)的意义。
5. 如何编写岩土工程勘察报告?
6. 岩土工程分析评价主要有哪些要求?
7. 如何编绘工程地质勘探平面图?
8. 如何编绘工程地质钻孔柱状图?
9. 如何编绘工程地质钻探剖面图?
10. 岩土工程勘察报告附图附表有哪些?
11. 如何应用岩土工程勘察报告?

附 录

附录 1 理正岩土工程勘察软件简介

基于 GIS 技术的岩土工程勘察软件已经普遍用于岩土工程勘察领域,如理正、华宁、华岩等,这些软件功能强大、齐全,具有人性化计算机使用界面,从而使岩土课程勘察资料整理和成果报告编写效率大幅度提高。

限于篇幅,这里仅对理正岩土工程勘察软件做一简介(9.0PB2 工勘版)。

理正岩土工程勘察软件的功能主要有四个方面:

(1)自动生成和编辑图形功能。如自动生成和编辑勘探点平面图、钻孔柱状图、工程地质剖面图。

(2)土工试验数据处理功能。如室内固结试验、三轴压缩试验等。

(3)分析评价功能。如地基下卧层沉降验算、边坡稳定性验算、基坑支护分析验算、地震液化判别、桩基设计计算等。

(4)文字处理及编辑报告功能。对岩土勘察报告可以通过计算机进行文字编撰、处理,最终编辑成正式报告。

下面仅对理正岩土工程勘察软件第一方面的功能做一简要介绍。

一、数据录入

(一)数据录入流程

数据录入流程见附图 1。

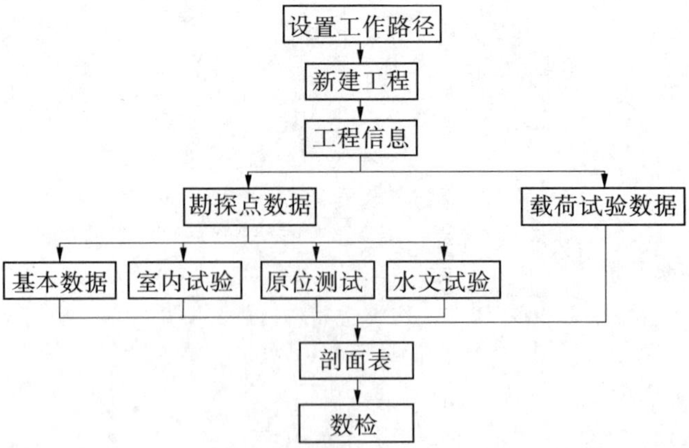

附图 1 数据录入操作流程

(二)流程说明

数据录入流程以一个特定工程为例进行说明。

(1)设置工作路径(选择工程数据存放的本机位置),然后新建一个工程,工程信息表不是必须录入的表格。

(2)勘探点表录入完毕后才可以录入各勘探孔的数据表,这些数据表可分为基本数据、室内试验、原位测试和水文地质试验。

(3)载荷试验表中录入当前工程中所有的载荷试验数据。

(4)在剖面表中录入当前工程所有的剖线数据。

(5)数据录入完成后需对已录入数据进行合法性检查,即数检,该功能同时还可完成一些计算。

数据录入主要在项目窗口完成,见附图2。

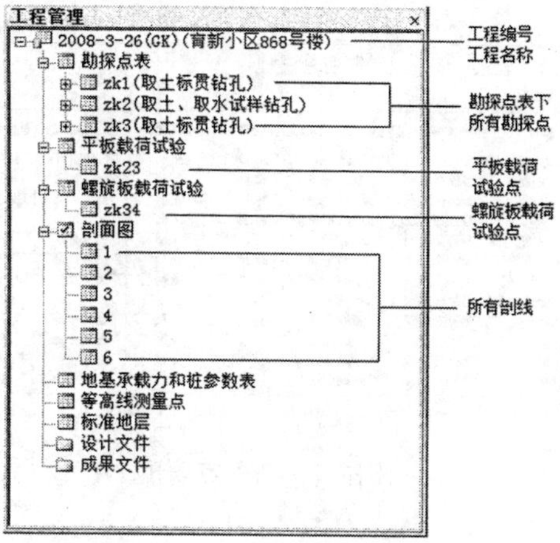

附图2　工程管理窗口

(三)操作步骤

(1)设置工作路径:在"工程管理"下选择"设置工作路径",弹出对话框如附图3所示。

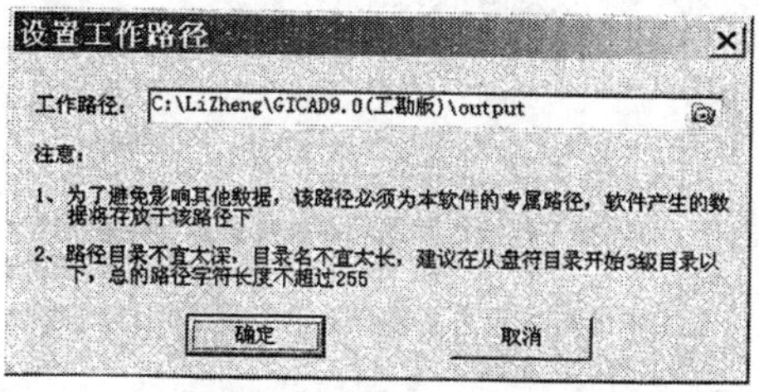

附图3　设置工作路径

选择工作路径后点击"确定"即可。

(2) 新建工程:在“工程管理”下选择“新建工程”,弹出对话框如附图 4 所示,输入相关参数后点击“确定”即可。

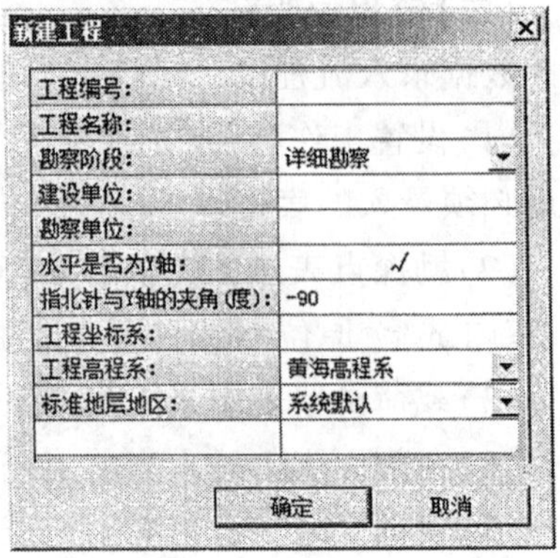

附图 4 新建工程

(3) 观察学信息:输入、编辑工程的详细信息。

在“工程管理”下选择“工程信息”,或者选中工程名称右键菜单中选择“工程信息”命令,弹出对话框表格,输入相关数据,关闭对话框,自动保存工程信息数据。

(4) 勘探点表:双击项目窗口下的“勘探点表”,弹出对话框如附图 5 所示,输入相关参数即可。

在打开的勘探点表中可直接进行数据的录入、添加、修改和删除操作。

基本数据 | 室内试验 | 原位测试 | 水文试验 | X\Y坐标交换 | 批修改孔号

勘探点表

*勘探点编号	勘探点类型	勘探点坐标X(m)	勘探点坐标Y(m)	孔口高程(m)	勘探深度(m)	勘探开始日期	勘探终止日期	备注
zk1	取土标贯钻孔	505010.8500	305068.5800	39.12	35.30	2008.3.27	2008.4.12	
zk2	取土、取水试样钻孔	505040.6500	305068.5800	39.98	29.00	2008.3.26	2008.4.2	
zk3	取土标贯钻孔	505115.6500	305084.5800	38.90	32.00	2008.3.26	2008.4.2	
zk4	抽水试验孔	505070.6500	305084.5800	38.66	27.00	2008.3.26	2008.4.2	
zk5	压水试验孔	505010.6500	305048.5800	39.05	23.00	2008.3.26	2008.4.2	
zk6	注水试验孔	505010.6500	305025.5800	39.07	32.60	2008.3.26	2008.4.2	
zk7	十字板剪切试验孔	505070.6500	305025.5800	38.95	29.60	2008.5.27	2008.6.27	
zk8	静力触探试验孔	505115.6500	305048.5800	39.10	32.00	2008.3.28	2008.4.6	
zk9	静力触探试验孔	505040.6500	305048.5800	39.31	31.00	2008.3.28	2008.4.6	
zk10	鉴别孔	505040.6500	305025.5800	39.00	28.00	2008.3.28	2008.4.6	
zk11	取土标贯钻孔	505070.6500	305048.5800	38.90	36.00	2008.3.28	2008.4.6	
zk12	鉴别孔	505115.7600	305025.5800	39.00	28.00	2008.3.28	2008.4.6	

附图 5 勘探点表

二、平面图

平面图是展示整个工程各钻孔在平面图中的位置,以便设计人员根据工程地质勘察报告进行设计。平面图的生成在 AutoCAD 中进行。可以直接从数据库中读取钻孔数据和剖线数据后生成,也可以直接在图形中布置平面图,然后将钻孔和剖线数据入库,直接存入当前工程的相应数据表中,所以对应有两个流程。

(一)流程图

生成平面图的流程见附图 6。

(二)流程说明

(1) 流程一:生成平面图前首先准备好勘探点表和剖面表的数据,之后到 AutoCAD 界面平面图选择“生成平面图”命令即可生成平面图;如果想把平面图布置在一个已有的底图上则需先打开已有底图,然后执行“底图初始化”命令来设定初始化图形参数和坐标的转换等,最后在图上成批布置勘探点和剖线。

(2) 流程二:首先打开已经存在的底图,同样进行底图初始化,之后在底图上布置勘探点和剖线等,完成平面图的布置后执行“平面图入库”命令,钻孔和剖线的数据直接存入数据表中。

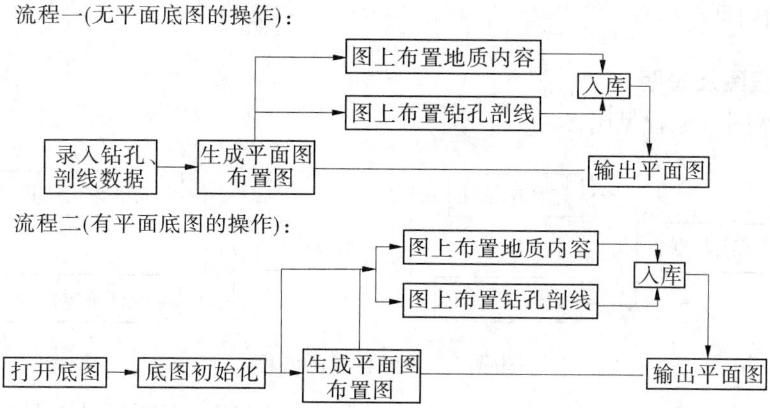

附图 6　生成平面图流程

(三)流程一的操作步骤

将当前工程的勘探点数据、剖线数据和其他平面图特殊符号在 AutoCAD 中生成平面图。

(1)切换到 AutoCAD 下,在“勘察 CAD”浮动工具条中点击“平面图”,下拉框中列出平面图相关所有命令,见附图 7。

(2)选择“生成平面图”命令后,弹出图形参数设置界面,交互需要绘制的比例尺、成图参数,见附图 8,点击“确定”即可生成平面图。

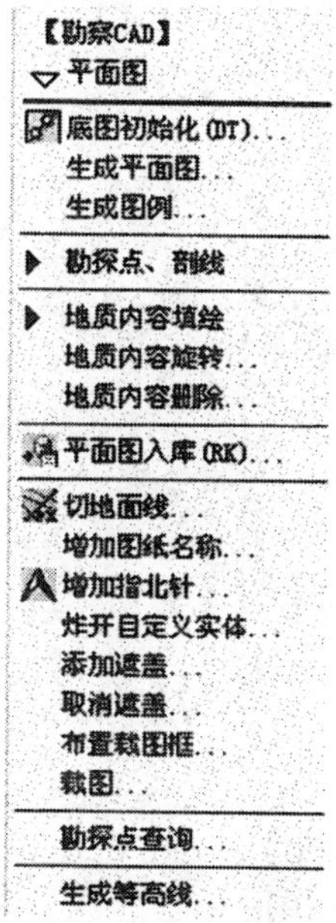

附图 7　平面图菜单

附图 8　生成平面图对话框

(四)流程二的操作步骤

主要是底图初始化,新增勘探点,批量新增勘探点,新增载荷点,新增剖线,新增投影剖线、平面图入库、地质内容填绘等,在此不再赘述。

三、柱状图

(一)流程图及说明

生成柱状图的流程见附图 9。

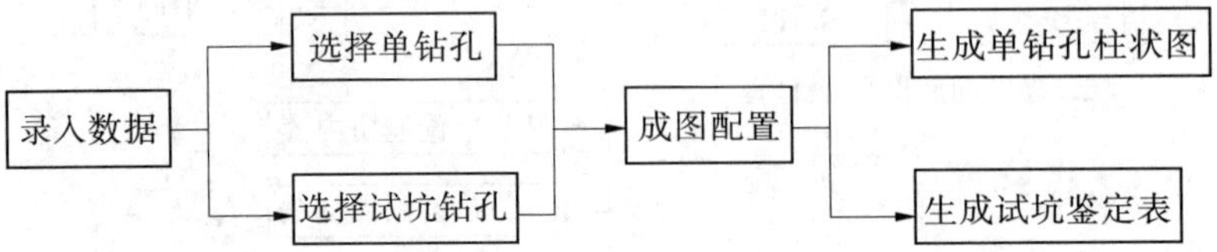

附图 9　生成柱状图流程

柱状图处理工程中各钻孔的综合信息,生成标准柱状图,以便设计人员教学设计。生成柱状图包括生成单钻孔柱状图和生成试坑鉴定表。生成单钻孔柱状图前首先要准备好相应的数据,几乎用到项目窗口下所有数据表的数据,数据准备好后,选择相应的成果图类型时钻孔列表中会显示有对应数据的钻孔,进行成果图的参数配置,生成相应的单钻孔柱状图。生成试坑鉴定表时,流程过程同生成单钻孔柱状图。

(二)生成单钻孔柱状图

生成单钻孔柱状图包括 8 种:土层钻孔柱状图、岩层钻孔柱状图、动探柱状图、单桥静探柱状图、双桥静探柱状图、超声波柱状图、波速柱状图和单孔地质柱状图。点击“生成单孔柱状图”,弹出如附图 10 的对话框。

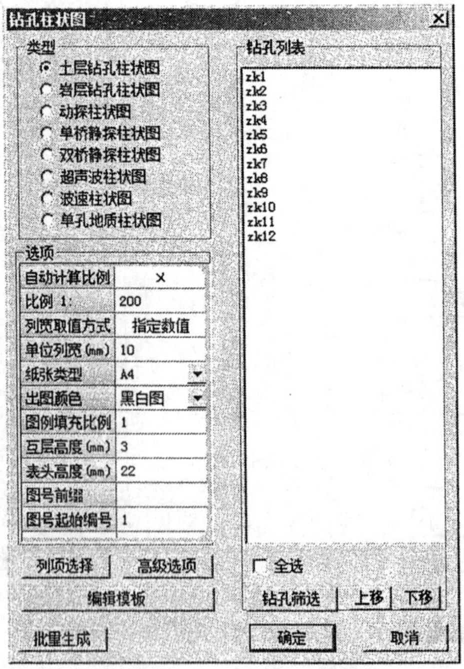

附图 10　生成单孔柱状图

在成果类型中选择不同类型的钻孔柱状图，在钻孔列表中选择所要生成的钻孔，点击确定，即可生成相应的地质柱状图。

(三)生成试坑鉴定表

生成试坑鉴定表与生成单钻孔柱状图操作基本相同，在此不再赘述。

四、剖面图

(一)流程图

无地层编号剖面图流程见附图11。

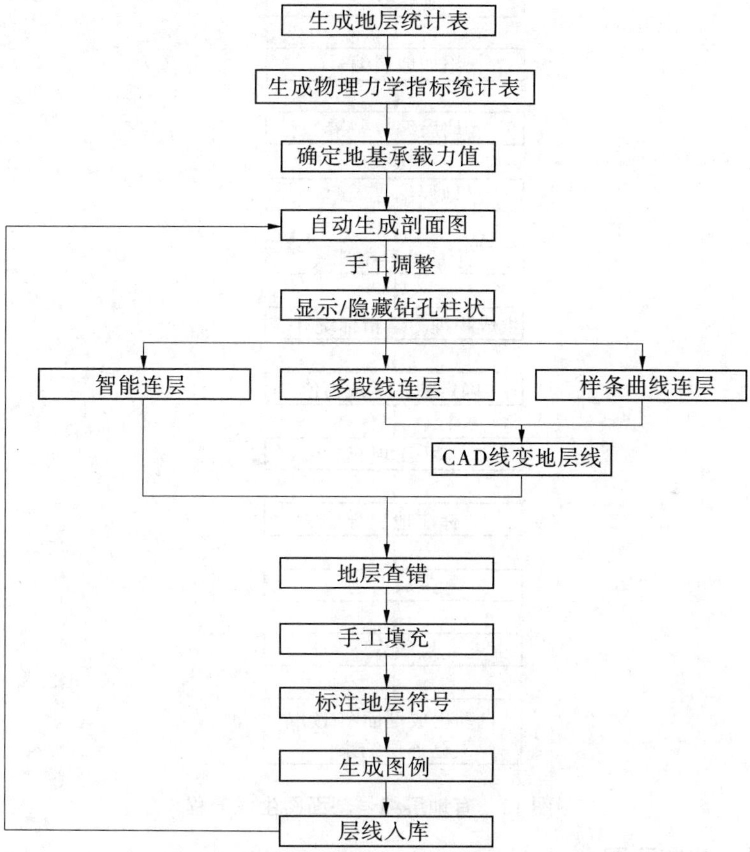

附图11　无地层编号剖面图生成流程

有地层编号剖面图流程见附图12。

(二)流程说明

生成剖面图前首先要准备好数据，几乎用到项目窗口下所有数据表的数据及生成的平面图的数据。数据准备好之后生成剖面图的流程比较灵活，有多种选择，可以自动生成剖面图，可以手工绘制剖面图，也可以对生成的剖面图进行编辑。

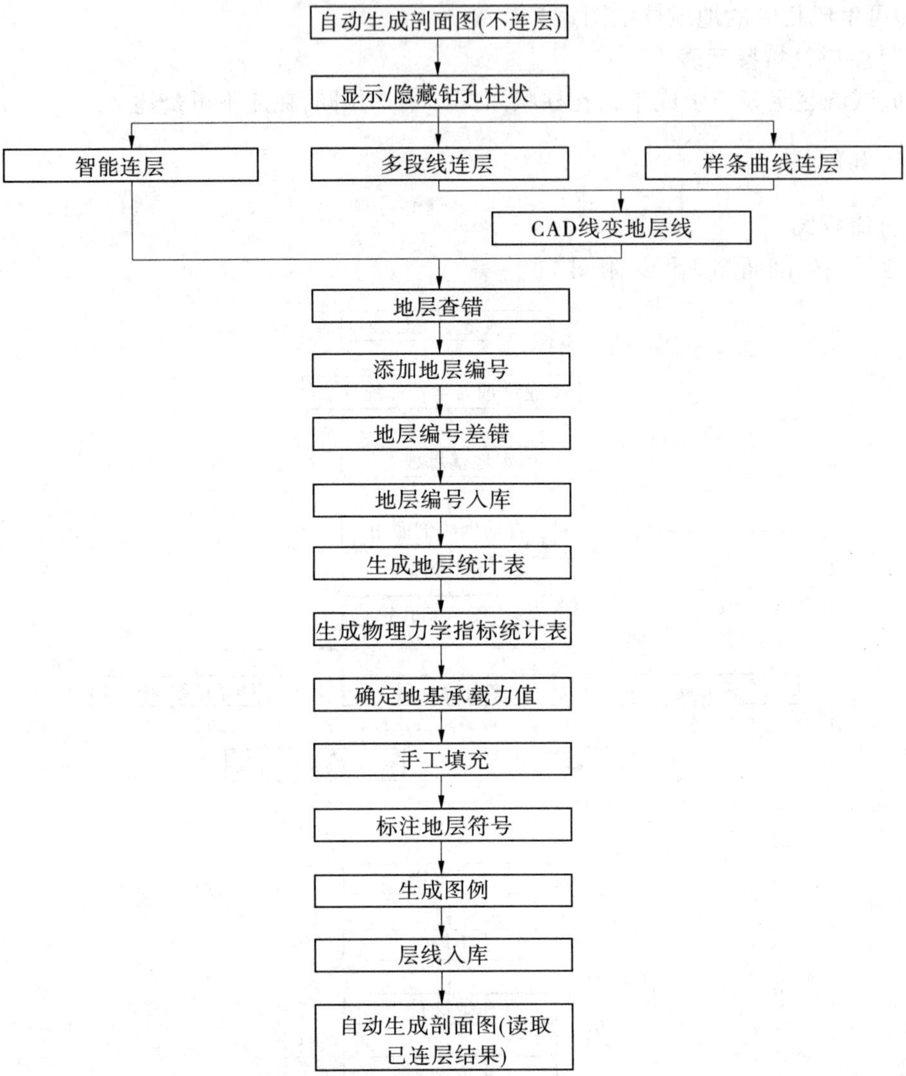

附图 12　有地层编号剖面图生成流程

(三)自动生成剖面图

根据数据库中与剖面图有关的数据生成指定的剖面图。

在“剖面图”下选择“自动生成剖面图”,弹出对话框如附图 13 所示,点击不同按钮在不同页面选择相关参数后点击“确定”按钮即可。

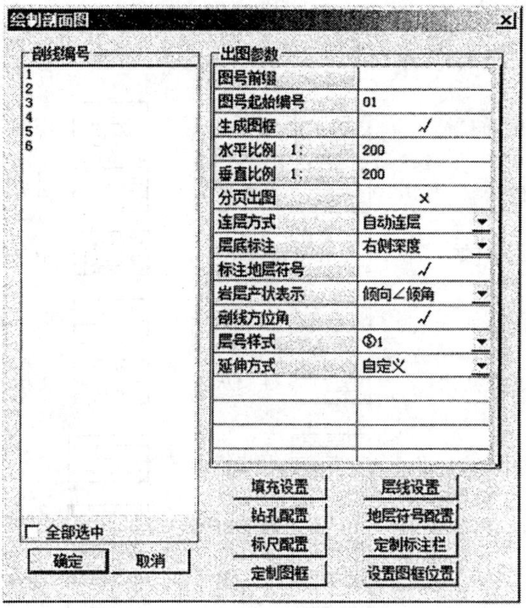

附图 13　自动生成剖面图

附录 2　岩土工程勘察常用图例

一、松散沉积物

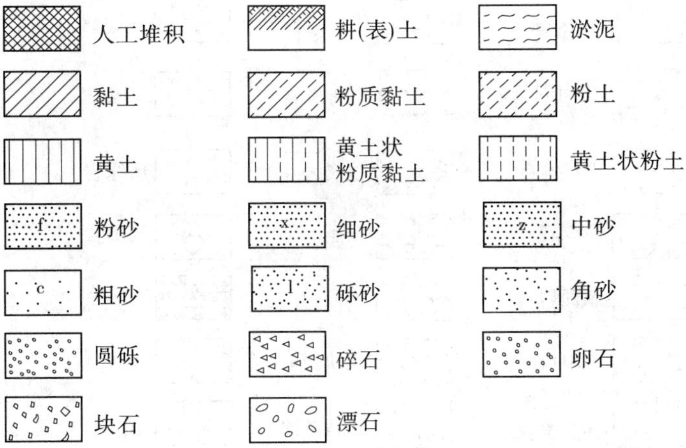

二、沉积岩

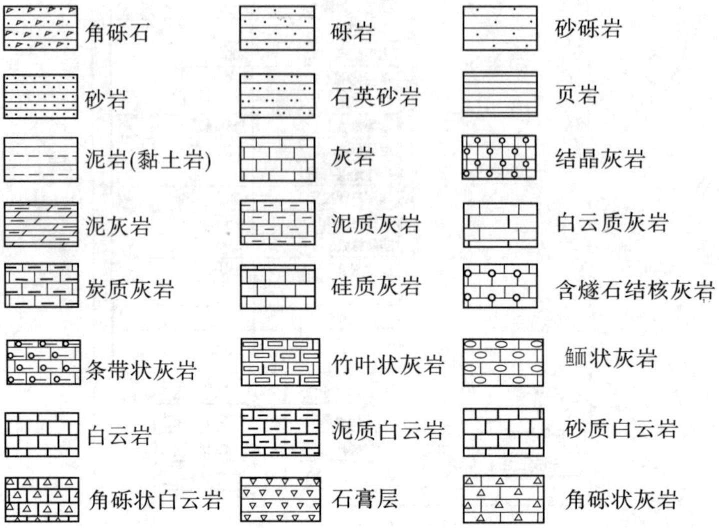
角砾石
砾岩
砂砾岩
砂岩
石英砂岩
页岩
泥岩(黏土岩)
灰岩
结晶灰岩
泥灰岩
泥质灰岩
白云质灰岩
炭质灰岩
硅质灰岩
含燧石结核灰岩
条带状灰岩
竹叶状灰岩
鲕状灰岩
白云岩
泥质白云岩
砂质白云岩
角砾状白云岩
石膏层
角砾状灰岩

三、岩浆岩

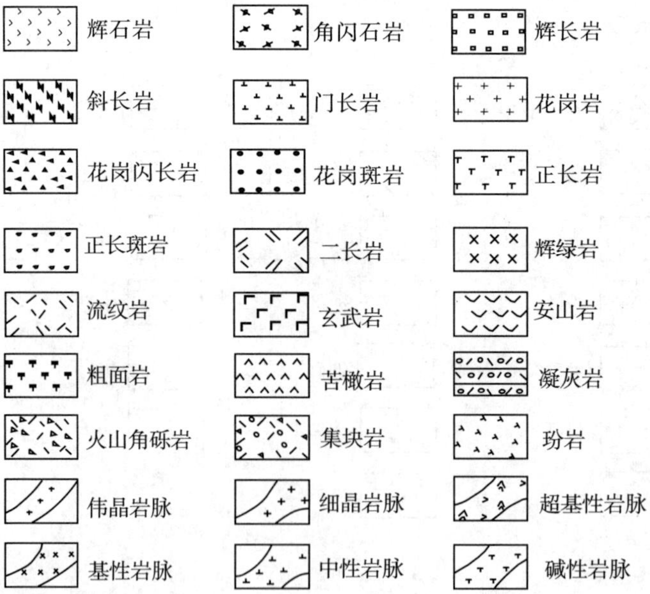
辉石岩
角闪石岩
辉长岩
斜长岩
门长岩
花岗岩
花岗闪长岩
花岗斑岩
正长岩
正长斑岩
二长岩
辉绿岩
流纹岩
玄武岩
安山岩
粗面岩
苦橄岩
凝灰岩
火山角砾岩
集块岩
玢岩
伟晶岩脉
细晶岩脉
超基性岩脉
基性岩脉
中性岩脉
碱性岩脉

四、变质岩

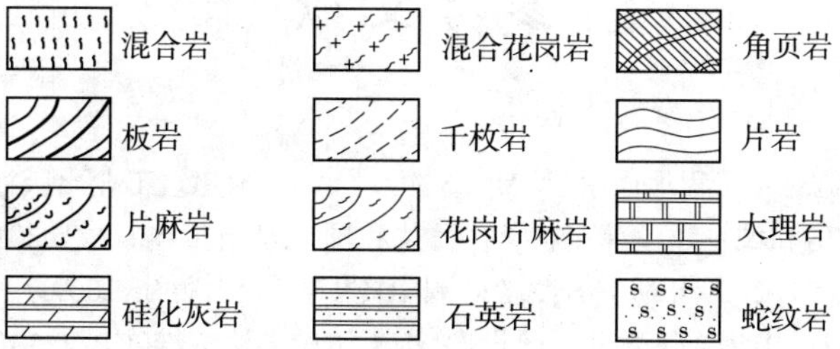

五、地层分界及勘探测试点线

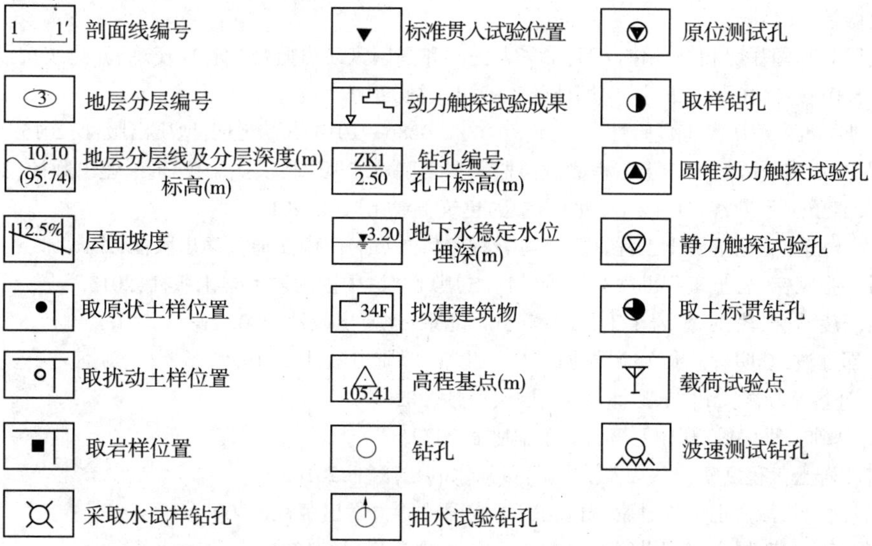

参 考 文 献

[1]《工程地质手册》编委会. 工程地质手册[M]. 5 版. 北京:中国建筑工业出版社,2018.
[2] 中华人民共和国住房和城乡建设部, 中华人民共和国国家质量监督检验检疫总局. 岩土工程勘察规范:GB 50021—2001(2009 年版)[S]. 北京:中国建筑工业出版社,2009.
[3] 国家质量技术监督局,中华人民共和国建设部. 土工试验方法标准:GB/T 50123—1999[S]. 北京:中国计划出版社,1999.
[4] 中华人民共和国住房和城乡建设部. 建筑地基基础设计规范:GB 50007—2012[S]. 北京:中国建筑工业出版社,2012.
[5] 中华人民共和国住房和城乡建设部. 建筑边坡工程技术规范:GB 50330—2013[S]. 北京:中国建筑工业出版社,2014.
[6] 中华人民共和国住房和城乡建设部,中华人民共和国国家质量监督检验检疫总局. 建筑抗震设计规范:GB 50011—2010[S]. 北京:中国建筑工业出版社,2016.
[7] 地矿行业标准. 地质灾害危险性评估规范:DZ/T 0286—2015[S]. 北京:地质出版社,2015.
[8] 宰金珉,王旭东,徐洪钟. 岩土工程测试与监测技术[M]. 2 版. 北京:中国建筑工业出版社,2016.
[9] 王奎华. 岩土工程勘察[M]. 2 版. 北京:中国建筑工业出版社,2016.
[10] 蔡国军,苏道刚. 地基岩土工程勘察实习教程[M]. 成都:西南交通大学出版社,2016.
[11] 高金川,张家铭. 岩土工程勘察与评价[M]. 2 版. 武汉:中国地质大学出版社,2013.
[12] 郭超英,凌浩美,段洪海. 岩土工程勘察[M]. 北京:地质出版社,2002.
[13] 蒋辉,邵虹波,李明辉. 水文地质勘察[M]. 北京:地质出版社,2019.
[14] 蒋辉. 环境地质学[M]. 2 版. 北京:地质出版社,2020.
[15] 蒋辉. 基础工程[M]. 郑州:黄河水利出版社,2020.
[16] 姜宝良. 岩土工程勘察[M]. 2 版. 郑州:黄河水利出版社,2016.
[17] 李智毅,唐明辉. 岩土工程勘察[M]. 武汉:中国地质大学出版社,2000.
[18] 凌浩美,郭超英. 岩土工程勘察[M]. 2 版. 北京:地质出版社,2016.
[19] 石振明,黄雨. 工程地质[M]. 3 版. 北京:中国建筑工业出版社,2018.
[20] 孙剑锋,高怀洲,凌浩美. 工程岩土学[M]. 北京:地质出版社,2008.
[21] 唐辉明. 工程地质学基础[M]. 北京:化学工业出版社,2008.
[22] 王泽云,刘永户,崔自治. 土力学[M]. 2 版. 重庆:重庆大学出版社,2014.
[23] 项伟,唐辉明. 岩土工程勘察[M]. 北京:化学工业出版社,2016.
[24] 杨绍平,苏巧荣. 岩土工程勘察技术[M]. 北京:中国水利水电出版社,2015.
[25] 赵明华. 基础工程[M]. 3 版. 北京:高等教育出版社,2017.
[26] 赵法锁,李相然. 工程地质学[M]. 北京:地质出版社,2009.
[27] 张人权,梁杏,靳孟贵,等. 水文地质学基础[M]. 7 版. 北京:地质出版社,2018 .
[28] 张伟,李恒通 ,谢俊. 地下与基础工程软件操作实例[M]. 北京:中国建筑工业出版社,2017.
[29] 北京理正软件股份有限公司. 理正工程地质勘察软件(工勘版)使用说明 · 编制原理,2015.